数学のとびら

ルベーグ積分と測度

山上 滋 著
Shigeru Yamagami

Doors to Mathematics

裳華房

Lebesgue Integral and Measure

by

Shigeru YAMAGAMI

SHOKABO
TOKYO

JCOPY 〈出版者著作権管理機構 委託出版物〉

はじめに

　積分の何たるかは，その計算技法も含めて高校以来多くの経験を積み，大学
においては多変数の積分（多重積分）をその広義積分も含めてひとしきり学ん
だことと思う．ここで話題にしている積分は，正確にはリーマン積分と呼ばれ
るもので，A.L. Cauchy の見いだした連続関数についての積分論を不連続関数
も扱えるようにある意味自然に拡張したものとなっている．それは一変数の場
合において既に十分高度であり，その実態の把握は数学の専門家といえどもた
やすくはなく，多重積分ともなると，積分域として多次元の図形を扱う都合上，
具体的な計算はいざ知らず，理論的な追究は一筋縄ではいかない．もちろん，定
義域が直方体のように素直な図形で，積分対象の関数が連続であれば，Cauchy
の与えた路線（とその完成形）により，多重積分は一変数の場合のそれと同程度
の手間で，しかもくり返し積分という計算手段込みで与えることができる．し
かし易しいのはそこまでで，定義域の図形と積分関数のさらなる拡張を試みた
途端，多次元特有の複雑さが道を塞ぎ，コーシー・リーマン方式のアプローチ
では一般的な統制原理を見いだすことが容易でなかった．

　この困難を克服するために最初に取られた方法が，関数の方は一旦忘れ，多
次元の図形に面積や体積（まとめて測度という）を付与する仕組みをまず整え，
しかる後，関数の積分はグラフに付随した図形の面積あるいは体積としてとら
える，というもので，G. Cantor, G. Peano, C. Jordan, E. Borel ら錚々たる
達人の手を経て H. Lebesgue により当初の目的が達せられた．Lebesgue の見
いだした方法は，その後 C. Carathéodory を始めとした多くの人達による洗練
を経て，今日あるルベーグ積分論に集大成されている．

　一方，定義域の複雑さの方は直方体に限定し問わないことにして，積分対象
となる関数を，連続関数のように素性の分かっているものから出発し，何らか
の極限操作により広げていこうという試みが程なくしてなされた．こちらの方

は，W.H. Young による研究を受けた形で P.J. Daniell により基本的な枠組み
が明らかにされ，その後，F. Riesz, M.H. Stone, Bourbaki 等，こちらも多く
の先達の努力により，ルベーグ積分への線型汎関数からのアプローチとして整
備され，現在に至っている．

　本書はこの線型汎関数としての積分の特性を最大限活用して，いわゆるルベー
グ積分へ至る道筋を案内するものである．積分の主要結果には測度を使わずに
到達できるようになってはいるが，もとより測度という重要な概念を軽視する
ものではなく，積分と測度が表裏一体のものであるという立場に基づいている．

　これは良し悪しの問題ではなく，山登りに例えるならば，通常の測度から積
分に至る方法とはルートが異なるということで，山頂からの眺めは同じである．
ただ，途中の見える景色や趣きは大分異なり，ひいてはその後に登ることにな
るであろう峰々の選択にも影響するだけの違いはあろうか．ルベーグ・カラテ
オドリの測度ルートに比肩する，ダニエル・ストーンの積分ルートというべく，
山は色々と楽しめるもの，バリエーションルートの多くは趣味的としても，この
積分ルートは初めてルベーグ山に登る人にも勧められるとかねがね思っていた．

　ルベーグ山は，測度と積分という 2 つのピークを持った双耳峰になっていて，
一旦いずれかの峰に達したならばもう一方の峰に至ることは難しくはない．た
だ，積分峰から測度峰の方が，測度峰から積分峰に移るよりも多少楽ではある．
ならば，積分ルートの方が測度ルートよりも道が険しいかというと，さにあらず．

- (i) 高校以来慣れ親しんで来た連続関数に対する積分の経験がそのまま生か
　　せる．これを無下にしない．
- (ii) 積分の拡張と積分の諸定理の証明を同時に進められ，無駄がない．これ
　　は，測度峰から積分峰に登り返す程度の労力で済む．
- (iii) 具体的な積分の評価・計算が常に実行できるので，無理がない．

　こういう魔法のようなことが可能であるには理由があって，それは上でも指
摘した連続関数の積分の存在である．測度からのアプローチでは，一旦これを
無かったことにしてアルキメデスの原点に立ち戻り，そこからジョルダン・ボ
レル道を一歩一歩と登り直すことになるため，測度の経験を積むという意義は

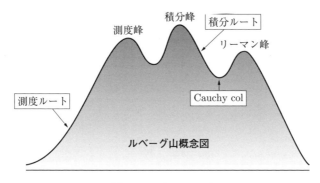

図1　ルート・マップ

あるにしても，道のりがどうしても長くなる．実は，測度峰とほぼ同じ高さに
積分峰の前衛峰としてのリーマン峰があり，そのコル（鞍部）である連続関数
の積分（Cauchy col）から直接積分峰に至るのが積分ルートに他ならず，そも
そもの出発点の高度が異なるためである．

　このルート選択の他に意を用いた主な点としては，

- 複素数値関数の積分をできるだけ早く取り入れ，普段使いする．
- ユークリッド空間だけでなくサイコロ投げ空間 $\{1, \ldots, N\}^{\mathbb{N}}$ 上の積分も
  扱えるようにする．
- 証明はできるだけ見えるものを採用する．ここで「見える」の意味は，易
  しいとか丁寧ということではなく，見通しよろしく後で自ら再現し得る
  形のものを指す．
- 積分・測度はあくまでも道具と心得，それを使いこなすためのコツは伝
  えるにしても，使って何ができるかについては，なるべく立ち入らない
  ようにする．ここで中途半端に紹介するよりも，速やかにそれぞれの道
  に分け入ってみるのが良いという理由で．

　1章は準備のつもりでいろいろ入れてあるが，ユークリッド空間の位相につ
いての「常識」さえあれば1.3節から始めることも可能で，その場合は必要に
応じて1章の該当部分に立ち戻るとよい．本は，後ろ向きに読んでもよいので
ある．サイコロ投げ空間をカバーする目的で（局所）コンパクト距離空間にま

で言及したのであるが，それが不要の場合は，ユークリッド空間と離散空間について
の部分だけを拾い読みすることで，さらなる予備知識の節約ができるで
あろう．（省略可である項目には†をつけておいた．）なお，ここの予備知識は
集合・写像の言葉遣いや実数の連続性の程度ではあるものの，その細部のレベ
ルは2章以降と比べて決して低くはない．何しろリーマン峰への試登にも匹敵
することなので．

　2章からが本論である．ルベーグ積分のうち測度を必要としない部分につい
て，積分の収束定理はもちろんのこと，具体的な実践例と無視可能な関数・集
合の概念も含めてこの章にまとめ置いた．フーリエ解析を始めとした実解析の
さらに進んだ話題には，ここから分かれ行くことも可能である．

　積分と表裏一体の関係にある測度は，これに続く3章で導入される．その積
分と測度の対応であるが，使う立場からは気にする程のことはないにしても，
実は細部において微妙に違っていて，丁寧にやりだすと思いのほか鬱陶しくも
あり，ここではσ有限という緩い仮定の下，積分と測度の一体性を実感して貰
えれば幸い．

　4章では，くり返し積分とか直積測度についての結果をひとしきり取り揃え
た．通常，フビニの定理と称されるものであるが，確率などへの応用も視野に
入れた広い枠組みによる説明をここでは試みた．なお，積分が関係するところ
だけを2章に続けて読むことも可能で，その後3章に戻っても良い．

　これまでのところで，積分と測度についての基礎事項は終わっている．これ
以降は，どの方面に進むかに応じて選択すると良いのであるが，その中でも比
較的利用度の高いものが5章と6章である．5章では，ルベーグ積分を通じて
初めて見える一連の関数空間であるL^p空間が，その双対関係も含めて取り上
げられ，続く6章では，不定積分的なものが密度関数により記述され，それの
応用として，L^p空間の双対性，複素測度とその極分解，といった有用な項目が
立ち並ぶ．

　次の7章であるが，Borelの扱った測度論とLebesgueの扱った測度論の違い
をより一般的な立場から論じたものになっていて，実はここも2章から直につ
なげることが可能である．7章で扱ったことを位相空間（とくに局所コンパク

ト空間）に限定して，積分と測度のさらなる一体性を書き下したものが 8 章の内容で，関数解析の深奥部分に接続するものとなっている．それの応用として，確率測度の射影極限に関するダニエル・コルモゴロフの拡張定理を導いた．これはコンパクト性に由来する測度の存在定理というべきものであるが，それの変形版である無限くり返し積分の場合を対比させておいた．こちらの方は純積分論的な内容になっていて，とくに無限直積確率測度の存在を広く（位相空間であるという仮定なしに）保証するものとなっている．この本書における最終到達地であるが，これも 2 章・4 章から直接辿り着くことができる「身近な秘境」となっていることを指摘しておきたい．

　付録では，本文を読む上で参考になりそうな集合の言葉遣いのいくつかと位相空間に関連した特記事項をまとめ置いた．

　本書をこのような形で公にすることができたのは，ひとえに裳華房 企画・編集部の南清志氏に負うところが大きい．ここに記して感謝申し上げたい．

　先人の杖にすがり歩き見た常ならぬ道の景色を今に伝え，古人の求めたるところを求めるしるべとなさん．

2021 年　初冬

相生山にて書き納める

山上　滋

目　次

用語と記法について

- 数学では，構造つき集合という意味合いで「空間」という言葉を多用する．例：ベクトル空間，位相空間．

- 自然数の集合 $\mathbb{N}$ には 0 は含めないでおく．他によく使われる数の集合の記号として，

$$\mathbb{Z} = \text{整数全体}, \quad \mathbb{Q} = \text{有理数全体}, \quad \mathbb{R} = \text{実数全体}, \quad \mathbb{C} = \text{複素数全体}.$$

- 実数の順序に関連して，最大（maximum）と最小（minimum）を

$$a \vee b = \max\{a, b\}, \quad a \wedge b = \min\{a, b\}$$

で表わし，同じ記号は実数値関数にも使う．$\pm$ と同じ感覚で $\wedge$ または $\vee$ を $\diamond$ と書く．

- 集合を記述的に表わす際の区切り記号はセミコロンを使う．コロンや縦棒は，写像や絶対値の記号と干渉するため避けた．

- I を添字集合（index set）とした集合 X の元の**集まり**（collection）を $(x_i)_{i \in I}$ のように書く．これは，I から X への写像 $i \mapsto x_i$ と同じことであるが，集団 x_i $(i \in I)$ を強調して，集まりを**族**（family）ともいい，このような書き方をする．とくに $I = \mathbb{N}$ のときは，列（sequence）と呼ばれる．族はまた $\{x_i\}_{i \in I}$ と書かれることも多いのであるが，集合の記号 $\{x_i \,;\, i \in I\} \subset X$ と紛れないよう，以下では丸括弧を使うことにする．したがって列は $(x_n)_{n \geq 1}$ のように表わされる．

- 和の記号で，和をとる範囲が明らかな場合は，その指示を略して $\sum a_n$ のようにも書く．

- 集合 X の部分集合全体（**べき集合**）を 2^X で表わす．また，部分集合 $A \subset X$ に対して，A で値 1 をそれ以外で値 0 をとる X 上の関数を 1_A

で表わし，A の**指示関数** (indicator function) と呼ぶ．$1_\emptyset = 0, 1_X = 1$ に注意．指示関数を使えば，集合の演算（共通部分，和そして差）は次のように表わされる．

$$1_{A \cap B} = 1_A 1_B = 1_A \wedge 1_B, \ 1_{A \cup B} = 1_A + 1_B - 1_{A \cap B} = 1_A \vee 1_B,$$

そして $1_{B \setminus A} = 1_B - 1_{A \cap B}$ である．差集合の他に，補集合 $A^c = X \setminus A$ も併用する．

- 記号 $\bigsqcup_{i \in I} A_i$ で**分割和** (disjoint union) を表わす．すなわち，$A_i \cap A_j = \emptyset$ $(i \neq j)$ を満たす集合族 $(A_i)_{i \in I}$ の和集合をこう書く．指示関数を使って書けば，$1_{\sqcup A_i} = \sum 1_{A_i}$ ということになる．

- 写像空間を Y^X という記号で表わす．べき集合の記号は $\{0, 1\}^X$ の省略形ではある．個々の写像は $f : X \to Y$ のように書き，慣例[*1]に従い，部分集合 $A \subset X$ の像を $f(A)$ で，部分集合 $B \subset Y$ の逆像を $f^{-1}(B)$ で表わす．また f を A に制限した写像を $f|_A$ と書く．

- 関数のとりうる値の範囲に応じて，複素数の場合は「複素関数」[*2]，実数の場合は「実関数」，$[0, \infty)$ の場合は「正関数」と呼び分ける．丁寧に言えば，「複素数値関数」，「実数値関数」，「正値関数」ということになろうが，少しくどいということで．これに呼応して，本書では 0 も含めたゆるい意味で「正」を使う．

- 数に対する演算を関数に対しても用いる．具体的には，$f + g$ は $(f + g)(x) = f(x) + g(x)$ という関数を，$|f|, \overline{f}$ は $|f|(x) = |f(x)|, \overline{f}(x) = \overline{f(x)}$ という関数を表わす．

- 実関数列 (f_n) あるいは部分集合列 (A_n) について，$f_1 \leq f_2 \leq \cdots$ あるいは $A_1 \subset A_2 \subset \cdots$ であることを $f_n \uparrow$ あるいは $A_n \uparrow$ と書き，増加列と呼ぶ．さらに $f = \lim f_n$ あるいは $A = \bigcup A_n$ であることを $f_n \uparrow f$ あるいは $A_n \uparrow A$ と書く．減少列 $f_n \downarrow f$, $A_n \downarrow A$ についても同様．なお，集合列については増大・減小という言い方もする．

[*1] $A \subset X$ かつ $A \in X$ の場合があるので，論理的には不整合ではあるが．

[*2] 変数が複素数という意味ではない．

- 変数 x についての条件 $P(x)$ に対して，「すべての $x \in X$ で $P(x)$ が成り立つ」ことを $\forall x \in X,\, P(x)$ あるいは $P(x)\ (x \in X)$，「$P(x)$ を満たす $x \in X$ が存在する」ことを $\exists x \in X,\, P(x)$ とも書く．また，$P(x)$ が成り立つ x 全体を $[P]$ という記号で表わす．とくに実関数 $f : X \to \mathbb{R}$ と実数 $a < b$ に対しては $[a < f < b] = \{x \in X \,;\, a < f(x) < b\}$ となり，逆像は $f^{-1}(B) = [f \in B]$ と表わされる．

- バー記号 $\overline{A}, \overline{f}$ などは，閉包と複素共役の双方の意味で使う．

- 複素共役の演算が指定された複素ベクトル空間，複素多元環を，それぞれ *** ベクトル空間** (*-vector space)，*** 環** (*-algebra) [*3]と呼ぶ．

- 位相空間 X の上で定義された関数 f の**支え** [*4] (support) を次で定める．ここのバーは位相に関する閉包を表わす．

$$[f] = \overline{[f \neq 0]}, \quad [f \neq 0] = \{x \in X \,;\, f(x) \neq 0\}$$

- ユークリッド座標空間を $\mathbb{R}^d$ と書く．d は次元 (dimension) の d である．通常は，自然数を表わす n を使うことが多いのであるが，以下では列を表わす添字としての n が多用され，それとの干渉を避けるため．また，（原点からの）距離を $|x| = \sqrt{\sum_{j=1}^{d} |x_j|^2}$ という記号で表わす．

[*3] *-algebra と言った場合の複素共役演算は a^* と書かれ，$(ab)^* = b^* a^*$ が要求される．

[*4] 台（もともとは carrier に対する訳であろう）と呼ぶ人が多いのであるが，support の意味に合わせ，動詞としての活用もできるように敢えてこのようにいう．

KEYWORDS 🔑 とびらの鍵

●**第1章** □上極限・下極限　□総和（可能）　□リーマン積分（可能）
　□広義積分　□距離空間　□連続関数　□バナッハ空間
　□コンパクト　□一様連続　□一様収束

●**第2章** □ベクトル束　□ダニエル積分　□ダニエル拡張
　□ルベーグ積分　□項別積分　□単調収束定理　□押え込み収束定理
　□零集合　□ほとんど至るところ

●**第3章** □集合代数　□σ代数　□ボレル集合　□可測空間
　□測度空間　□ルベーグ測度　□単純関数　□段々近似

●**第4章** □パラメータ付き積分　□偏積分　□くり返し積分
　□フビニの定理　□たたみ込み　□直積測度

●**第5章** □ヘルダー不等式　□ノルム不等式　□L^p空間
　□双対関係　□L^2内積　□フーリエ級数

●**第6章** □内積不等式　□ヒルベルト空間　□直交分解　□双対空間
　□リースの定理　□ラドン・ニコディムの密度定理　□複素測度
　□極分解　□L^p双対性

●**第7章** □単調族　□単調包　□単調完備化　□単調拡大
　□単調切り取り

●**第8章** □ベール集合　□ベール関数　□ベール測度　□ラドン測度
　□正則測度　□有界汎関数　□射影極限　□無限直積測度
　□ガウス測度　□角谷二分律

1 CHAPTER

連続関数とリーマン積分

【この章の目標】

ここには，初等的（素朴）な積分の構成をルベーグ式に拡張する際に必要となる予備知識を（公開済みの講義ノート[*5]を援用しつつ）まとめ置いた．諸々の応用に備え，距離空間とその上の連続関数の諸性質についてもあれこれ取り揃えはしたが，ユークリッド空間上のルベーグ積分（これが最も重要であろう）を理解運用するだけであれば，その予備知識は驚くほど少なくて済む．

ユークリッド空間における連続関数の大切な性質である（局所）一様連続性，有界閉集合のコンパクト性と関連した結果，一様収束と連続関数のリーマン積分（より正確にはコーシーの積分）だけでよい．大学一年の微積分でまかなえる内容でもあり，細部にわたって詰め切るというよりは知識・結果の確認程度にとどめ，2章以降で実際に使う際にその必要度に応じて読み返すといった利用のされ方を想定している．

ただし，最重要項目である複素数の総和とディニの定理は，通常のコースから外れていることもあり，この機会に丁寧に見ておくとよいだろう．

1.1 実数からリーマン積分まで

■A —— 上極限と下極限

微積分をはじめとする解析学を深く理解しようと思ったならば，実数の何たるかを避けて通ることはできない．現代数学における実数の性質として重要なものは次の3つ．

[*5] http://www.math.nagoya-u.ac.jp/~yamagami/teaching/topics/integral2018.pdf

- 加減乗除にかかわる代数構造.
- 大小関係に基づく順序構造.
- 極限に関する連続性(完備性).

代数構造は,まあ良いであろう.順序構造に関連して,$a \vee b = \max\{a, b\}$,$a \wedge b = \min\{a, b\}$ という記号を使用する.これは,いわゆる二項演算になっており,結合法則と交換法則を満たす.とくに,$a_1 \vee a_2 \vee \cdots \vee a_n$ といったものが括弧のつけ方によらずに定まる.実際,次が成り立つ.

$$a_1 \vee \cdots \vee a_n = \max\{a_1, \ldots, a_n\}, \quad a_1 \wedge \cdots \wedge a_n = \min\{a_1, \ldots, a_n\}.$$

実数からなる集合 A を考える.それが有界であれば,その上下の限界点として上限・下限という 2 つの実数 $\sup A$, $\inf A$ が決まることは実数の基本的性質である.限界点が A に属していれば A の最大値・最小値という言い方ができるのであるが,そうでない場合も,実質的な最大値あるいは最小値という意味合いで,上限・下限が便利に使われる.

A が有界でない場合,例えば A が上に有界でなければ $\sup A$ は存在しないのであるが,その場合でも $\sup A = +\infty$ という量があたかもあるが如く扱えると何かと便利である.$+\infty$ は ∞ とも書く [*6].同様に,A が下に有界でなければ,$\inf A = -\infty$ と書くことにする.実数直線 $\mathbb{R}$ にこのような仮想的点を付け加えた集合を**拡大実数直線**(extended real line)といって,$\overline{\mathbb{R}} = [-\infty, \infty]$ という記号で表わす.

まとめると,A が有界であるなしにかかわらず $\sup A$, $\inf A$ が $\overline{\mathbb{R}}$ の元として定まるということである.これらの記号の意味から

$$A \subset B \implies \sup(A) \leq \sup(B), \quad \inf(A) \geq \inf(B)$$

であり,この大小関係の対応を考慮して,空集合 $\emptyset$ については $\sup \emptyset = -\infty$,$\inf \emptyset = \infty$ と定める.

実数列 $(a_n)_{n \geq 1}$ に対して,

[*6] 符号抜きの ∞ は一点コンパクト化の無限遠点に使いたいので正式には区別すべきではあるが,見た目の煩さを避けるべく.

$$\sup\{a_n\,;\,n \geq 1\} \geq \sup\{a_n\,;\,n \geq 2\} \geq \cdots$$

であるから，その極限値を $\limsup_{n\to\infty} a_n$ という記号で表わし，数列 (a_n) の**上極限**（upper limit）と呼ぶ．同様に，**下極限**（lower limit）$\liminf_{n\to\infty} a_n$ を極限値 $\lim_{n\to\infty}\inf\{a_k\,;\,k \geq n\}$ によって定める．これらは $\overline{\mathbb{R}}$ の元として確定する．

実数列の上下極限は，今後くり返し現れるのみならず，様々な極限量の評価を考える際の雛形ともなるものであるから，もう少し補足しておくと，まず $a_n^\uparrow = \sup\{a_n, a_{n+1}, \dots\}$ と $a_n^\downarrow = \inf\{a_n, a_{n+1}, \dots\}$ は，数列 $(a_k)_{k\geq n}$ が収まる最小の閉区間 $[a_n^\downarrow, a_n^\uparrow]$ を定める．したがって，$[a_n^\downarrow, a_n^\uparrow]$ は減少していき，それが一点 a に縮むことが $\lim_{n\to\infty} a_n = a$ ということに他ならない．かくして，次が成り立つ．

> **命題 1.1** 実数列 (a_n) に対して $\liminf_{n\to\infty} a_n \leq \limsup_{n\to\infty} a_n$ であり，さらに $a \in \overline{\mathbb{R}}$ について，
>
> $$a = \lim_{n\to\infty} a_n \iff \liminf_{n\to\infty} a_n = a = \limsup_{n\to\infty} a_n.$$

一般に，実数列 (a_n) で，$a_j \leq a_k\ (j \leq k)$ であるものを**増加列**（increasing sequence），$a_j \geq a_k\ (j \leq k)$ であるものを**減少列**（decreasing sequence）という．増加列 (a_n) の極限が a であるとき $a_n \uparrow a$ のように書く．同様に，減少列 (a_n) が a に収束するとき，$a_n \downarrow a$ と書く．

➤ **注意 1** 増加列・減少列の意味を「厳しく」とって，$a_j < a_k\ (j < k)$ などを指すことに使い，上の意味での増加列を「非減少列」などと呼ぶことも多いのであるが，論理的にいって好ましいとは思えない．似たようなものに「非負」という言い方もあり，できればこれも避けたい．

■ B — 総　　和

次に和について考えよう．複素数の集まり $(z_i)_{i\in I}$ が**総和可能**（summable[*7]）

[*7] ブルバキ好みの概念であるが，初出は von Neumann の無限テンソル積 (1939) であろう．

であるとは，次のような複素数 z があるときをいい，z のことを $(z_i)_{i\in I}$ の**総和**（sum）と呼び，$z = \sum_{i\in I} z_i$ と書く．

> どのように小さい $\epsilon > 0$ に対しても，有限部分集合 $F \subset I$ を十分大きくとることで，F を含む有限部分集合 $F' \subset I$ についてはいつでも $|\sum_{i\in F'} z_i - z| \leq \epsilon$ が成り立つようにできる．

ここで，総和可能であるような z は一つしかないことに注意する．実際，複素数 w が，ある有限部分集合 G を含むどのような有限部分集合 $G' \subset I$ に対しても $|\sum_{i\in G'} z_i - w| \leq \epsilon$ を満たせば，$|z - w| \leq |z - \sum_{i\in F\cup G} z_i| + |\sum_{i\in F\cup G} z_i - w| \leq 2\epsilon$ となることから $z = w$ がわかる．また総和は，その定め方から，和をとる順序といったものに無関係である．

添字集合 I に基づく総和可能な複素数の集まり全体を $\ell^1(I)$ と書くと，$\ell^1(I)$ は和と複素数倍の操作について閉じていて（複素ベクトル空間をなす），総和はその上の線型汎関数を与える．

正数 $a_i \geq 0$ $(i \in I)$ の集まりについては，総和可能であることと

$$\sup\left\{\sum_{i\in F} a_i \,;\, F \subset I \text{ は有限集合}\right\} < \infty$$

が同値であり，このとき $\sum_{i\in I} a_i = \sup\{\sum_{i\in F} a_i \,;\, F \subset I \text{ は有限集合}\}$ が成り立つ．

問 1.1 この直感に合致した言い換えを確かめよ．

そこで，総和可能でない場合に $\sum_{i\in I} a_i = \infty$ と書くことにすれば，$\sum_{i\in I} a_i \in [0, \infty]$ がいつでも意味をもつことになり，$b_i \geq 0$ と $r > 0$ について，$\sum_{i\in I}(a_i + b_i) = \sum_{i\in I} a_i + \sum_{i\in I} b_i$ と $\sum_{i\in I} ra_i = r\sum_{i\in I} a_i$ を満たす．最後の等式は，$0 \cdot \infty = 0$ と約束しておけば $r = 0$ についても成り立つことに注意．

命題 1.2 複素数の集まり $(z_i)_{i\in I}$ について，以下は同値．
(i) $(z_i)_{i\in I}$ は総和可能である．

(ii) 実部 $(\operatorname{Re} z_i)_{i \in I}$ と虚部 $(\operatorname{Im} z_i)_{i \in I}$ の双方が総和可能.

(iii) 絶対値の集まり $(|z_i|)_{i \in I}$ が総和可能.

そしてこのとき $|\sum_{i \in I} z_i| \le \sum_{i \in I} |z_i|$ が成り立つ.

また, 実数の集まり (a_i) については, (a_i) が総和可能であることと $\sum_i (\pm a_i) \vee 0 < \infty$ が同値で, このとき次が成り立つ.

$$\sum_{i \in I} a_i = \sum_{i \in I} a_i \vee 0 - \sum_{i \in I} (-a_i) \vee 0.$$

【証明】 (i) と (ii) が同値であることは, $\zeta = \sum_{i \in F} z_i - z \in \mathbb{C}$ に不等式 $|\zeta| \le |\operatorname{Re} \zeta| + |\operatorname{Im} \zeta| \le \sqrt{2}|\zeta|$ を適用すればわかる.

(iii) との同値性は, 実数の集まり (a_i) について示せばよく, $|a| = a \vee 0 + (-a) \vee 0$ に注意すれば, (iii) は $a_{\pm} = \sum_i (\pm a_i) \vee 0 < \infty$ と同値で, このとき, $|\sum_{i \in F} a_i - (a_+ - a_-)| \le (a_+ - \sum_{i \in F} a_i \vee 0) + (a_- - \sum_{i \in F} (-a_i) \vee 0)$ より (a_i) が総和可能で, その総和が $a_+ - a_-$ に一致する.

逆に $((\pm a_i) \vee 0)$ のいずれかが総和可能でないとする. 例えば $\sum (a_i \vee 0) = \infty$ とすると, どのような有限集合 $F \subset I$ についても, $\sum_{j \in G} (a_j \vee 0)$ がいくらでも大きい有限集合 $G \subset I \setminus F$ があるので, $F' = F \sqcup G'$ ただし $G' = \{j \in G \,;\, a_j > 0\}$ とすると, $\sum_{i' \in F'} a_{i'} = \sum_{i \in F} a_i + \sum_{j \in G} (a_j \vee 0)$ がいくらでも大きくなり, 一定の数に近づくことはない. すなわち (a_i) は総和可能でない.

最後に, 不等式 $|\sum_{i \in F} z_i| \le \sum_{i \in F} |z_i|$ において, 有限集合 F を大きくしていけば, $|\sum_{i \in I} z_i| \le \sum_{i \in I} |z_i|$ もわかる. ∎

➤**注意 2** 総和は, ノルム空間におけるベクトルの集まりに対しても, 絶対値をノルムで置き換えて定義することができる. とくにバナッハ空間の場合, ベクトルの集まり (v_i) が $\sum \|v_i\| < \infty$ を満たせば総和可能であるが, 逆は一般に成り立たない. 例: ヒルベルト空間における直交和 (6.1 節「内積の幾何学」を参照).

問 1.2 複素数列 $(z_n)_{n \ge 1}$ が総和可能でその総和が z となる条件は, どのように小さい $\epsilon > 0$ に対しても $m \ge 1$ を十分大きくとれば, $\{1, \ldots, m\}$ を含む勝手な有限集合 $G \subset \mathbb{N}$ に対して $|z - \sum_{j \in G} z_j| \le \epsilon$ が成り立つこと, と言い換えら

れる．とくに，総和 $\sum_{n \geq 1} z_n$ は極限 $\lim_{n \to \infty} \sum_{j=1}^{n} z_j$ に一致する．

問 1.3　$\sum_{i \in I} |z_i| < \infty$ であれば，支え $\{i \in I \, ; \, z_i \neq 0\}$ は可算集合である．仮に可算集合だけを扱うにしても，表示の自由度を確保しておくことは意味がある．例えば，二重級数の総和とか．

> **命題 1.3**　添字集合 I が
>
> $$I = \bigsqcup_{j \in J} I_j$$
>
> と分割され，$(z_i)_{i \in I}$ が総和可能ならば，各 $j \in J$ ごとに $(z_i)_{i \in I_j}$ は総和可能で，さらに $(\sum_{i \in I_j} z_i)_{j \in J}$ も総和可能となり，次の分割和等式が成り立つ．
>
> $$\sum_{i \in I} z_i = \sum_{j \in J} \Big(\sum_{i \in I_j} z_i \Big).$$

【証明】　これは行列の分割積の証明と同様，書くと長くなる類のものである．ともかく，上の問 1.3 により，I が可算集合の場合に確かめられればよい．必要ならば添字の名前を付け替え，さらに添字の範囲を増やし 0 を割り振ることで，問題は二重数列 $(z_{j,k})_{j,k \geq 1}$ の場合の等式 $\sum_{j,k \geq 1} z_{j,k} = \sum_{j \geq 1} \sum_{k \geq 1} z_{j,k}$ の成立に帰着する．

さて $(z_{j,k})$ が総和可能であることから，$\sum_{j,k \geq 1} |z_{j,k}| < \infty$ であり，これは各 $j \geq 1$ について $\sum_{k=1}^{\infty} |z_{j,k}| < \infty$ および $\sum_{j=1}^{\infty} \sum_{k=1}^{\infty} |z_{j,k}| = \sum_{j,k \geq 1} |z_{j,k}| < \infty$ を意味する．したがって，$(z_{j,k})_{k \geq 1}$ は総和可能であり，その総和の集まり $(z_j = \sum_{k=1}^{\infty} z_{j,k})_{j \geq 1}$ が $\sum_{j=1}^{\infty} |z_j| \leq \sum_{j=1}^{\infty} \sum_{k=1}^{\infty} |z_{j,k}| < \infty$ を満たすことから，(z_j) も総和可能となる．

最後に，$\sum_{j,k \geq 1} z_{j,k} = \sum_{j=1}^{\infty} z_j$ であることは，$\forall \epsilon > 0$ に対して，$n \geq 1$ を大きくとることで $\sum_{j > n} \sum_{k=1}^{\infty} |z_{j,k}| \leq \epsilon$ であるようにしておく．さらに $\epsilon = \sum_j \epsilon_j \, (\epsilon_j > 0)$ と振り分け，各 $1 \leq j \leq n$ に対して，有限集合 $F_j \subset \mathbb{N}$ を $|z_j - \sum_{k \in F_j} z_{j,k}| \leq \epsilon_j$ となるように選んで，$F = \bigsqcup_{j=1}^{n} \{j\} \times F_j$ とおけば，

$$\left| \sum_{(j,k)\in F} z_{j,k} - \sum_{j=1}^{n} z_j \right| \leq \sum_{j=1}^{n} \left| \sum_{k\in F_j} z_{j,k} - z_j \right| + \sum_{j>n} |z_j|$$

$$\leq \sum_{j=1}^{n} \epsilon_j + \sum_{j>n}\sum_{k=1}^{\infty} |z_{j,k}| \leq 2\epsilon$$

となるので，これから $\sum_{j,k\geq 1} z_{j,k} = \sum_{j=1}^{\infty} z_j$ がわかる． ∎

例 1.4 二重数列 $(z_{j,k})_{j,k\geq 0}$ について，$\sum_{j,k\geq 0} |z_{j,k}| < \infty$ であれば，

$$\sum_{j=0}^{\infty}\sum_{k=0}^{\infty} z_{j,k} = \sum_{k=0}^{\infty}\sum_{j=0}^{\infty} z_{j,k} = \sum_{n=0}^{\infty} (z_{0,n} + z_{1,n-1} + \cdots + z_{n,0}).$$

絶対収束級数は総和を表わすのであるが，条件収束級数は和というよりも数列の極限と解すべきものである．

問 1.4 条件収束級数の例を具体的に挙げよ．

■ C — リーマン積分

ここで，いわゆるリーマン積分のおさらいをしておこう．（あとの積分拡張で必要となるのは連続関数の場合であるから，コーシーの積分というべきもので十分ではあるが．）ただ，復習だけではつまらないので，通常あまり取り上げられない複素関数 [*8] の積分という形で述べてみたい．

有界区間 $[a,b]$ の上で定義された複素関数 f の定積分について考える．まず，区間 $[a,b]$ の分割 $\Delta = \{a = x_0 < x_1 < \cdots < x_n = b\}$ に対して，その最大幅を $|\Delta| = \max\{x_1 - x_0, x_2 - x_1, \ldots, x_n - x_{n-1}\}$ で表す．そして，各小区間から代表点 $\xi_i \in [x_{i-1}, x_i]$ を選び $\xi = (\xi_i)_{1\leq i\leq n}$ とおく．以上のデータに対して，f のリーマン和（Riemann sum）を

$$S(f, \Delta, \xi) = \sum_{i=1}^{n} f(\xi_i)(x_i - x_{i-1}) \in \mathbb{C}$$

で定める．このとき，f が**リーマン積分可能**（Riemann integrable）であると

[*8] 適切に状況設定すれば，ベクトル値関数を扱うことも可能．

は，極限

$$z = \lim_{|\Delta| \to 0} S(f, \Delta, \xi)$$

が存在することと定義し，この極限値を $\int_a^b f(x)\,dx$ と書き，f の**リーマン積分**
(Riemann integral) と呼ぶ.

　ここで上の極限の意味は，「どのように小さい $\epsilon > 0$ に対しても，$\delta > 0$ を適切に
選べば，$|\Delta| \le \delta$ である限り，Δ および ξ の選び方によらずに $|z - S(f, \Delta, \xi)| \le \epsilon$
とできる」ということである.

　区間 $[a, b]$ 上のリーマン積分可能な関数全体を $R[a, b]$ で表わせば，

> (i) $R[a, b]$ は各点ごとの演算により複素ベクトル空間である.
>
> (ii) $R[a, b]$ は複素共役をとる操作に関して閉じている. すなわち，$f \in$
> $R[a, b]$ ならば $\bar{f}$ もリーマン積分可能である.
>
> (iii) リーマン積分は，$R[a, b]$ 上の複素線型汎関数であり，複素共役を保
> つ. 言い換えると，実関数 $f \in R[a, b]$ のリーマン積分は実数である.
>
> (iv) リーマン積分は順序を保つ. すなわち，実関数 $f, g \in R[a, b]$ が $f(x) \le$
> $g(x)$ $(a \le x \le b)$ を満たせば，$\int_a^b f(x)\,dx \le \int_a^b g(x)\,dx$ である.

問 1.5　上記諸性質を確かめよ.

■D ─ 振 動 量

　関数 $f : [a, b] \to \mathbb{C}$ の分割 Δ に関する**振動量** (oscillation) $O(f, \Delta)$ を

$$O(f, \Delta) = \sum_{i=1}^n O_i(f)(x_i - x_{i-1}),$$
$$O_i(f) = \sup\{|f(\xi) - f(\eta)| \,;\, \xi, \eta \in [x_{i-1}, x_i]\}$$

で定める (図 2 参照). $O(\alpha f + \beta g, \Delta) \le |\alpha| O(f, \Delta) + |\beta| O(g, \Delta)$ $(g : [a, b] \to$
$\mathbb{C}, \alpha, \beta \in \mathbb{C})$ に注意.

　次は収束列のコーシー列による特徴づけの類似物である.

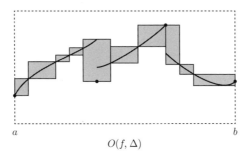

$$O(f, \Delta)$$

図 2　振動量

> **命題 1.5**（Riemann）　複素関数 f がリーマン積分可能であるための必要十分条件は，$\lim_{|\Delta| \to 0} O(f, \Delta) = 0$（振動量条件）が満たされること．

【証明】　実際，

$$|S(f, \Delta', \xi') - S(f, \Delta'', \xi'')|$$

$$\leq |S(f, \Delta', \xi') - S(f, \Delta, \xi)| + |S(f, \Delta'', \xi'') - S(f, \Delta, \xi)|$$

$$\leq O(f, \Delta') + O(f, \Delta'')$$

（Δ は Δ' と Δ'' の共通細分を表わす）より，振動量条件からリーマン積分可能性が従う．

逆に f がリーマン積分可能であれば，その実部 $\mathrm{Re}\, f$ と虚部 $\mathrm{Im}\, f$ もリーマン積分可能であり，

$$O(\mathrm{Re}\, f, \Delta)$$

$$= \sup\{|S(\mathrm{Re}\, f, \Delta, \xi) - S(\mathrm{Re}\, f, \Delta, \eta)| \; ; \xi, \eta\}$$

$$\leq \sup\{|S(\mathrm{Re}\, f, \Delta, \xi) - \mathrm{Re}\, z| \; ; \xi\} + \sup\{|S(\mathrm{Re}\, f, \Delta, \eta) - \mathrm{Re}\, z| \; ; \eta\}$$

$$= 2 \sup\{|S(\mathrm{Re}\, f, \Delta, \xi) - \mathrm{Re}\, z| \; ; \xi\},$$

と $\mathrm{Im}\, f$ についての同様の不等式から，

$O(f, \Delta)$

$$\leq O(\operatorname{Re} f, \Delta) + O(\operatorname{Im} f, \Delta)$$

$$\leq 2 \sup\{|S(\operatorname{Re} f, \Delta, \xi) - \operatorname{Re} z| \, ; \, \xi\} + 2 \sup\{|S(\operatorname{Im} f, \Delta, \xi) - \operatorname{Im} z| \, ; \, \xi\}$$

$$\leq 4 \sup\{|S(f, \Delta, \xi) - z| \, ; \, \xi\}$$

のように評価され，振動量条件が満たされる． ∎

__問 1.6__　振動量条件からリーマン積分可能性が従うところを詳しく述べよ．

__問 1.7__　実関数 g に対して，$O(g, \Delta) = \sup\{|S(g, \Delta, \xi) - S(g, \Delta, \eta)| \, ; \, \xi, \eta\}$ を確かめよ．

この振動量による判定と不等式 [*9] $O(|f|, \Delta) \leq O(f, \Delta)$ から，次がわかる．

> __系 1.6__　$R[a, b]$ は絶対値をとる操作に関して閉じていて，複素関数 $f \in R[a, b]$ に対して $\left| \int_a^b f(x)\, dx \right| \leq \int_a^b |f(x)|\, dx$ が成り立つ．

__問 1.8__　$f, g \in R[a, b]$ ならば $fg \in R[a, b]$ である．ここで，$(fg)(x) = f(x)g(x)$ $(x \in [a, b])$ は各点での積を表わす．

　実関数の場合に，この振動量による判定方法をさらに言い換えたのが J.-G. Darboux で，以下のように記述される．

$$\overline{f}_i = \sup\{f(x) \, ; \, x \in [x_{i-1}, x_i]\}, \qquad \underline{f}_i = \inf\{f(x) \, ; \, x \in [x_{i-1}, x_i]\}$$

とし，次のような量を考える．

$$\overline{S}(f, \Delta) = \sum_{i=1}^n \overline{f}_i (x_i - x_{i-1}), \qquad \underline{S}(f, \Delta) = \sum_{i=1}^n \underline{f}_i (x_i - x_{i-1}).$$

Δ を Δ', Δ'' の細分割とすると，定義から

[*9] $||z| - |w|| \leq |z - w|$ $(z, w \in \mathbb{C})$ だからであるが，以後，こういった少し考えればわかることは一々書かないことが多い．各自の自明度に応じて，適宜補ってしかるべきことなので．

$$\underline{S}(f,\Delta') \leq \underline{S}(f,\Delta) \leq \overline{S}(f,\Delta) \leq \overline{S}(f,\Delta'')$$

である．そこで，

$$\overline{S}(f) = \inf\{\overline{S}(f,\Delta)\,;\,\Delta\}, \qquad \underline{S}(f) = \sup\{\underline{S}(f,\Delta)\,;\,\Delta\}$$

とおいてダルブーの**上積分・下積分**（upper and lower integrals）と呼ぶと，不等式 $\underline{S}(f) \leq \overline{S}(f)$ が成り立ち，$O(f,\Delta) = \overline{S}(f,\Delta) - \underline{S}(f,\Delta)$ から次がわかる．

命題 1.7 実関数 $f : [a,b] \to \mathbb{R}$ がリーマン積分可能であるための必要十分条件は $\overline{S}(f) = \underline{S}(f)$ となることで，この一致する値が f の積分値に等しい．

このように，リーマン積分可能条件の分析はそれなりにややこしく，後ほど展開するルベーグ積分論に取って代わられることを思えば，この段階でこれ以上深入りするのは得策ではない．以下のアプローチで必要とするのは関数 f が連続関数の場合なので，その結果を先取りしてここに述べておこう．

定理 1.8 連続関数 $f : [a,b] \to \mathbb{C}$ はリーマン積分可能で，次が成り立つ．
$$\int_a^b f(x)\,dx = \lim_{|\Delta|\to 0} \sum_{j=1}^{n} f(x_j)(x_j - x_{j-1}).$$

なお，具体的な計算では原始関数を利用することになるので，それについても復習しておくと，$F'(t) = f(t)\ (a < t < b)$ となる $[a,b]$ 上の連続関数 F を f の**原始関数**（primitive function）と呼ぶことにすれば，原始関数は存在すれば定数和の違いを除いて一つしかなく，次が成り立つ．

定理 1.9 連続関数 f は原始関数をもち，そのリーマン積分は原始関数 F を使って $\int_a^b f(t)\,dt = F(b) - F(a)$ と表わされる．

ついでながら，リーマン積分可能な関数 $f : [a,b] \to \mathbb{C}$ に対して，$\int_x^y f(t)\,dt = F(y) - F(x)\ (x,y \in [a,b])$ となる関数 $F : [a,b] \to \mathbb{C}$ は f の**不定積分**（indefinite integral）と呼ばれ，連続関数の場合，原始関数と不定積分が一致するので混用されるも，一般には異なる概念である．

■ E —— 広義積分

リーマン積分自体は，変域も値域も有界である場合に意味がある概念であるが，さすがにそれだけでは何かと不便で，有界な場合からの極限として**広義積分**（improper integral）なるものも併用される．後ほど検討するルベーグ積分においては，この広義積分の内で絶対収束する場合 [*10]，すなわち，

$$\int_{\mathbb{R}^d} |f(x)| \, dx < \infty$$

である場合を通常の積分と同等に扱うのが自然である．

次は絶対収束する広義積分の簡単な判定法であるが，これを級数形に広げ整えた類型が，実にルベーグ積分そのものを与えるという事実を次章で見ることになる．

命題 1.10 区間 $[0, \infty)$ 上の連続な複素関数 f と正関数 φ が $|f(x)| \leq \varphi(x)$ $(x \geq 0)$ および $\displaystyle\lim_{r \to \infty} \int_0^r \varphi(x) \, dx < \infty$ を満たすならば，広義積分 $\displaystyle\int_0^\infty f(x) \, dx$ は絶対収束し

$$\left| \int_0^\infty f(x) \, dx \right| \leq \int_0^\infty |f(x)| \, dx \leq \int_0^\infty \varphi(x) \, dx$$

を満たす．

問 1.9 これを確かめよ．

➢**注意 3** リーマン積分可能な関数 f については，f を部分区間 $[u, v] \subset [a, b]$ に制限したものもリーマン積分可能であり，$\int_u^v f(t) \, dt$ が $u, v \in [a, b]$ の連続関数となることから，$\displaystyle\int_a^b f(t) \, dt = \lim_{\substack{u \to a-0 \\ v \to b+0}} \int_u^v f(t) \, dt$，すなわち f を開区間 (a, b) に制限したものの

[*10] $d \geq 2$ の場合には，極限のとり方の特性上つねに絶対収束する．[7, 定理 1.9] 参照．

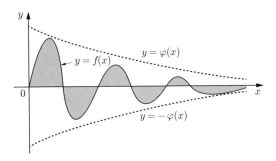

図 3 押え込み判定

広義積分に一致する.

　一方で，一変数積分においては，$\displaystyle\int_0^\infty |f(x)|\, dx = \infty$ かつ $\displaystyle\lim_{r\to\infty}\int_0^r f(x)\, dx$ が存在するといった状況にしばしば遭遇することになるのだが，この場合の広義積分（条件収束級数に相当）は improper と呼ぶにふさわしく，上の絶対収束する場合と概念的に区別されるべきものである.

$\boxed{\text{例 1.11}}$　$0 \neq a \in \mathbb{R}$ とする.

　(i) 良い広義積分（普通に積分と呼ぶべきもの）

$$\int_0^\infty \frac{e^{iax}}{(1+x)^2}\, dx.$$

　(ii) 悪い広義積分（普通の意味での積分と言い難いもの）

$$\int_0^\infty \frac{e^{iax}}{1+x}\, dx.$$

$\underline{\text{問 1.10}}$　(i) が絶対収束し (ii) は絶対収束しないこと，および次を示せ.

$$\lim_{r\to\infty}\int_0^r \frac{e^{iax}}{1+x}\, dx = \frac{i}{a} - \frac{i}{a}\int_0^\infty \frac{e^{iax}}{(1+x)^2}\, dx.$$

1.2　コンパクト集合と連続関数

　ここでは距離空間の用語について復習する．ただ，そのすべてが以下で必須というわけではなく，その具体例であるユークリッド空間（それも 1・2 次元）を思っておいてなお十分意味がある．ユークリッド空間では当たり前と思える主張に遭遇したなら，それを飛ばして先へ進むことも可能であり，そうすることで準備工作的な部分をかなり省略できるはずである．反対に，知識と経験があれば，距離空間を一般の位相空間に置き換えても多くのことが成り立つので，どこまで一般化できるのかを確かめながら読み進めるのもまた一興．

■A —— さまざまな距離

　集合 X における**距離関数**（distance function）$d : X \times X \to [0, \infty)$ とは，$x, y, z \in X$ に対して次が成り立つものをいう．

> (i) $d(x, y) = 0$ となるのは $x = y$ に限る.
> (ii) ［対称性］ $d(x, y) = d(y, x)$ である.
> (iii) ［三角不等式］ $d(x, y) \leq d(x, z) + d(z, y)$ である.

　距離関数は単に距離とも呼ばれ，距離関数が指定された集合 X を**距離空間**（metric space）という．

例 1.12

(i) ユークリッド空間 $X = \mathbb{R}^d$ の距離 $d(x, y) = |x - y| = \sqrt{\sum_{j=1}^{d} |x_j - y_j|^2}$.

(ii) 集合 X において，$d(x, y) = 1 - \delta_{x,y}$ は距離関数を与える．これを（標準）離散距離という．

(iii) 無向連結グラフ X における距離 $d(x, y) = $「最短経路の辺の数」.

　ベクトル空間 V（スカラーは $\mathbb{R}$ または $\mathbb{C}$）上の**ノルム**（norm）とは，次の条件を満たす関数 $V \ni v \mapsto \|v\| \in [0, \infty)$ をいう．ノルムの条件のうち (i) を要求しない場合は**半ノルム**（seminorm）と呼ばれる．

(i) $\|v\| = 0$ となるのは $v = 0$ （零ベクトル）に限る.

(ii) $\|v + w\| \le \|v\| + \|w\|$, $\|\lambda v\| = |\lambda|\,\|v\|$ （$v, w \in V$ で λ はスカラー）.

ノルムが指定されたベクトル空間を**ノルム空間**（normed space）という. ノルム空間は, 距離 $d(v, w) = \|v - w\|$ により距離空間である.

集合 X で定義された関数 $f : X \to \mathbb{C}$ に対して,

$$\|f\|_\infty = \sup\{|f(x)| \,;\, x \in X\},$$
$$\|f\|_1 = \sum_{x \in X} |f(x)|, \qquad \|f\|_2 = \sqrt{\sum_{x \in X} |f(x)|^2}$$

とおくと, $\|f\|_\infty \le \|f\|_2 \le \|f\|_1$ であり, いずれも (ii) の不等式[*11]を満たし, 関数 f の有界性は $\|f\|_\infty < \infty$ と記述できる.

例 1.13　集合 X 上の複素関数の作るノルム空間の例として,

(i) 有界関数全体 $\ell^\infty(X)$ とその上のノルム $\|f\|_\infty$,

(ii) $\ell^1(X) = \{f \in \ell^\infty(X) \,;\, \|f\|_1 < \infty\}$ とその上のノルム $\|f\|_1$,

(iii) $\ell^2(X) = \{f \in \ell^\infty(X) \,;\, \|f\|_2 < \infty\}$ とその上のノルム $\|f\|_2$ がある.

ベクトル空間として $\ell^1(X) \subset \ell^2(X) \subset \ell^\infty(X)$ であり, X が有限集合のときは, どれもが $\mathbb{C}^X$ に一致する.

➤**注意 4**　記号 $\|\cdot\|_\infty$ の ∞ は, $\lim_{p \to \infty}(|z_1|^p + \cdots + |z_n|^p)^{1/p} = |z_1| \vee \cdots \vee |z_n|$ に由来する.

問 1.11　X が有限集合のとき, $\{\|f\|_1 \,;\, \|f\|_2 = 1, \, f \in \mathbb{C}^X\} \subset [0, \infty)$ の下限を求め, 上限を X の個数 $|X|$ を用いて表わせ.

問 1.12　$\|f\|_1 = \int_a^b |f(x)|\,dx$ は $R[a,b]$ の上に半ノルムを定め, 連続関数に限定したものはノルムである.

[*11] $\|f + g\|_2 \le \|f\|_2 + \|g\|_2$ は内積の不等式（命題 6.1）からわかる.

■ B — 距離空間の位相

距離空間 (X, d) において，$a \in X$ を中心とした半径 $r > 0$ の**開球**（open ball）と**閉球**（closed ball）を次で定める．

$$B_r(a) = \{x \in X \; ; d(x, a) < r\}, \quad \overline{B}_r(a) = \{x \in X \; ; d(x, a) \le r\}.$$

部分集合 A の**境界点**とは，どのような $r > 0$ についても $A \cap B_r(a) \ne \emptyset$ かつ $B_r(a) \setminus A \ne \emptyset$ となる点 a のこと．境界点全体を ∂A と書くと，定義から $\partial A = \partial(X \setminus A)$ である．$A \cup \partial A$ を A の**閉包**（closure）とよび，$\overline{A}$ と書くと，$\partial \overline{A} \subset \partial A$ とか $\overline{\overline{A}} = \overline{A}$ が成り立つ．入れ子の部分集合 $A \subset B$ が $B \subset \overline{A}$ を満たすとき，A は B で**密**（dense）であるという．

開集合（open set）とは $A \cap \partial A = \emptyset$ となる集合，**閉集合**（closed set）とは $\partial A \subset A \iff \overline{A} = A$ となる集合のこと．この定義から，A が開集合であることと $X \setminus A$ が閉集合となることが同値となる．

➤ **注意 5** $B_r(a)$ は開集合であり，$\overline{B}_r(a)$ は閉集合になるので $B_r(a)$ の閉包 $\overline{B_r(a)}$ を含むが，例 1.12 (ii) からもわかるように，一般には一致しない．

問 1.13 A が開集合であることと $X \setminus A$ が閉集合となることが同値であることを確かめよ．

開集合の性質として，次が成り立つ．

> (i) 空集合 $\emptyset$ も X も開集合である．
> (ii) 開集合の集まり $(U_i)_{i \in I}$ に対して，その合併 $\bigcup_{i \in I} U_i$ も開集合.
> (iii) 開集合の有限列 $(U_i)_{1 \le i \le n}$ に対して，その共通部分 $\bigcap_{i=1}^{n} U_i$ も開集合.

一般に，この性質をもつ部分集合の集団 $\mathcal{T} \subset 2^X$（開集合族）が指定された集合 X を**位相空間**（topological space）という．一般の位相空間において，閉集合は開集合の補集合として，A の閉包 $\overline{A}$ は A を含む最小の閉集合として定められる．

以下，本文で現れる位相空間はすべて**ハウスドルフ空間**（定義は付録 B）とする．

問 1.14 距離空間の開集合について，上の性質を確かめよ.

　集合 X における 2 つの距離関数 d_1, d_2 が同値であるとは，$\alpha d_1 \leq d_2 \leq \beta d_1$ を満たす $\alpha > 0$, $\beta > 0$ があることと定める. 距離空間の距離関数はそれ自体に意味があるというよりも，2 点間の近さを統制するための手段[*12]であることが多く，とくに同値な距離は同一の位相（開集合・閉集合）を定める.

　2 つの距離空間 (X', d'), (X'', d'') の直積空間を $(X' \times X'', d)$ で定める. ここで，$X' \times X''$ 上の距離関数 d は，$x = (x', x'')$, $y = (y', y'')$ に対して $d(x, y) = d'(x', y') + d''(x'', y'')$ で与えられる. 直積上の距離としては，この他にも $d_p(x, y) = (d'(x', y')^p + d''(x'', y'')^p)^{1/p}$ $(1 \leq p \leq \infty)$ など様々なものが考えられるが，d_p については単位球図（内側から，$p = 1$, $p = 2$, $2 < p < \infty$, $p = \infty$）からわかるように，p によらずすべて同値である.

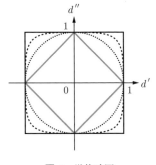

図 4　単位球図

問 1.15　d_p が三角不等式と $d_\infty \leq d_p \leq d_1 \leq 2d_\infty$ を満たすことを確認せよ.

■C — 連続関数

次に，実関数 f が連続であることの定義を復習する.

(i) 局所的な定義：$\forall x \in X$, $\forall \epsilon > 0$, $\exists \delta > 0$, $y \in B_\delta(x) \implies |f(x) - f(y)| \leq \epsilon$.

(ii) 大域的な定義：$\forall a, b \in \mathbb{R}$, $[a < f < b] \equiv \{x \in X \,; a < f(x) < b\}$ は開集合.

問 1.16　上の (i) と (ii) の同値性を確かめよ. 複素関数の連続性について同様

[*12] 位相の上位概念である一様構造.

の言い換えを与えよ.

連続関数 $f: X \to \mathbb{C}$ と連続関数 $\phi: \mathbb{C} \to \mathbb{C}$ に対して，合成関数 $\phi \circ f$ も連続. とくに，絶対値関数 $|f|: x \mapsto |f(x)|$ は連続関数である.

同じく，連続関数 $f, g: X \to \mathbb{R}$ と連続関数 $\Phi: \mathbb{R}^2 \to \mathbb{R}$ に対して，合成関数 $\Phi(f, g): x \mapsto \Phi(f(x), g(x))$ も連続. とくに，

$$f \pm g, \quad fg, \quad f \vee g, \quad f \wedge g$$

は連続関数である. ここで，実数についての操作を関数の各点での値に施したものを同じ記号で表わした. 例えば，

$$(f \vee g)(x) = \max\{f(x), g(x)\}, \quad (f \wedge g)(x) = \min\{f(x), g(x)\}.$$

問 1.17　連続関数 $f, g: [a, b] \to \mathbb{R}$ のグラフから $f \vee g$, $f \wedge g$ のグラフを読み取れ.

問 1.18　等式 $a \diamond b = \frac{1}{2}(a + b \mp |a - b|)$ $(a, b \in \mathbb{R})$ と，これが (a, b) の連続関数であることを確認.

距離空間（あるいは位相空間）の上で定義された関数 f の**支え** [*13] (support) を，$[f] \equiv \overline{[f \neq 0]}$ で定める. 定義により支えは閉集合であり，$f(x) = 0$ $(x \notin [f])$ を満たす. 実関数 f, g について，次の包含関係が成り立つ.

$$[f + g] \cup [f \vee g] \cup [f \wedge g] \subset [f] \cup [g], \quad [fg] \subset [f] \cap [g].$$

問 1.19　上の包含関係を確かめよ.

問 1.20　$\mathbb{R}$ 上の連続関数 f, g で $[fg] \neq [f] \cap [g]$ となる例を挙げよ.

距離空間 (X, d) の部分集合 $A \neq \emptyset$ に対して，

$$d_A(x) = d(x, A) = \inf\{d(x, a) \, ; \, a \in A\}$$

[*13] 台と呼ばれることが多いのであるが，動詞として使う際の「支える」に合わせておく.

とおき，$x \in X$ と $A \subset X$ との間の**距離**（distance）と呼ぶ．$d(x, A) = 0 \iff$ $x \in \overline{A}$ であり，$d_A = d_{\overline{A}}$ となっている．また三角不等式から

$$|d(x, A) - d(y, A)| \leq d(x, y) \qquad (x, y \in X)$$

がわかるので，$d(x, A)$ は x の連続関数である．

問 1.21　上の不等式を確かめよ．

■D —— 完 備 性

　次に，距離空間の完備性について復習する．まず，距離空間内の点列 $(a_n)_{n \geq 1} \subset X$ が $a \in X$ に**収束する**（converge）とは，

$$\lim_{n \to \infty} d(a_n, a) = 0$$

であることと定める．このとき，a を点列 $\{a_n\}$ の**極限点**（limit point）（略して極限）と呼び $a = \lim_{n \to \infty} a_n$ と書く．

問 1.22　点列の極限点は，存在すれば一つ．すなわち，$\lim_n a_n = a$, $\lim_n a_n = a'$ ならば $a = a'$ である．

　収束する点列は，コーシーの条件を満たす：$\lim_{m,n \to \infty} d(a_m, a_n) = 0$. 正確に書けば，

$$\forall \epsilon > 0, \ \exists N, \ \forall m, n \geq N, \ d(a_m, a_n) \leq \epsilon$$

ということ．

　距離空間は，すべてのコーシー列（コーシーの条件を満たす点列をこう呼ぶ）が極限点をもつとき，**完備**（complete）であるという．ユークリッド空間 $\mathbb{R}^d$ がその典型例で，離散距離空間はすべて完備．また，完備なノルム空間を**バナッハ空間**（Banach space）という．

例 1.14　$\ell^\infty(X)$, $\ell^1(X)$, $\ell^2(X)$ はバナッハ空間である．$\ell^\infty(X)$ については素直に確かめられ，$\ell^1(X)$ と $\ell^2(X)$ については次の補題を利用するなどして示

すこともできるが，拡張した形が5章で出てくるので，ここは，そういうものと思うだけでよい．

問 1.23 $\ell^\infty(X)$ がバナッハ空間であることを確かめよ．

> **補題 1.15** (バナッハの判定法) ノルム空間 V において，$\sum_{n=1}^{\infty} \|w_n\| < \infty$ を満たすどのような列 $(w_n)_{n \geq 1}$ に対しても極限 $\lim_{n \to \infty} \sum_{k=1}^{n} w_k$ が V で存在するならば，V はバナッハ空間である．

【証明】 V におけるコーシー列 (v_n) に対して，自然数の増大列 (n_k) $(k \geq 1)$ を $\|v_i - v_j\| \leq 1/2^k$ $(i, j \geq n_k)$ となるようにとれば，$w_k = v_{n_{k+1}} - v_{n_k}$ は判定条件の前提を満たすので，

$$\lim_{k \to \infty} v_{n_k} = v_{n_1} + \lim_{k \to \infty} \sum_{j=1}^{k} w_j \in V$$

を v とすると，(v_n) がコーシー列であることから，$\lim_{n \to \infty} v_n = v$ がわかる． ■

■ E — コンパクト性

次の定理は実数の連続性（完備性）の巧妙な言い換えであるが，その証明の要点はここでもボルツァノ（Bolzano）の「絞り出し論法」[*14] にある．

> **定理 1.16** (Heine–Borel) $\mathbb{R}^d$ の部分集合 K について，以下の条件は同値．
> (i) K は有界閉集合である．
> (ii) 開集合の集まり $(U_i)_{i \in I}$ で $K \subset \bigcup U_i$ となるものがあれば，$K \subset \bigcup_{j \in J} U_j$ となる有限集合 $J \subset I$ がとれる（有限被覆性 finite-covering property という）．
> (iii) 閉集合の集まり $(F_i)_{i \in I}$ で，どの有限集合 $J \subset I$ についても $\bigcap_{j \in J}(K \cap F_j) \neq \emptyset$ であれば，$\bigcap_{i \in I}(K \cap F_i) \neq \emptyset$ である（有限交叉

[*14] 区間縮小法 (nested intervals) とも呼ばれるが，区間に限るものでもなく，ベール (Baire) のカテゴリー定理もその類いということで．

性 finite-intersection property という）．

【証明】 (ii) と (iii) が同値であることは，U_i あるいは F_i の補集合をとり，そ
れぞれの主張の対偶による言い換えであることからわかる．

(i) $\Longrightarrow$ (ii): 背理法による．K を覆う開集合の集まり (U_i) で有限被覆性を
もたないものがあったとする．K を含む閉直方体 R を用意し，R を 2^d 等分す
ると，小直方体 R' と K との共通部分のどれかは，有限被覆性をもたない．そ
こで，そのような R' をさらに 2^d 等分し，その小直方体 R'' で K との共通部
分が有限被覆性をもたないものがある．以下この操作をくり返して，R に含ま
れる閉直方体の減少列 $R^{(n)}$ で，$R^{(n)} \cap K$ は有限被覆性をもたず，$R^{(n)}$ が一点
$x \in R$ に縮むものがとれる．このとき，$R^{(n)} \cap K \neq \emptyset$ により $x \in \overline{K} = K$ とな
るので $U_i \ni x$ となる $i \in I$ があり，U_i が開集合であることから，十分大きい n
について，$R^{(n)} \subset U_i$ となって，$R^{(n)} \cap K$ は 1 個の U_i で覆えてしまい，矛盾
である．

(ii) $\Longrightarrow$ (i): 対偶を示す．有界でなければ，$|x_n| \uparrow \infty$ となる $x_n \in K$ がとれ
るので，K を覆う開集合列 $B_{|x_n|}(0)$ は有限被覆性をもたない．また K が閉集合
でなければ，$a \notin K$ で $B_r(a) \cap K \neq \emptyset$ $(r > 0)$ となるものがあるので，開集合の
増大列 $U_n = \{x \,;\, |x - a| > 1/n\}$ $(n \geq 1)$ は K を覆うものの，$K \not\subset U_n$ $(n \geq 1)$
となってやはり有限被覆性をもたない．　■

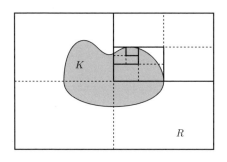

図5　絞り出し論法

距離空間 (X, d)（あるいは一般の位相空間）の部分集合 K で，上の性質 (ii)

をもつものを**コンパクト** [*15] (compact) であるという. X 自身がコンパクトで
あるとき, 距離空間 (位相空間) はコンパクトであるという. また, $a \in X$ ごと
にコンパクトな閉球 $\overline{B}_r(a)$ $(r > 0)$ が存在するとき, **局所コンパクト** (locally
compact) であるという. ユークリッド空間 $\mathbb{R}^d$ がその典型例. (位相空間にお
ける局所コンパクト性については, 定義 B.11 を見よ.)

　コンパクト性の定義からわかる事実として, コンパクト集合 C_j $(1 \leq j \leq n)$
の有限和集合 $C_1 \cup \cdots \cup C_n$ もコンパクト (命題 B.7) となり, コンパクト集合
C は閉集合で (命題 B.9), その閉部分集合もコンパクト (命題 B.8) であるこ
とを挙げておく.

定理 1.17　コンパクト集合の上で定義された連続な実関数は最大値・最小
値をとる.

【証明】　$M = \sup\{f(x) \,;\, x \in X\}$ を実現する点があることは, 閉集合の集まり
$[f \geq M - 1/n]$ $(n \geq 1)$ が有限交叉的であることに注意すればわかる. 最小値
についても同様.　∎

　上のハイネ・ボレルの定理の証明で使われた「絞り出し論法」は一般の距離
空間においても有効であるが, それについて述べるために, 用語を用意してお
く. 距離空間 (X, d) における r 網 $(r > 0)$ とは, $X = \bigcup B_r(a_j)$ を満たす有限
列 $(a_j)_{1 \leq j \leq n}$ のことをいう. どのように小さい $r > 0$ に対しても r 網が存在す
るとき, (X, d) は**全有界** (totally bounded) と呼ばれる. これは, ボルツァノ
の絞り出し論法において, 二分法により次々と細分割をくり返す方法の代用と
して利用するためのものである.

定理 1.18　距離空間 (X, d) について, 以下の条件は同値である.
　(i) X はコンパクトである.
　(ii) X におけるすべての点列 (x_n) は, 収束する部分列をもつ.

---

*15 コンパクト性はなかなかに捉えがたいものではあるが, 無限を有限で近似する (有限被覆
性), あるいは有限の追い込みから無限の追い込みが成立すること (有限交叉性) を保証して
くれるため, 非常に使い勝手が良く, しばしば目にするうちに慣れるとしたもの.

(iii) (X, d) は完備かつ全有界である.

【証明】 (i) $\Longrightarrow$ (ii): $\{x_n, x_{n+1}, \dots\}$ の閉包を F_n とすると $\emptyset \neq F_n \downarrow$ であるから, $x \in \bigcap F_n$ が存在し, 部分列 $(n')_{n \geq 1}$ を $d(x, x_{n'}) < 1/n$ であるようにとってくることができる.

(ii) $\Longrightarrow$ (iii): コーシー列 (x_n) に対して, 収束する部分列 $(x_{n'})$ があるので, $x = \lim x_{n'}$ とおけば, $\lim x_n = x$ でもあり, 完備性が示された. 仮に全有界でないとすると, どのような有限列 $(a_j)_{1 \leq j \leq n}$ についても $X \neq \bigcup B_r(a_j)$ となる $r > 0$ が存在するので, 点列 $(x_n)_{n \geq 1}$ を $x_n \notin \bigcup_{j=1}^{n-1} B_r(x_j)$ であるように帰納的にとれば, $d(x_m, x_n) \geq r \ (m < n)$ となり, (x_n) の部分列はコーシー列とならない. とくに収束する部分列は存在しない.

(iii) $\Longrightarrow$ (i): X の開被覆 (U_α) でどの有限部分被覆も X を覆いつくさないものがあったとして矛盾を導こう. $\sum r_n < \infty$ となる $r_n > 0$ を用意する. r_1 網 (a_j) により $X = \bigcup B_{r_1}(a_j)$ と覆うとき, この中に (U_α) の有限部分では覆われないものが少なくとも一つはあるので, そうなる a_j を x_1 とする. 次に r_2 網 (b_j) をとると, $B_{r_1}(x_1) = \bigcup B_{r_1}(x_1) \cap B_{r_2}(b_j)$ となる一方で, $B_{r_1}(x_1) \cap B_{r_2}(b_j)$ の少なくとも一つは (U_α) の有限部分では覆われないので, そうなる b_j を x_2 とする. 以下, 帰納的に (x_n) を, $x_n \in B_{r_1}(x_1) \cap \cdots \cap B_{r_{n-1}}(x_{n-1})$ かつ $B_{r_1}(x_1) \cap \cdots \cap B_{r_n}(x_n)$ は (U_α) の有限部分では覆われない, ように選ぶことができる. 作り方から,

$$d(x_m, x_n) \leq d(x_m, x_{m+1}) + d(x_{m+1}, x_{m+2}) + \cdots + d(x_{n-1}, x_n)$$

$$\leq r_m + r_{m+1} + \cdots + r_{n-1} \qquad (m < n)$$

であるので, (x_n) はコーシー列となり, 完備性により $x = \lim x_n$ が存在し,

$$d(x_m, x) \leq r_m + r_{m+1} + \cdots = s_m$$

を満たす. そこで $U_\alpha \ni x$ となる α を選び, U_α が開集合であることと $s_m \downarrow 0$ に注意すれば, $B_{2s_m}(x) \subset U_\alpha$ となる m があるので,

$$B_{s_m}(x_m) \subset B_{d(x_m,x)+s_m}(x) \subset B_{2s_m}(x) \subset U_\alpha$$

となり，これは $B_{r_1}(x_1) \cap \cdots \cap B_{r_m}(x_m)$ を含む $B_{r_m}(x_m) \subset B_{s_m}(x_m)$ が (U_α) の有限部分では覆われないことに反する． ∎

　次は，連続関数により位相を記述する際に重宝する．

> **補題 1.19**　局所コンパクト距離空間 X（とくにユークリッド空間 $\mathbb{R}^d$）の コンパクト部分集合 K と正数 $r > 0$ に対して，$K_r = [d_K \leq r]$ がコンパクト トとなるような $r > 0$ がある．なお，後のために，連続関数 $h = r - r \wedge d_K$ が閉集合 K_r で支えられ，$h(x) = r$ $(x \in K)$ を満たすことをあわせて注意 しておく．

【証明】　$a \in K$ ごとに $r(a) > 0$ を $\overline{B}_{2r(a)}(a)$ がコンパクトであるように選ん で開被覆 $K \subset \bigcup_{a \in K} B_{r(a)}(a)$ を考えると，有限個の $a_1, \cdots, a_n \in K$ で $K \subset \bigcup_{i=1}^n B_{r(a_i)}(a_i)$ と覆える．そこで $r = r(a_1) \wedge \cdots \wedge r(a_n)$ とおけば，$K_r \subset \bigcup_{i=1}^n \overline{B}_{2r(a_i)}(a_i)$ となる．というのは，$d(x, K) \leq r$ とすれば，K がコンパクト であり距離関数が連続であることから，$d(x, a) \leq r$ を満たす $a \in K$ が存在し，

$$d(x, a_i) \leq d(x, a) + d(a, a_i) \leq r + r(a_i) \leq 2r(a_i)$$

となる $1 \leq i \leq n$ がとれるから．したがって K_r は，コンパクト集合 $\bigcup_{i=1}^n \overline{B}_{2r(a_i)}(a_i)$ の閉部分集合としてコンパクトである． ∎

■ F —— 距離空間の無限直積 †

　距離空間列 (X_i, d_i) の直積が再び距離空間となることを見よう．そのために は，距離関数を有界なもので取りかえておく必要がある．一般に距離関数 $d : X \times X \to [0, \infty)$ と連続な減少関数 $\rho : [0, \infty) \to [0, \infty)$ で $0 < \int_0^\infty \rho(t)\, dt < \infty$ となるものに対して，$d_\rho(x, y) = \displaystyle\int_0^{d(x,y)} \rho(t)\, dt$ は d と同じ位相（開集合）を与え る距離関数となる．さらに，d が完備であることと d_ρ が完備であることは同値． とくに，$\rho(t) = 1/(1+t)^2$ のとき，$d/(1+d) \leq 1$ はそのような距離関数である．

問 1.24　このことを確かめよ.

例 1.20　距離空間 (X, d) の直径 (diameter) とは, $d(X) = \sup\{d(x, y)\,;\, x, y \in X\} \in [0, \infty]$ をいう. 直径が 1 以下の距離空間の列 (X_i, d_i) に対して,

$$d(x, y) = \sum_{i \geq 1} \frac{1}{2^i} d_i(x_i, y_i)$$

は直積集合 $X = \prod_{i \geq 1} X_i$ の上の距離関数を与える.

問 1.25　このことと d が X の直積位相 (付録 B.2 参照) を与えることを確かめよ.

命題 1.21　各 X_i がコンパクト (完備) であれば, X もコンパクト (完備) である.

【証明】　コンパクト性について, 収束する部分列の存在をいわゆる対角線論法で示そう. X における点列 $x(n) = (x_i(n))_{i \geq 1}$ $(n \geq 1)$ に対して, X_1 での列 $x_1(n)$ $(n \geq 1)$ は X_1 がコンパクトであることから, 自然数の真の増加列 $n(1, j)$ $(j \geq 1)$ を, $x_1 = \lim_{j \to \infty} x_1(n(1, j))$ が存在するようにとることができる.

そこで, X_2 における列 $x_2(n(1, j))$ $(j \geq 1)$ を考えると, これも X_2 がコンパクトであることから, $n(1, j)$ $(j \geq 1)$ の部分列 $n(2, j)$ $(j \geq 1)$ を, $x_2 = \lim_{j \to \infty} x_2(n(2, j))$ が存在するようにとることができる.

以下帰納的に, 二重列 $n(i, j)$ $(i, j \geq 1)$ を, $(n(i, j))_{j \geq 1}$ は $(n(i - 1, j))_{j \geq 1}$ の部分列であり, 各 $i \geq 1$ に対して $x_i = \lim_{j \to \infty} x_i(n(i, j))$ が存在するように選び出すことができるので $x = (x_i) \in X$ とする.

そこで, $x(n(j, j)) = (x_i(n(j, j)))_{i \geq 1} \in X$ を考えると, 各 $i \geq 1$ に対して, $x_i(n(j, j))$ $(j \geq i)$ は $x_i(n(i, j))$ $(j \geq i)$ の部分列として, $\lim_{j \to \infty} x_i(n(j, j)) = x_i$ を満たし, その結果 $\lim_{j \to \infty} d(x(n(j, j)), x) = 0$ が成り立つ. とくに, $x(n)$ $(n \geq 1)$ は収束する部分列 $x(n(j, j))$ $(j \geq 1)$ をもつことが示された.

完備性についても, 同様の対角線論法により成り立つことがわかる. ∎

問 1.26 $S = \{0, 1, \ldots, N-1\}$ に対して，コンパクト（距離）空間 $S^{\mathbb{N}}$ と実数 $t \in [0,1]$ の N 進展開とを関連づけよ．

■ G —— 一様連続性

距離空間 (X, d) 上の関数 $f : X \to \mathbb{C}$ と $\delta \geq 0$ に対して，f の一様連続度を

$$C_f(\delta) = \sup\{|f(x) - f(y)| \, ; \, d(x,y) \leq \delta\} \in [0, \infty]$$

で定める．$C_f(0) = 0$ であり，$C_f(\delta)$ は δ の増加関数である．

定理 1.22（Heine）　コンパクト距離空間上の連続関数 $f : X \to \mathbb{C}$ について，$C_f(\delta)$ は $\delta \geq 0$ の右連続関数である．とくに $\lim_{\delta \to 0} C_f(\delta) = 0$ であり，この性質を f の**一様連続性**（uniform continuity）という．

【証明】　$\delta_n \downarrow \delta$ であるとき，$C_f(\delta) \leq 2\|f\|_\infty < \infty$ に注意すると，一様連続度の定義から，$d(x_n, y_n) \leq \delta_n$ かつ $|f(x_n) - f(y_n)| \geq C_f(\delta_n) - \frac{1}{n}$ となるような点列 $(x_n), (y_n)$ がとれる．そこで X がコンパクトであることから，収束する部分列 $(x_{n'}), (y_{n'})$ が存在し [*16]，その収束先をそれぞれ x, y とすれば，$d(x,y) \leq \delta$ かつ $|f(x) - f(y)| \geq \lim_{n \to \infty} C_f(\delta_n)$ となり，$C_f(\delta) \geq \lim_{n \to \infty} C_f(\delta_n) \geq C_f(\delta)$ がわかる．　∎

問 1.27 $\mathbb{R}$ 上の有界連続関数で一様連続でないものを一つ挙げよ．

1.3　連続関数の積分と一様収束

■ A —— 多重積分

前節の結果を受けて，連続関数のリーマン積分についての基本事項を改めて確認しておこう．既出の用語であるが，一般に**直方体**（rectangle）とは，区間の直積で表わされる $\mathbb{R}^d$ の部分集合を指す．ユークリッド空間 $\mathbb{R}^d$ の閉直方体

[*16] (x_n) の収束部分列 $(x_{\tilde{n}})$ をまずとり，さらに $(y_{\tilde{n}})$ の収束部分列をとる．

$[a, b] = [a_1, b_1] \times \cdots \times [a_d, b_d]$ を細分割して，連続関数 $f : [a, b] \to \mathbb{C}$ の一様連続度を小さくすることで，リーマン重積分 *17

$$\int_{[a,b]} f(x)\, dx = \int_{[a,b]} f(x_1, \ldots, x_d)\, dx_1 \cdots dx_d$$

の存在がわかる．実際，$[a, b]$ の分割 Δ に対して，

$$O(f, \Delta) \leq C_f(|\Delta|)\,(b_1 - a_1) \cdots (b_d - a_d)$$

という不等式が成り立つ．実関数 f については，$O(f, \Delta) = \overline{S}(f, \Delta) - \underline{S}(f, \Delta)$ であることにも注意．

問 1.28　直方体 $[a, b]$ の分割 Δ とその最大幅 $|\Delta|$ および振動量 $O(f, \Delta)$ の定義を与え，上の評価式を確かめよ．

ユークリッド空間 $\mathbb{R}^d$ 全体で定義された連続な複素関数 f でその支え $[f]$ が有界であるものについて，$[f]$ を含む十分大きい直方体 $[a, b]$ を用意して

$$\int_{\mathbb{R}^d} f(x)\, dx = \int_{[a,b]} f(x)\, dx$$

とおくと，これは $[a, b]$ のとり方によらない．さらに次が定義から即座にわかる．

> (i) 積分 $\int_{\mathbb{R}^d} f(x)\, dx$ は f について線型である．
>
> (ii) 積分の不等式 $|\int_{\mathbb{R}^d} f(x)\, dx| \leq \int_{\mathbb{R}^d} |f(x)|\, dx$ が成り立つ．
>
> (iii) $y \in \mathbb{R}^d$ に対して，$\int_{\mathbb{R}^d} f(x + y)\, dx = \int_{\mathbb{R}^d} f(x)\, dx$ である．

例 1.23†　閉区間 $[a, b] \subset \mathbb{R}$ の上で定義された増加関数 $\Phi : [a, b] \to \mathbb{R}$ を用意する．連続関数 $f : [a, b] \to \mathbb{C}$ に対して，極限

$$\lim_{|\Delta| \to 0} \sum_{j=1}^{n} f(x_j)(\Phi(x_j) - \Phi(x_{j-1})) = \int_a^b f(t)\, d\Phi(t)$$

が存在する．この極限値を右辺のように書いて**スティルチェス積分**（Stieltjes

---

*17 変数の数を表わす添字の d と，微小量に由来する d が干渉気味である点は悩ましくも．

integral）と呼ぶ.

<u>**問 1.29**†</u> 極限の存在を示せ.

命題 1.24† 連続関数 f のスティルチェス積分について，以下が成り立つ.

(i) $c \in [a,b]$ に対して，$\int_a^b f(x)d\Phi(x) = \int_a^c f(x)\,d\Phi(x) + \int_c^b f(x)\,d\Phi(x)$ である.

(ii) Φ が連続関数 $\varphi : [a,b] \to [0,\infty)$ の不定積分であるとき，$\int_a^b f(x)\,d\Phi(x) = \int_a^b f(x)\varphi(x)\,dx$ となる.

(iii) $\Phi(x) = 0$ $(a \le x < c)$，$\Phi(x) = \rho$ $(c < x \le b)$ であるとき，$\int_a^c f(x)\,d\Phi(x) = \Phi(c)f(c)$, $\int_c^b f(x)\,d\Phi(x) = (\rho - \Phi(c))f(c)$ となる.

【証明】 (i) $|\Delta| \to 0$ でさえあれば積分値に近づくので，分点 c が Δ の中に含まれるものについての近似和の極限をとるだけである.

(ii) 平均値定理より $\Phi(x_j) - \Phi(x_{j-1}) = \varphi(\xi_j)(x_j - x_{j-1})$ となる $\xi_j \in [x_{j-1}, x_j]$ があるので，

$$\left| \sum_{j=1}^n f(x_j)(\Phi(x_j) - \Phi(x_{j-1})) - \sum_{j=1}^n f(\xi_j)\varphi(\xi_j)(x_j - x_{j-1}) \right|$$

$$\le O(f, \Delta)(\Phi(b) - \Phi(a))$$

と評価して，極限 $|\Delta| \to 0$ をとればよい.

(iii) $\int_c^b f(x)\,d\Phi(x)$ であれば，

$$\sum_{j=1}^n f(x_j)(\Phi(x_j) - \Phi(x_{j-1})) = f(x_1)(\Phi(x_1) - \Phi(x_0)) = f(x_1)(\rho - \Phi(c))$$

は $|\Delta| \to 0$ のとき $f(c)(\rho - \Phi(c))$ に近づく. $\int_a^c f(x)\,d\Phi(x)$ についても同様. ∎

■ B —— 関数列の収束

集合 X 上で定義された関数 $f : X \to \mathbb{C}$ および関数列 $(f_n : X \to \mathbb{C})_{n \geq 1}$ について,

$$\forall x \in X, \quad \lim_{n \to \infty} f_n(x) = f(x)$$

であるとき, f_n は f に**各点収束する** (converge point-wise) という. 各点収束のことを単に**収束** (convergence) ともいう. また f を関数列 (f_n) の**極限関数** (limit function) という. 実関数列 (f_n) が増加列 (減少列) であるとは, すべての x で $(f_n(x))$ が増加列 (減少列) であること. 増加列と減少列をまとめて**単調列** (monotone sequence) という. 増加列 (f_n) が関数 f に収束するとき, $f_n \uparrow f$ という記号で表わす. 同様に $f_n \downarrow f$ は, (f_n) が減少列でその極限関数が f であることを意味する.

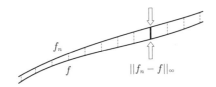

図 6　一様収束

関数 $f : X \to \mathbb{C}$ の有界性は, $\|f\|_\infty = \sup\{|f(x)| \; ; \; x \in X\} \in [0, \infty]$ を使って $\|f\|_\infty < \infty$ と記述できたことを思い出そう. 関数列 f_n が関数 f に**一様収束する** (converge uniformly) とは,

$$\lim_{n \to \infty} \|f_n - f\|_\infty = 0$$

となること. $|f_n(x) - f(x)| \leq \|f_n - f\|_\infty$ であるから, 一様収束するならば各点収束する.

　一様収束の概念はリーマン積分と相性が良い. 逆に言うと, 一様収束でない場合は, 積分と極限の順序交換に注意を要するということでもある.

例 1.25　連続関数 $f : [0, 1] \to [0, \infty)$ で $f(0) = f(1) = 0$ となるものに対して,

$$f_n(t) = \begin{cases} nf(nt) & (nt \in [0,1]) \\ 0 & (nt \notin [0,1]) \end{cases}$$

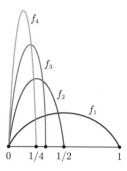

とおくと, 連続関数列 $(f_n)_{n \geq 1}$ は 0 に各点収束する一方で, その積分値 $\displaystyle\int_0^1 f_n(t)\,dt$ は一定でありつづける.

図 7 押し付け収束

命題 1.26 一様収束 $f_n \to f$ のとき,
$$\lim_{n \to \infty} \int_{[a,b]} f_n(x)\,dx = \int_{[a,b]} f(x)\,dx.$$

【証明】 これは積分の不等式
$$\left| \int_{[a,b]} (f_n(x) - f(x))\,dx \right| \leq (b_1 - a_1) \cdots (b_d - a_d)\,\|f_n - f\|_\infty$$
に一様収束を合わせるだけである. ∎

次の簡単な事実は, 連続関数をもとにした積分の拡張において重要な役割を果たす.

定理 1.27 (Dini) コンパクト集合 K の上で定義された連続実関数列 $(f_n)_{n \geq 1}$ が, $\forall x \in K,\ f_n(x) \downarrow 0$ を満たすならば, $\displaystyle\lim_{n \to \infty} \|f_n\|_\infty = 0$ である.

【証明】 正数 $\epsilon > 0$ に対して, 開集合の増大列 $[f_n < \epsilon]$ を考えると, 仮定から $K = \bigcup_{n \geq 1} [f_n < \epsilon]$ であるので, $K = [f_m < \epsilon]$ となる $m \geq 1$ が存在し, $\|f_n\|_\infty \leq \epsilon\ (n \geq m)$ が成り立つ. ∎

系 1.28 コンパクトな支えをもつ連続関数列 $f_n : \mathbb{R}^d \to \mathbb{R}$ が, $f_n \downarrow 0$ を満たせば,

$$\lim_{n \to \infty} \int_{\mathbb{R}^d} f_n(x)\, dx = 0.$$

問 1.30　連続性かコンパクト性の一方を外すだけでディニの定理は成り立たなくなる. そのような反例を作れ.

■ C — くり返し積分

一様連続性と命題 1.26 を合わせることで次がわかる.

定理 1.29　直方体 $[a, b] \subset \mathbb{R}^d$ 上の連続関数 f に対して, k 成分を除いた $a' = (a_1, \ldots, a_{k-1}, a_{k+1}, \ldots, a_d)$ と $b' = (b_1, \ldots, b_{k-1}, b_{k+1}, \ldots, b_d)$ から作られる 1 次元低い直方体を $[a', b']$ で表わすとき,

$$\int_{a_k}^{b_k} f(x_1, \ldots, x_{k-1}, t, x_{k+1}, \ldots, x_d)\, dt$$

は $x' = (x_1, \ldots, x_{k-1}, x_{k+1}, \ldots, x_d) \in [a', b']$ の連続関数で

$$\int_{[a,b]} f(x)\, dx = \int_{[a',b']} \int_{a_k}^{b_k} f(x_1, \ldots, x_{k-1}, t, x_{k+1}, \ldots, x_d)\, dt\, dx'$$

が成り立つ. とくに $\int_{[a,b]} f(x)\, dx$ は一変数の積分のくり返しに（くり返す順序によらず）一致する.

【証明】　不等式

$$\left| S(f, \Delta, \xi) - S(f, \widetilde{\Delta}, \widetilde{\xi}) \right| \leq O(f, \Delta) + O(f, \widetilde{\Delta})$$
$$\leq \left(C_f(|\Delta|) + C_f(|\widetilde{\Delta}|) \right) \left| [a, b] \right|$$

からの極限移行（$|\widetilde{\Delta}| \to 0$）により,

$$\left| S(f, \Delta, \xi) - \int_{[a,b]} f(x)\, dx \right| \leq C_f(|\Delta|) \left| [a, b] \right|$$

となるので, Δ を k 成分が関係する部分 δ とそれ以外の部分 Δ' の直積に分け, さらに極限 $|\Delta'| \to 0$ をとると, C_f の右連続性（定理 1.22）により

$$\left| \int_{[a,b]} f(x)\,dx - \int_{[a',b']} \sum_{j=1}^{n} f_{x'}(t_j)(t_j - t_{j-1})\,dx' \right| \leq C_f(|\delta|) \left| [a,b] \right|$$

が成り立つ. ただし, 直方体 $[a,b]$ の d 次元体積 $(b_1 - a_1) \cdots (b_d - a_d)$ を $\left| [a,b] \right|$ で表わし, $f_{x'}(t) = f(x_1, \ldots, x_{k-1}, t, x_{k+1}, \ldots, x_d)$ とおいた.

そこで, $\delta = \{a_k + (b_k - a_k)j/k \,; 0 \leq j \leq n\}$ という選び方に対して, $f_n(x') = \sum_{j=1}^{n} f_{x'}(a_k + (b_k - a_k)j/n)(b_k - a_k)/n$ とおくと, $[a',b']$ の上で f_n が一様に $\int_{a_k}^{b_k} f_{x'}(t)\,dt$ に収束することから, 定理の等式を得る.

ここで, f の一様連続性から $\int_{a_k}^{b_k} f_{x'}(t)\,dt$ が $x' \in [a',b']$ の連続関数であることに注意する. ∎

系 1.30 $d = d' + d''$ 個の変数 x を d' 個の変数 x' と d'' 個の変数 x'' に組分けるとき, 自然な同一視 $[a,b] \cong [a',b'] \times [a'',b'']$ の下,

$$\int_{[a,b]} f(x)\,dx = \int_{[a'',b'']} \left(\int_{[a',b']} f(x', x'')\,dx' \right) dx''$$

が成り立つ.

➤ **注意 6** くり返し積分の公式については, ダルブー式の評価によりリーマン積分可能な場合に一般化することも容易であるが, ここは連続関数にこだわってみた.

例 1.31 有界集合で支えられた連続関数 $f : \mathbb{R}^d \to \mathbb{C}$ と正則一次変換 $T : \mathbb{R}^d \to \mathbb{R}^d$ に対して,

$$\int_{\mathbb{R}^d} f(Tx)\,dx = \frac{1}{|\det(T)|} \int_{\mathbb{R}^d} f(x)\,dx.$$

問 1.31 重積分のくり返し積分表示と正則行列の基本行列による積表示を使って, 上の例を確かめよ.

■D ── 三 進 集 合 †

最後に少しだけ測度論的な話題でこの節を閉じよう.

例 1.32　距離空間 X において，点列 $(x_i)_{i\geq 1}$ と正数列 $(r_i)_{i\geq 1}$ を用意して，これから開集合

$$U = \bigcup_{i\geq 1} B_{r_i}(x_i)$$

およびその補集合としての閉集合 F を考えると，「変な集合」がいろいろとできる．

　具体例として，$X = [0,1]$ で，中点 $x_1 = 1/2$ を中心とした幅 δ の開区間を取り除く．次に残った部分が 2 つの閉区間に分割されるので，それぞれの中点 x_2, x_3 を中心とする幅 δ^2 の開区間を取り除く．以下，これをくり返すと，n 段階では幅 δ^n の開区間を 2^{n-1} 個取り除くことになるので，全体として，

$$\delta + 2\delta^2 + 2^2\delta^3 + \cdots = \frac{1}{2}\sum_{n=1}^{\infty}(2\delta)^n = \frac{\delta}{1-2\delta}$$

の長さだけ取り除くことになる．この見積もりから，以上の操作が最後まで可能である条件が $\delta/(1-2\delta) \leq 1 \iff \delta \leq 1/3$ となることもわかる．この開区間列をすべて取り除いた残りを C_δ と書く（図 8）．その補集合 $[0,1] \setminus C_\delta$ は $[0,1]$ で密な開集合であることに注意．

　とくに，$\delta = 1/3$ とすると，取り除く長さは 1 となって，C_δ の「長さ」は零である．一方，実数の三進表示を考えると，残された実数というのは，0 または 2 を並べたものに一致するので，その「個数」は実数の二進展開の分だけあり，いわゆる連続の濃度をもつ．これを**カントル集合**（Cantor set）という．

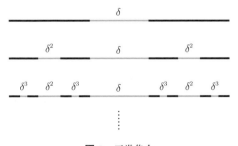

図 8　三進集合

問 1.32 カントル集合に含まれる実数の三進展開表示を確かめよ.

第1章 問題

1.A (z_i) が総和可能であるための必要十分条件は, どのように小さい $\epsilon > 0$ についても, 有限集合 $F \subset I$ を十分大きくとると, $G \subset I \setminus F$ であるすべての有限集合 G に対して $|\sum_{i \in G} z_i| \le \epsilon$ が成り立つことである.

1.B リーマン積分可能な関数 f は有界, すなわち $\sup\{|f(x)|\,;\,x \in [a,b]\} < \infty$ でなければならない.

1.C（Riemann） 単調関数はリーマン積分可能である.

1.D 距離空間 (X,d) のノルム空間 $\ell^\infty(X)$ への等長埋め込みの存在を以下の手順で確かめよ. 基準点 $a \in X$ を一つ選び, 写像 $X \ni x \mapsto f_x \in \ell^\infty(X)$ を $f_x(z) = d(x,z) - d(a,z)$ $(z \in X)$ で定めると, $\|f_x - f_y\|_\infty = d(x,y)$ となる.

1.E $\mathbb{R}$ の開集合は開区間列による分割和として表わされる. ヒント：弧状連結成分が区間であることを使う.

1.F 位相空間 X における関数 f の支えは, $f(x) = 0$ $(x \notin F)$ となる最小の閉集合 F に一致する.

1.G 完備距離空間 X の部分集合 A が完備であるための必要十分条件は A が閉集合であること.

1.H 増加関数 $\Phi : [a,b] \to \mathbb{R}$ について, 以下を確かめよ.
 (i) 不連続点は可算個である.
 (ii) 不連続点 $x = t \in (a,b)$ では, $\Phi(t-0) < \Phi(t+0)$ であるが, 連続関数のスティルチェス積分の値は $\Phi(t) \in [\Phi(t-0), \Phi(t+0)]$ の選び方によらない.

この事実に基づいて，Φ としては，(a, b) で右連続あるいは左連続なものに限定するのが通例である．

1.I　三進集合 C_δ の指示関数の（ダルブーの）上下積分を求めよ．

2 ダニエル積分

CHAPTER

【この章の目標】

積分を線型汎関数として捉える立場からルベーグ積分に到達する方法に，ダニエル積分と呼ばれるものがある．ここでは，リース方式として知られるものを級数表示という形で味付けし，積分の拡張と収束定理について学ぶ．これは，論理的な省略や先送りがないだけでなく，連続関数の通常の積分とも直接つながるものであり，運用面からも有用な形式を与えてくれる．なお，†がついた項目をスキップしてユークリッド空間の場合のみを拾い読みすることも可能で，それで十分味わえるミニコースとしてもよい．

2.1 ベクトル束と積分

■A — ベクトル束

拡大実数における大小関係（順序構造）は，そのまま拡大実数を値にとる関数にも適用され，とくに不等号 $f \leq g \iff f(x) \leq g(x)$ $(x \in X)$ が今後ふんだんに使われる．また，複素関数についての代数演算（和，積，複素数倍など）として，各点でのそれを関数に適用したものを考える．

集合 X の上で定義された実関数の作る実ベクトル空間 V で

$$f, g \in V \implies f \vee g, f \wedge g \in V$$

という性質をもつものを X 上の**ベクトル束** [*18] (vector lattice) という．ベクトル束 V に対して，その正部分を $V^+ = \{f \in V \,;\, f \geq 0\}$ で表わす．

[*18] 束という語は，lattice と bundle の両方の訳に当てられており，困ったものである．lattice を束と意訳したのが問題であったか．

　ここで，ベクトル束の複素化について述べておこう．一般に，X 上の実関数
からなる実ベクトル空間 V に対して，その複素化 $V^{\mathbb{C}} = V + iV$ は，複素共
役の操作で閉じた複素ベクトル空間である．逆に，X 上の複素関数からなる
複素ベクトル空間 L で $\overline{f} \in L$ $(f \in L)$ となるものがあれば，それは L の実部
$\mathrm{Re}\,L = \{f \in L\,;\, f = \overline{f}\}$ の複素化に一致する．かくして，複素共役で閉じた複
素ベクトル空間と実ベクトル空間が対応し合う．

　そこで，X 上のベクトル束の複素化となっている複素ベクトル空間を X 上
の**複素ベクトル束**と呼ぶことにする．すなわち，X の上で定義された複素関数
からなる複素ベクトル空間 L が複素ベクトル束であるとは，L が複素共役の操
作で閉じていて，その実部 $V = \mathrm{Re}\,L$ が X の上のベクトル束になること．V の
正部分を L^+ とも書く．以下，複素ベクトル束 L を主に扱い，それを単にベク
トル束と呼ぶ．その際，その実部である本来のベクトル束は実ベクトル束と呼
び分けることにする．

　局所コンパクト（距離）空間 X に対して，X 上の複素（実）連続関数でそ
の支えがコンパクトであるもの全体の集合を $C_c(X)$ $(C_c(X, \mathbb{R}))$ という記号で
表わせば，これらは複素（実）ベクトル空間である．ここで，大文字の C は
continuous，小文字の c は compact の意味である．ということで，X 自体がコ
ンパクトのときは $C(X)$ と書く．$C_c(X)$ は $C_c(X, \mathbb{R})$ の複素化になっていて，
一方 $C_c(X, \mathbb{R})$ は $C_c(X)$ の実部である．さらに，$C_c(X, \mathbb{R})$ は

$$f, g \in C_c(X, \mathbb{R}) \implies f \vee g, f \wedge g, fg \in C_c(X, \mathbb{R})$$

という性質をもっているので実ベクトル束であり，$C_c(X)$ はその複素化として
複素ベクトル束である．X を具体的にとることで，様々な（複素）ベクトル束
が得られる．

例 2.1

(i) ユークリッド空間 $\mathbb{R}^d$ の開集合 U 上で定義された連続関数で，支えがコ
ンパクト（有界閉集合）であるもの全体 $C_c(U)$.

(ii) ユークリッド空間 $\mathbb{R}^d$ 上の連続関数で，$\mathbb{Z}^d$ の違いで値が変わらない周期

的なもの全体 $C(\mathbb{R}^d/\mathbb{Z}^d)$.

(iii) 集合 X 上の関数 f で $[f \neq 0]$ が有限集合であるもの全体 $\ell(X)$.

(iv)† 自然数 $N \geq 1$ に対して，コンパクト距離空間 $X = \{1, 2, \ldots, N\}^{\mathbb{N}}$ 上の関数で，その値が有限個の成分だけに依存するもの全体 $L \subset C(X)$ は X におけるベクトル束である．X は問 1.26 で扱ったものと同じであるが，以下では $N = 6$ の場合の一般化という意味で，サイコロ投げ空間と呼ぶことにする．

(v)† 球面 $S^d = \{x = (x_0, x_1, \ldots, x_d) \in \mathbb{R}^{d+1}\,;\, (x_0)^2 + (x_1)^2 + \cdots + (x_d)^2 = 1\}$ 上の連続関数全体 $C(S^d)$.

　上記項目 (i) との関連で，一般の位相空間 X の開集合 U について，U の部分集合が相対位相に関してコンパクトであることと X の位相に関してコンパクトであることは同値．局所コンパクト空間 X においては U も局所コンパクトであり，$f \in C_c(U)$ を $X \setminus U$ 上では 0 となるように拡張したものは $C_c(X)$ に属し，両者の支えが一致する．この対応により，以下では $C_c(U) \subset C_c(X)$ と見なす．

問 2.1　上で補足した内容を確かめよ．

命題 2.2　集合 X 上の実関数の作る実ベクトル空間 V について，次は同値．
(i) V は実ベクトル束である．(ii) $f \in V$ ならば $f \vee 0 \in V$. (iii) $f \in V$ ならば $|f| \in V$.

問 2.2　実関数 $f \in L$ について，$f = f \vee 0 - (-f) \vee 0$, $|f| = f \vee 0 + (-f) \vee 0$ であることに注意して上の命題を確かめよ．とくに，$\operatorname{Re} L$ の元は L^+ の元の差で表わされる．

■B ── 線型汎関数

　ここで線型代数の用語を改めて復習すると，一般にベクトル空間 L 上の関数 ϕ で $\phi(\alpha v + \beta w) = \alpha\phi(v) + \beta\phi(w)$ $(v, w \in L$ で α, β はスカラー$)$ となるものを**線型汎関数** (linear functional) というのであった．

　実ベクトル空間 V とその複素化 $L = V + iV$ について，L は実ベクトル空間として V と iV の直和となることから，V 上の実線型汎関数と L 上の複素線型汎関数 ϕ で $\phi(\bar{f}) = \overline{\phi(f)}\ (f \in L)$ であるものが制限と線型拡大により対応し合う．とくに，L がベクトル束のとき，正値性 $\phi(f) \geq 0\ (f \in L^+)$ を満たす線型汎関数を**正汎関数**（positive functional）と呼ぶ．

問 2.3[†]　　ベクトル束 $L = C_c(X)$ は，定義から $|f| \in L\ (f \in \operatorname{Re} L)$ であるが，より強い性質 $|f| \in L\ (f \in L)$ を満たしていることを確かめた上で，この性質をもたないベクトル束の例を挙げよ．

問 2.4　　$|f| \in L\ (f \in L)$ であるベクトル束 L 上の正汎関数 ϕ は，積分の不等式 $|\phi(f)| \leq \phi(|f|)$ を満たす．ヒント：複素数の極表示．

定義 2.3　　（複素）ベクトル束 L 上の正汎関数 $I : L \to \mathbb{C}$ で，

　　［連続性］L における実関数列 (f_n) に対して，$f_n \downarrow 0 \Longrightarrow I(f_n) \downarrow 0$,

を満たすものを L 上の**ダニエル積分**[*19]（Daniell integral）あるいは単に積分と呼ぶ．ここで，$f_n \downarrow 0$ とは $f_n(x) \downarrow 0\ (\forall x \in X)$ という意味であることに注意．ベクトル束 L とその上の積分 I の組 (L, I) を**積分系**（integration system）と称する．

　積分系 (L, I) においては，正値性から実関数 $f, g \in L$ に対して，

$$f \leq g \Longrightarrow I(f) \leq I(g)$$

であり，とくに $-|f| \leq f \leq |f|$ から積分の不等式 $|I(f)| \leq I(|f|)\ (f \in \operatorname{Re} L)$ が成り立つ．逆に，最後の不等式は正値性を導くので，積分の不等式が $\operatorname{Re} L$ の上で成り立つことと正値性は同値である．

問 2.5　　積分の連続性は $f_n \uparrow f \Longrightarrow I(f_n) \uparrow I(f)$ と同値．

例 2.4　　以下の例で，積分の「連続性」は，いずれの場合もディニの定理と正

[*19] elementary integral とも呼ばれ，初等積分と訳されることもあるが，初等的というよりは「積分の素」という意味合いのもの．前測度との対比だと pre-integral.

値性からの帰結である.

(i) $f \in C_c(\mathbb{R}^d)$ に対し, 通常のコーシー・リーマン積分

$$I(f) = \int_{\mathbb{R}^d} f(x)\, dx.$$

(ii) 周期的連続関数 $f \in C(\mathbb{R}^d/\mathbb{Z}^d)$ の周期積分

$$I(f) = \oint_{\mathbb{R}^d/\mathbb{Z}^d} f(x)\, dx = \int_{[0,1]^d} f(x)\, dx.$$

(iii) 集合 X を離散位相空間と見て, $\ell(X) = C_c(X)$ 上の積分を

$$I(f) = \sum_{x \in X} f(x)$$

で定めることができる.

(iv)† 有限確率分布 $(p_1, \ldots, p_N)$ に対して, 例 2.1 (iv) で与えたサイコロ投げ空間上のベクトル束 L における積分 I が次で定められる.

$$I(f) = \sum_{k_1, \ldots, k_n} f(k_1, \ldots, k_n, *) p_{k_1} \cdots p_{k_n}.$$

ここで, $f \in L$ は最初の n 成分 $k_1, \ldots, k_n$ のみに依存するもの(n は f に応じて変わってよい)とする.

(v)† $L = C(S^d)$ 上の積分を $\mathbb{R}^{d+1}$ におけるリーマン積分

$$I(f) = \int_{\mathbb{R}^{d+1}} \theta(|x|) f\left(\frac{x}{|x|}\right) dx$$

で定めることができる. ここで, 正関数 $\theta \in C_c^+(0, \infty) \subset C_c^+(\mathbb{R})$ は $\int_0^\infty \theta(r) r^d\, dr = 1$ を満たすものである. 右辺の被積分関数が $C_c(\mathbb{R}^{d+1} \setminus \{0\}) \subset C_c(\mathbb{R}^{d+1})$ に属することに注意.

右辺の形と例 1.31 から I は直交変換で不変となり, 球面上の不変積分 *20 を定数倍の違いを除いて定める(下の補題). また θ についての規

---

*20 多様体とその上の密度形式(density form)を知っていれば, 回転不変な密度形式に関する積分と思っても良い.

格化条件は $I(1) = 2\pi^{(d+1)/2}/\Gamma((d+1)/2)$ が d 次元球面積を表わすように選んである（例 4.11 と問題 4.D の解説参照）.

<u>**問 2.6**</u>　局所コンパクト（距離）空間 X において，ベクトル束 $C_c(X)$ 上の正汎関数は自動的に連続である.

<u>**問 2.7**</u>[†]　増加関数 $\Phi: \mathbb{R} \to \mathbb{R}$ に対して，$L = C_c(\mathbb{R})$ 上のダニエル積分をスティルチェス積分により

$$I(f) = \int_{-\infty}^{\infty} f(t)d\Phi(t)$$

で定めることができる.

　連続性は，このように積分の正値性から従うことも多いのであるが，一方で Daniell が看破したように積分の本質を突くものでもある. このことは，問題 2.J（とその一般化である問題 8.E）からも窺い知ることができる.

補題 2.5[†]　$g \in C_c(0, \infty) \subset C_c(\mathbb{R})$ と $h \in C_c(\mathbb{R}^{d+1} \setminus \{0\}) \subset C_c(\mathbb{R}^{d+1})$ に対して，$g(|x|)h(rx/|x|)$ は $(r, x) \in (0, \infty) \times (\mathbb{R}^{d+1} \setminus \{0\})$ の関数として，$C_c((0, \infty) \times (\mathbb{R}^{d+1} \setminus \{0\})) \subset C_c(\mathbb{R}^{d+2})$ に属し，次が成り立つ.

$$\int_0^\infty dr\, r^d \int_{\mathbb{R}^{d+1} \setminus \{0\}} g(|x|)h\left(r\frac{x}{|x|}\right) dx = \int_0^\infty g(r)r^d\, dr \int_{\mathbb{R}^{d+1} \setminus \{0\}} h(x)\, dx.$$

【証明】　問題になっている関数の連続性はその形から当然であり，さらに $0 < \alpha \le r \le \beta\ (g(r) \neq 0)$ および $0 < \sigma \le |x| \le \tau\ (h(x) \neq 0)$ とすると，

$$g(|x|)h(rx/|x|) \neq 0 \Longrightarrow \alpha \le |x| \le \beta,\ \sigma \le r \le \tau$$

であることから，その支えはコンパクト. そこで，左辺が連続関数のリーマン積分として意味をもち，系 1.30 と変数変換をくり返すことにより

$$左辺 = \int_{\mathbb{R}^{d+1} \setminus \{0\}} dx\, g(|x|) \int_0^\infty h\left(r\frac{x}{|x|}\right) r^d\, dr$$

$$= \int_{\mathbb{R}^{d+1} \setminus \{0\}} dx \, g(|x|) \int_0^\infty h(sx)|x|^{d+1} s^d \, ds$$

$$= \int_0^\infty ds \int_{\mathbb{R}^{d+1} \setminus \{0\}} g(|x|)h(sx) \, |x|^{d+1} s^d \, dx$$

$$= \int_0^\infty ds \int_{\mathbb{R}^{d+1} \setminus \{0\}} g(|y|/s)h(y)|y|^{d+1} s^{-(d+2)} \, dy$$

$$= \int_{\mathbb{R}^{d+1} \setminus \{0\}} dy \, h(y) \int_0^\infty g(|y|/s)|y|^{d+1} s^{-(d+2)} \, ds$$

$$= \int_{\mathbb{R}^{d+1} \setminus \{0\}} dy \, h(y) \int_0^\infty g(t)t^d \, dt = \text{右辺}$$

のように一致する.   ■

系 2.6[†]   例 2.4 (v) における θ と $f \in C(S^d)$, およびその積分 $I(f)$ は

$$\int_{\mathbb{R}^{d+1}} g(|x|)f\left(\frac{x}{|x|}\right) dx = I(f) \int_0^\infty g(r)r^d \, dr$$

を満たす. とくに I は g のみで表わされ θ のとり方によらないので, それを $I(f) = \int_{S^d} f(\omega)d\omega$ のようにも書くことにする.

【証明】   これは $h(x) = \theta(|x|)f(x/|x|)$ として, 両辺を書き下すとわかる.   ■

2.2   積分の拡張

■ A ― 級数表示

次は命題 1.10 の内容を級数形にアレンジしただけのものであるが, ルベーグ積分そのものを与えることが順を追って明かされる.

定義 2.7 (L, I) を積分系とする. 関数 $f : X \to \mathbb{C}$ に対して, L における 2 つの関数列 (f_n) と (φ_n) で,

(i) $|f_n| \le \varphi_n$ ($|f_n| \in L$ は仮定せず),

(ii) $\sum_{n=1}^\infty I(\varphi_n) < \infty$,

(iii) $\sum_{n=1}^\infty \varphi_n(x) < \infty$ となる $x \in X$ について $f(x) = \sum_{n=1}^\infty f_n(x)$ が成り立つ,

という条件を満たすものがあるとき, $f \overset{(\varphi_n)}{\simeq} \sum f_n$ と書き（f の L における**級数表示**）, f は**可積分** (integrable) であるという. このとき, $\sum_{n=1}^\infty f_n(x)$（ただし $x \in [\sum_{n=1}^\infty \varphi_n < \infty] \iff \sum_{n=1}^\infty \varphi_n(x) < \infty$）は絶対収束し,

$$|I(f_n)| \le |I(\operatorname{Re} f_n)| + |I(\operatorname{Im} f_n)| \le 2I(\varphi_n)$$

より, $\sum_n I(f_n)$ も絶対収束することに注意.

可積分関数全体を L^1 で表わす（1 を使う理由は後にわかる）. $L = C_c(\mathbb{R}^d)$ 上のリーマン積分を I として採用した場合の L^1 をとくに $L^1(\mathbb{R}^d)$ と書き, $f \in L^1(\mathbb{R}^d)$ は**ルベーグ可積分**（Lebesgue integrable）と呼ばれる.

➤**注意 7**　(i) 上記級数表示にかかわる条件は, 正数和と総和に関するものなので, 和が一列に並べられている必要はなく, 可算和であればよい. このことは後の定理 2.17 の証明で見てとれるように積分の収束定理の本質でもある.

(ii) ここではルベーグ積分を（本来の）狭い意味で使ったが, 広く一般の絶対収束積分を指すことも多い.

(iii) 集合 $[\sum \varphi_n = \infty]$ は, 積分を考える上で無視できる大きさである. このことについては 2.4 節で詳しく調べるが, 平面 $\mathbb{R}^2$ 上の関数を例にとって素朴に考えれば, $[\sum \varphi_n = \infty] \subset \mathbb{R}^2$ という図形の「面積」は, $\sum \varphi_n$ という関数の積分値と期待される $\sum I(\varphi_n)$ が有限である以上, 0 でなければ辻褄が合わない, ということである.

(iv) すでにルベーグ積分を知っている人向けに書けば, 上の級数表示は, $f(x) = \sum f_n(x)$ がほとんど全ての x で成り立ち, かつ $\sum \varphi_n$ による押え込み収束定理が成り立つという状況を表わし, ある意味, ルベーグ積分のおいしいところをつまみ食いした形になっている. こういうご都合主義は往々にして論理に破綻をきたすものであるが, この場合（ダニエル拡張）に限っては, するりと通り抜けられる近道となっている.

(v) Daniell が与えたもともとの拡張は上とは異なっていて, Darboux によるリーマン積分の言い換えに近い形のものである（定理 7.31）. 上記の定義は, Stone の与えたものをさらに級数の形に書き改めたものに相当する.（[28] [37] [26] も参照.）

例 2.8　ベクトル束 $\ell(X)$ 上の単純和（例 2.4 (iii)）について, $f \overset{(\varphi_n)}{\simeq} \sum f_n$ が何を意味するか確かめておこう.

一般に, $\ell(X)$ における正関数列 (φ_n) に対して, $\sum_n I(\varphi_n)$ は, 零も含む正数

の集まり $(\varphi_n(x))_{x \in X, n \geq 1}$ の総和 $\sum_{x,n} \varphi_n(x)$ に一致するので,$\sum I(\varphi_n) < \infty$ は $(\varphi_n(x))_{x,n}$ が総和可能であることを意味する.

とくに,$\sum_n \varphi_n(x) = \infty$ となる $x \in X$ は存在せず,$Y = [\sum \varphi_n \neq 0]$ は可算集合である(問 1.3).したがって,$f(x) = \sum f_n(x) = 0$ $(x \notin Y)$ であり,Y の上では $f(y) = \sum_n f_n(y)$ と表示され,その結果

$$\sum_{x \in X} |f(x)| \leq \sum_{y,n} |f_n(y)| \leq \sum_{x,n} \varphi_n(x) < \infty$$

が成り立つ.すなわち,複素数の集まり $(f(x))_{x \in X}$ は総和可能である.

逆に $(f(x))_{x \in X}$ が総和可能であれば,再び問 1.3 により $[f \neq 0]$ は可算集合となるので,それを $\{x_n \,; n \geq 1\}$ と並べておいて,$f_n(x) = f(x_n)\delta_{x,x_n}$, $\varphi_n = |f_n|$ とおけば,$f \overset{(\varphi_n)}{\simeq} \sum f_n$ という表示を得る.

結論として,f に対する級数表示の存在は,$(f(x))_{x \in X}$ が総和可能であることの言い換えになっている.

命題 2.9 L^1 は L を含む複素ベクトル空間で複素共役について閉じていて,可積分な実関数 $h \in \operatorname{Re} L^1$ は,実関数 $h_n \in \operatorname{Re} L$ による級数表示(実級数表示)$h \overset{(\varphi_n)}{\simeq} \sum h_n$ をもつ.

【証明】 関数 $f \in L$ が可積分であることは,$f = f + 0 + 0 + \cdots$ $(\varphi_1 = |\operatorname{Re} f| + |\operatorname{Im} f|, \varphi_n = 0, n \geq 2)$ という表示からわかる.ベクトル空間であることは,$f \overset{(\varphi_n)}{\simeq} \sum f_n$ と $g \overset{(\psi_n)}{\simeq} \sum g_n$ から,$(f + g) \overset{(\varphi_n + \psi_n)}{\simeq} \sum (f_n + g_n)$ であり,複素数 λ に対して $\lambda f \overset{(|\lambda|\varphi_n)}{\simeq} \sum \lambda f_n$ となることからわかる.

可積分関数 f の級数表示から $\overline{f}$ の級数表示 $\overline{f} \overset{(\varphi_n)}{\simeq} \sum \overline{f_n}$ が成り立つので,$\overline{f}$ も可積分であり,さらにまた,その実部を取り出すことで,$h \in \operatorname{Re} L$ の実級数表示も得られる. ∎

■B — 拡張の流れ

ベクトル空間 L^1 が X 上のベクトル束をなすこと,並びに I が L^1 上の積分

に拡張されることを，[13] の手順に沿う形で確かめていく.

補題 2.10 ベクトル束 L における実関数の増加列 f_n, g_n に対して，極限関数が不等式

$$\lim_n f_n \leq \lim_n g_n$$

を満たせば（$\lim_n f_n$, $\lim_n g_n$ が L に属することは仮定せず，∞ を値にとってもよい），

$$\lim_n I(f_n) \leq \lim_n I(g_n)$$

が成り立つ. とくに $\lim_n f_n = \lim_n g_n$ であれば，$\lim I(f_n) = \lim I(g_n)$.

【証明】 仮定から，$f_m \leq \lim_{n\to\infty} g_n$ であり，したがって $f_m = \lim_{n\to\infty} f_m \wedge g_n$ となる. 積分の連続性を $(f_m - f_m \wedge g_n) \downarrow 0$ に適用して，

$$I(f_m) = \lim_{n\to\infty} I(f_m \wedge g_n) \leq \lim_{n\to\infty} I(g_n).$$

最後に，m についての極限をとれば求める不等式が得られる. ■

補題 2.11 可積分な実関数の実級数表示 $f \overset{(\varphi_n)}{\simeq} \sum f_n$ と $g \overset{(\psi_n)}{\simeq} \sum g_n$ が $f \leq g$ を満たせば，$\sum I(f_n) \leq \sum I(g_n)$ である. とくに $f = g$ であれば，$\sum I(f_n) = \sum I(g_n)$ となる.

【証明】 仮定から $(g - f) \overset{(\varphi_n + \psi_n)}{\simeq} \sum(g_n - f_n)$ となるので，$f = 0 = f_n = \varphi_n$ の場合を確かめればよい. 自然数 $m \geq 1$ に対して，

$$h_n = \begin{cases} g_1 + \cdots + g_m + \psi_{m+1} + \cdots + \psi_n & (n \geq m+1), \\ g_1 + \cdots + g_m & (n \leq m) \end{cases}$$

とおくと，$h_n \uparrow$ かつ $h_n \geq g_1 + \cdots + g_n$ $(n \geq m)$ を満たす. そして，$\sum_n \psi_n(x) = \infty$ のとき $\lim_n h_n(x) = \infty$ であり，$\sum_n \psi_n(x) < \infty$ のときは $\lim_n h_n(x) \geq$

$\sum g_n(x) = g(x) \geq 0$ である．したがって $\lim h_n \geq 0$ となり，補題 2.10 から $\lim I(h_n) \geq 0$ を得る．そこで，

$$0 \leq \lim_n I(h_n) = I(g_1) + \cdots + I(g_m) + \sum_{n > m} I(\psi_n)$$

において極限 $m \to \infty$ をとれば，$\lim_m \sum_{n>m} I(\psi_n) = 0$ から $\sum I(g_n) \geq 0$ がわかる． ∎

定義 2.12　可積分関数の級数表示 $f \overset{(\varphi_n)}{\simeq} \sum f_n$ に対して，$I^1(f) = \sum_n I(f_n)$ は，命題 2.9 と補題 2.11 により表示の仕方によらず[*21]，I を拡張する形で L^1 上の線型汎関数を定める．(L^1, I^1) を (L, I) の**ダニエル拡張**（Daniell extension）という．以下，紛れのないときはこの値も $I(f)$ と書く．

　とくに，コーシー・リーマン積分 $I : C_c(\mathbb{R}^d) \to \mathbb{C}$ の $L^1(\mathbb{R}^d)$ への拡張 I^1 を**ルベーグ積分**（Lebesgue integral）と呼ぶ．

例 2.13　$L = \ell(X)$ 上の単純和 I について，$L^1 = \ell^1(X)$ であり，$I^1(f) = \sum_{x \in X} f(x)$ となる．

例 2.14　増加列 $f_n \in L^+$ が $\lim_n I(f_n) < \infty$ を満たすとき，その極限関数 $f_n \uparrow f$（ただし f は ∞ を値にとらない）は可積分であり，積分 $I^1(f)$ は極限 $\lim_n I(f_n)$ に等しい．

　実際，$f \overset{(\varphi_n)}{\simeq} \sum \varphi_n$，ただし $\varphi_1 = f_1, \varphi_n = f_n - f_{n-1}$ $(n \geq 2)$，のように級数表示され，$f(x) = \sum_n \varphi_n(x)$ $(x \in X)$ であることからわかる．

　とくに $L = C_c(\mathbb{R}^d)$ における通常の積分 I を考えるとき，有界開直方体 $(a, b) =$

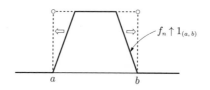

図 9　台形近似

$(a_1, b_1) \times \cdots \times (a_d, b_d)$ $(a_j < b_j)$ の指示関数 $1_{(a,b)}$ は可積分であり，$I^1(1_{(a,b)}) = (b_1 - a_1) \cdots (b_d - a_d)$ となる（図9）.

> **補題 2.15** 可積分実関数 f については $|f|$ も可積分で，与えられた実級数表示 $f \overset{(\varphi_n)}{\simeq} \sum f_n$ に対して $I^1(|f|) = \lim_{n \to \infty} I(|f_1 + \cdots + f_n|)$ が成り立つ. とくに L^1 は X 上のベクトル束であり，I^1 は L^1 上の正汎関数である.

【証明】 $g_n = f_1 + \cdots + f_n$ とし，$|g_n| \in L^+$ の階差を h_n ($h_1 = |g_1|$, $h_n = |g_n| - |g_{n-1}|$, $n \geq 2$) で表わせば，$|h_n| \leq |g_n - g_{n-1}| = |f_n| \leq \varphi_n$ であり，$\sum \varphi_n(x) < \infty$ のとき $|f(x)| = \lim |g_n(x)| = \sum h_n(x)$ となる. このことから，$|f| \overset{(\varphi_n)}{\simeq} \sum h_n$ という表示が得られるので，$|f|$ は可積分であると同時に積分の不等式

$$I^1(|f|) = \sum I(h_n) = \lim I(|g_n|) = \lim_n I(|f_1 + \cdots + f_n|)$$
$$\geq \lim_n |I(f_1 + \cdots + f_n)| = |I^1(f)|$$

を満たす. また $|f| \in L^1$ と命題 2.2 から L^1 はベクトル束である. ∎

➤**注意 8** 複素関数についても $|f| \in L^1$ ($f \in L^1$) がある緩い条件の下で成り立つのであるが，これについては3.4節にて.

問 2.8 L が絶対値関数で閉じていれば，$|f| \in L^1$ ($f \in L^1$) である.

最後に正汎関数 I^1 が連続であることを確かめよう.

> **補題 2.16** 可積分実関数 f については，どのように小さい正数 $\epsilon > 0$ に対しても，L における実級数表示 $f \overset{(\varphi_n)}{\simeq} \sum f_n$ で $\sum I(\varphi_n) \leq I^1(|f|) + 3\epsilon$ となるものが存在する.

【証明】 実級数表示 $f \overset{(\psi_n)}{\simeq} \sum g_n$ を一つ用意し，$\sum_{n > m'} I(\psi_n) \leq \epsilon$ となるように自然数 m' を十分大きくとる. 一方で，補題 2.15 により $I(|g_1 + \cdots + g_n|) \leq I^1(|f|) + \epsilon$ ($\forall n \geq m''$) となる自然数 m'' がある. そこで $m = m' \vee m''$ とし，

$f_1 = g_1 + \cdots + g_m, \phi_1 = \psi_1 + \cdots + \psi_m, f_n = g_{m+n-1}, \phi_n = \psi_{m+n-1} \ (n \geq 2)$
とおけば, $f \overset{(\phi_n)}{\simeq} \sum f_n$ であり,

$$\sum I(|f_n|) = I(|g_1 + \cdots + g_m|) + \sum_{n>m} I(|g_n|) \leq I^1(|f|) + \epsilon + \sum_{n>m} I(\psi_n)$$
$$\leq I^1(|f|) + 2\epsilon$$

となる. 最後に $\varphi_n = |f_n| + \epsilon'\phi_n \ (\epsilon' > 0)$ ととり直せば, $f \overset{(\varphi_n)}{\simeq} \sum f_n$ であり *22,

$$\sum I(\varphi_n) = \sum I(|f_n|) + \epsilon' \sum I(\phi_n) \leq I^1(|f|) + 2\epsilon + \epsilon' \sum I(\phi_n)$$

と評価されるので, $\epsilon' > 0$ を $\epsilon' \sum I(\phi_n) \leq \epsilon$ と選ぶことで, $\sum I(\varphi_n) \leq I^1(|f|) + 3\epsilon$ がわかる. ∎

定理 2.17 (項別積分)　関数 $f : X \to \mathbb{C}$ が, 可積分関数列 $f_n \in L^1$, $g_n \in L^1$ と $f \overset{(g_n)}{\simeq} \sum f_n$ という関係にあるとき, すなわち $|f_n| \leq g_n$, $\sum I^1(g_n) < \infty$, $\sum g_n(x) < \infty \implies f(x) = \sum f_n(x)$ が成り立つとき, $f \in L^1$ かつ $I^1(f) = \sum I^1(f_n)$ である.

【証明】　実部・虚部を取り出すことで, かかわる関数はすべて実関数としてよい. 与えられたのりしろ $\epsilon > 0$ を $\epsilon = \sum_n \epsilon_n \ (\epsilon_n > 0)$ と振り分け, 補題 2.16 を使って, 実級数表示 $f_n \overset{(\phi_{n,k})}{\simeq} \sum_k f_{n,k}$, $g_n \overset{(\psi_{n,k})}{\simeq} \sum_k g_{n,k}$ で, $\sum_k I(\phi_{n,k}) \leq I^1(|f_n|) + \epsilon_n$, $\sum_k I(\psi_{n,k}) \leq I^1(g_n) + \epsilon_n$ なるものを用意する. ベクトル束 L における二重列 $(f_{n,k})$, $(\varphi_{n,k} = \phi_{n,k} + \psi_{n,k})$ について, $|f_{n,k}| \leq \phi_{n,k} \leq \varphi_{n,k}$ であり,

$$\sum_{n,k} I(\varphi_{n,k}) \leq \sum_n (I^1(|f_n|) + \epsilon_n) + \sum_n (I^1(g_n) + \epsilon_n)$$
$$\leq 2 \sum (I^1(g_n) + \epsilon_n) < \infty.$$

---

*22 $\sum \varphi_n(x) < \infty \iff \sum \phi_n(x) < \infty$ および $f \overset{(\phi_n)}{\simeq} \sum f_n$ に注意.

また $\sum_{n,k} \varphi_{n,k}(x) < \infty$ となる $x \in X$ については，$\sum_k \phi_{n,k}(x) < \infty$ より $f_n(x) = \sum_k f_{n,k}(x)$，$\sum_k \psi_{n,k}(x) < \infty$ より $g_n(x) = \sum_k g_{n,k}(x) \leq \sum_k \psi_{n,k}(x)$ であり，さらに $\sum_n g_n(x) \leq \sum_{n,k} \psi_{n,k}(x) < \infty$ であることから $f(x) = \sum_n f_n(x)$ が成り立つ.

以上を合わせると，$f(x) = \sum_n f_n(x) = \sum_{n,k} f_{n,k}(x)$ となって，二重級数表示 $f \overset{(\varphi_{n,k})}{\simeq} \sum_{n,k} f_{n,k}$ が得られ（注意 7 (i) 参照），その結果 $f \in L^1$ であり $I^1(f) = \sum_{n,k} I(f_{n,k}) = \sum_n I^1(f_n)$ が成り立つ. ∎

系 2.18（単調収束定理）　可積分実関数の増加列 $(f_n) \in L^1$ が関数 $f : X \to \mathbb{R}$ に各点収束するとき，f が可積分であるための必要十分条件は $\lim_n I^1(f_n) < \infty$ となること. そしてこのとき $I^1(f) = \lim_n I^1(f_n)$ が成り立つ. とくに，正汎関数 $I^1 : L^1 \to \mathbb{C}$ は連続である.

【証明】　f_n を $f_n - f_1$ で置き換えることで，$f_1 \geq 0$ としてよい. もし f が可積分であれば，$f_n \leq f$ と I^1 の正値性から $I^1(f_n) \leq I^1(f)$ となり，$\lim_n I^1(f_n) \leq I^1(f)$ である.

逆に $\lim_n I^1(f_n) < \infty$ のとき，(f_n) の階差を (g_n)，すなわち $g_1 = f_1$, $g_n = f_n - f_{n-1}$ $(n \geq 2)$ とすると，$\sum_n I^1(g_n) = \lim_n I^1(f_n) < \infty$ であり $f \overset{(g_n)}{\simeq} \sum g_n$ となることから項別積分定理により f は可積分であり，$I^1(f) = \sum I^1(g_n) = \lim I^1(f_n)$ がわかる. ∎

例 2.19　例 2.14 の続きとして，有界直方体の指示関数は可積分であり，そのルベーグ積分は直方体の体積に一致することが，単調収束定理を減少列に適用してわかる.

これまでの議論をまとめると，

定理 2.20　ダニエル拡張 (L^1, I^1) は (L, I) を拡張した積分系であり，(L^1, I^1) のダニエル拡張は (L^1, I^1) 自身に一致する.

問 2.9　可積分実関数列 (f_n) が $\sum I^1(|f_n|) < \infty$ を満たせば, $f \stackrel{(|f_n|)}{\simeq} \sum f_n$ なる級数表示をもつ可積分関数 $f : X \to \mathbb{R}$ が存在する.

命題 2.21†　集合 X におけるベクトル束 L について, L に含まれる有界関数全体 L_b は, L からの構造を制限することで複素ベクトル束となる. さらに L が, $\forall f \in L^+$, $\exists f_n \in L_b^+$, $f_n \uparrow f$ という条件を満たせば, L における積分 I と I の L_b への制限 I_b について, $L_b^1 = L^1$ および $I_b^1 = I^1$ が成り立つ.

問 2.10†　これを確かめよ.

■C — 移送原理

次は, 変数変換など実に多くのものを特別な場合として含む.

定理 2.22　集合 X 上の積分系 (L, I) と関数 $\rho : X \to [0, \infty)$, 集合 Y 上の積分系 (M, J) および写像 $\phi : X \to Y$ が, $\rho(M \circ \phi) \subset L^1$ であり等式 $I^1(\rho(g \circ \phi)) = J(g)$ $(g \in M)$ を満たすとする. このとき, $\rho(M^1 \circ \phi) \subset L^1$ であり $I^1(\rho(g \circ \phi)) = J^1(g)$ $(g \in M^1)$ が成り立つ.

【証明】　可積分関数 $g \in M^1$ の M における級数表示 $g \stackrel{(\psi_n)}{\simeq} \sum g_n$ において, $\sum I^1(\rho(\psi_n \circ \phi)) = \sum J(\psi_n) < \infty$ および $g(\phi(x)) = \sum g_n(\phi(x))$ $(\sum \psi_n(\phi(x)) < \infty$ のとき$)$ であることから, L^1 における級数表示 $\rho(g \circ \phi) \stackrel{(\rho(\psi_n \circ \phi))}{\simeq} \sum \rho(g_n \circ \phi)$ が成り立ち, 定理 2.17 により $I^1(\rho(g \circ \phi)) = \sum I^1(\rho(g_n \circ \phi)) = \sum J(g_n) = J^1(g)$ となる. ∎

系 2.23　集合 X 上の積分系 (L, I), (M, J) が $L \subset M^1$, $J^1|_L = I$ を満たすとき, すなわち, (M^1, J^1) が (L, I) の拡張になっているとき, $L^1 \subset M^1$ であり, J^1 は I^1 の拡張になっている. さらに (L^1, I^1) が (M, J) の拡張でもあれば, $(L^1, I^1) = (M^1, J^1)$ のように一致する.

例 2.24 開集合 $U \subset \mathbb{R}^d$ に対して $C_c(U) \subset C_c(\mathbb{R}^d)$ の通常積分に関する可積分関数全体を $L^1(U)$ と書くと，$L^1(U) \subset L^1(\mathbb{R}^d)$ であり，$L^1(U)$ 上の積分は $\mathbb{R}^d$ におけるルベーグ積分の制限になっている．一方で後ほど確かめるように（例 2.28 と 2.4 節 C），リーマン積分が絶対収束する場合には，広義積分も含めてルベーグ積分と一致するので，$f \in L^1(U)$ の $L^1(\mathbb{R}^d)$ への素直な拡張を象徴的に $f(x)1_U(x)$ で表わし，通常の積分記号を流用して

$$I^1(f) = \int_{\mathbb{R}^d} f(x)\, 1_U(x)\, dx = \int_U f(x)\, dx$$

と書くことにする．とくに 1 次元の場合は，開区間 $U = (a,b)$ に対して，

$$\int_{(a,b)} f(x)\, dx = \int_a^b f(x)\, dx, \quad f \in L^1(U)$$

のようにも書く（注意 3 も参照）．

なお，一次元（開区間）においては，絶対収束しない広義リーマン積分というのも考えられ，これについては $\int_a^b f(x)\, dx$ という記法のみを用いることにする．

➤**注意 9** 3.3 節で，より一般の集合 A に対しての積分 $\displaystyle\int_A f(x)\, dx = \int_X f(x)1_A(x)\, dx$ を導入する．その際，上の $L^1(U)$ に関連した問 3.3 (ii) も参照.

例 2.25 $f \in L^1(\mathbb{R}^d)$ と $y \in \mathbb{R}^d$ および正則一次変換 T に対して $f(x+y)$ と $f(Tx)$ は $x \in \mathbb{R}^d$ の関数として可積分であり，1.3 節 A と例 1.31 から

$$\int_{\mathbb{R}^d} f(x+y)\, dx = \int_{\mathbb{R}^d} f(x)\, dx,$$

$$\int_{\mathbb{R}^d} f(Tx)\, dx = |\det(T)|^{-1} \int_{\mathbb{R}^d} f(x)\, dx.$$

より一般に，連続関数の積分の変数変換式[*23]は即座に可積分関数にまで引き継がれ，次が成り立つ.

[*23] 連続関数のリーマン積分に関する変数変換は，正則一次変換が基本行列の積で表わされることの非線型版（逆写像定理の派生事実）をくり返し積分（系 1.30）に適用して処理するのが簡明．例えば [2] [8]（もとは L. Schwartz の解析教程か）を見よ.

定理 2.26 $\mathbb{R}^d$ の開集合 U, V が滑らかな変数変換 $\phi : U \to V$ によってうつり合う（とくに ϕ^{-1} も滑らか）とき，V で定義されたルベーグ可積分関数 f に対して，$(f \circ \phi)|\det(\phi')|$ は U でルベーグ可積分であり，

$$\int_V f(y) \, dy = \int_U f(\phi(x))|\det(\phi'(x))| \, dx$$

が成り立つ．ここで，ϕ' は写像の微分（行列値関数）を，したがって $\det(\phi'(x)) \neq 0$ は**ヤコビ行列式**（Jacobian）を表わす．

例 2.27 (極座標変換)   2次元極座標変換 $(x, y) = (r\cos\theta, r\sin\theta)$ により極座標 $(r, \theta) \in (0, \infty) \times (0, 2\pi)$ は，平面 $\mathbb{R}^2$ から半直線 $\ell = \{(x, 0) \,;\, x \geq 0\}$ を除いた残りの開集合にうつしかえられるので，$f \in L^1(\mathbb{R}^2 \setminus \ell)$ に対して $rf(r\cos\theta, r\sin\theta)$ は $(r, \theta) \in (0, \infty) \times (0, 2\pi)$ の関数としてルベーグ可積分であり，次が成り立つ．

$$\int_{\mathbb{R}^2 \setminus \ell} f(x, y) \, dxdy = \int_{(0,\infty) \times (0,2\pi)} rf(r\cos\theta, r\sin\theta) \, drd\theta.$$

同様に，3次元極座標変換 $(x, y, z) = (r\sin\theta\cos\varphi, r\sin\theta\sin\varphi, r\cos\theta)$ により極座標 $(r, \theta, \varphi) \in (0, \infty) \times (0, \pi) \times (0, 2\pi)$ は，空間 $\mathbb{R}^3$ から半平面 $H = \{(x, 0, z) \,;\, x \geq 0, z \in \mathbb{R}\}$ を除いた残りの開集合にうつしかえられるので，$f \in L^1(\mathbb{R}^3 \setminus H)$ に対して $r^2\sin\theta f(r\sin\theta\cos\varphi, r\sin\theta\sin\varphi, r\cos\theta)$ は $(r, \theta, \varphi) \in (0, \infty) \times (0, \pi) \times (0, 2\pi)$ の関数としてルベーグ可積分であり，それぞれの積分値が一致する．

さて，通常の広義積分との関係についても実用的な範囲で確かめておこう．

例 2.28   連続関数 $f : \mathbb{R} \to \mathbb{C}$ が

$$\lim_{r \to \infty} \int_{-r}^{r} |f(t)| \, dt < \infty$$

を満たすならば，$f \in L^1(\mathbb{R})$ であり，

$$\int_{\mathbb{R}} f(t) \, dt = \lim_{r \to \infty} \int_{-r}^{r} f(t) \, dt$$

となる. これは良い広義積分の例である. これを示すためには, 実部・虚部に分けることで f は実関数としてよく, さらに実関数 f が $0 \vee (\pm f)$ の差で書けるので $f \geq 0$ としてよく, このとき, $f_n \uparrow f$ となる $f_n \in C_c(\mathbb{R})^+$ と $r_n \uparrow \infty$ を $f_n(t) = f(t) \ (|t| \leq r_n)$ かつ

$$\left| \int_{-\infty}^{\infty} f_n(t)\, dt - \int_{-r_n}^{r_n} f(t)\, dt \right| \leq \frac{1}{n}$$

が成り立つようにとり, 系 2.18 を使う. 一方

$$\int_{-\infty}^{\infty} \frac{\sin t}{t}\, dt \equiv \lim_{r \to \infty} \int_{-r}^{r} \frac{\sin t}{t}\, dt = \pi$$

は条件収束級数に相当する広義積分で, 可積分でない典型例となっている.

2.3 積分の収束定理

積分の大小と極限の関係については, 次が基本的である.

> **補題 2.29** (Fatou) 実関数列 $f_n \in L^1$ と関数 $g \in L^1$ が $|f_n| \leq g \ (n \geq 1)$ を満たせば, $\displaystyle\inf_{n \geq 1} f_n,\ \sup_{n \geq 1} f_n,\ \liminf_{n \to \infty} f_n,\ \limsup_{n \to \infty} f_n$ はすべて可積分で,
>
> $$I^1(\liminf f_n) \leq \liminf I^1(f_n) \leq \limsup I^1(f_n) \leq I^1(\limsup f_n)$$
>
> が成り立つ.

【証明】 自然数 m に対して,

$$-g \leq \inf_{n \geq m} f_n \leq f_m \wedge \cdots \wedge f_n \leq f_m \vee \cdots \vee f_n \leq \sup_{n \geq m} f_n \leq g$$

および

$$f_m \wedge \cdots \wedge f_n \downarrow \inf_{n \geq m} f_n, \quad f_m \vee \cdots \vee f_n \uparrow \sup_{n \geq m} f_n$$

であるから，単調収束定理により $\inf_{n \geq m} f_n$, $\sup_{n \geq m} f_n \in L^1$ であり，

$$I^1(\inf_{n \geq m} f_n) = \lim_n I^1(f_m \wedge \cdots \wedge f_n)$$

$$\leq \lim_n I^1(f_m) \wedge \cdots \wedge I(f_n) = \inf_{n \geq m} I^1(f_n),$$

$$I^1(\sup_{n \geq m} f_n) = \lim_n I^1(f_m \vee \cdots \vee f_n)$$

$$\geq \lim_n I^1(f_m) \vee \cdots \vee I(f_n) = \sup_{n \geq m} I^1(f_n).$$

すなわち，

$$-I^1(g) \leq I^1(\inf_{n \geq m} f_n) \leq \inf_{n \geq m} I^1(f_n) \leq \sup_{n \geq m} I^1(f_n) \leq I^1(\sup_{n \geq m} f_n) \leq I^1(g)$$

となるので，再び単調収束定理により，$\liminf_n f_n$, $\limsup_n f_n \in L^1$ かつ

$$-I^1(g) \leq I^1(\liminf_n f_n) \leq \liminf_n I^1(f_n)$$

$$\leq \limsup_n I^1(f_n) \leq I^1(\limsup_n f_n) \leq I^1(g)$$

がわかる. ∎

定理 2.30（押え込み収束定理）　関数列 $f_n \in L^1$ と関数 $g \in L^1$ が $|f_n| \leq g$ $(n \geq 1)$ を満たし，極限関数 $f = \lim_{n \to \infty} f_n$ が存在するならば，$f \in L^1$ であり，次が成り立つ.

$$I^1(f) = \lim_{n \to \infty} I^1(f_n).$$

【証明】　関数列 (f_n) の実部と虚部に上の補題を適用するだけである. ∎

➤**注意 10**　dominated convergence theorem（ルベーグの収束定理ともいう）の日本語訳としては，優 [*24] 収束定理が多く用いられているようであるが，ここでは内容を汲み取って「押え込み収束定理」（g のことを押え込み関数，略して「押え」）と呼ぶ

[*24] dominated は「支配的」という意味であるが，遺伝学での優性（dominant）という言い方に引きずられたものか．なお優性・劣性は顕性・潜性に変えるのだとか．日本語へのさらなる虐待であることが分からないらしい.

ことにする.

系 2.31 実数 t をパラメータとする可積分関数 $f(x,t)$ $(x \in \mathbb{R}^d)$ に対して,
$F(t) = \int_{\mathbb{R}^d} f(x,t)\,dx$ とおく.

(i) 各 $x \in \mathbb{R}^d$ ごとに $f(x,t)$ が $t \in [a,b]$ の連続関数であり, t によらない可積分関数 g により, $|f(x,t)| \le g(x)$ $(x \in \mathbb{R}^d,\, t \in [a,b])$ と押えられるならば, $F(t)$ は $t \in [a,b]$ の連続関数である.

(ii) 各 $x \in \mathbb{R}^d$ ごとに $f(x,t)$ が $t \in (a,b)$ について微分可能であり, t によらない可積分関数 g により, $\left|\frac{\partial f}{\partial t}(x,t)\right| \le g(x)$ $(x \in \mathbb{R}^d,\, a < t < b)$ と押えられるならば, $\frac{\partial f}{\partial t}(x,t)$ は x の関数として可積分であり,

$$\frac{d}{dt} \int_{\mathbb{R}^d} f(x,t)\,dx = \int_{\mathbb{R}^d} \frac{\partial f}{\partial t}(x,t)\,dx$$

が成り立つ.

【証明】 (i) $F(t)$ の連続性は, 列極限 $t_k \to t$ $(k \to \infty)$ に関する収束性 $F(t) = \lim_{k \to \infty} F(t_k)$ からわかる.

(ii) 有限増分の不等式

$$\left| \frac{f(x,t+s) - f(x,t)}{s} \right| \le g(x)$$

を使い, 列極限 $s_k \to 0$ $(k \to \infty)$ に押え込み収束定理を適用する. ∎

問 2.11 もとの定理は列に関するもので, 上の系は連続パラメータに関するものである. 両者の関係を確かめよ.

例 2.32 可積分関数 $f \in L^1(\mathbb{R})$ に対して, $f(x)e^{-i\xi x}$ は実数 ξ をパラメータとする可積分関数である (下の問参照) ことから, 積分

$$\widehat{f}(\xi) = \int_{\mathbb{R}} f(x)e^{-i\xi x}\,dx$$

が意味をもち, $\xi \in \mathbb{R}$ の連続関数 $\widehat{f}$ (f の**フーリエ変換** Fourier transform という) を定める. さらに $x^k f(x)$ $(k = 1, \ldots, n)$ も可積分であれば, $\widehat{f}$ は C^n 級関

数で次が成り立つ.

$$\frac{d^k}{d\xi^k}\widehat{f}(\xi) = \int_{\mathbb{R}}(-ix)^k f(x)e^{-i\xi x}\,dx.$$

問 2.12　可積分関数 $f \in L^1(\mathbb{R}^d)$ と $\mathbb{R}^d$ 上の有界連続関数 g に対して，fg は可積分関数である.

例 2.33　次の (i) は定理 2.17 または定理 2.30，(ii) は系 2.31 に該当する.

(i) 複素数 z に対して

$$\int_{-\infty}^{\infty} e^{-x^2+zx}\,dx = \sum_{n=0}^{\infty}\frac{z^n}{n!}\int_{-\infty}^{\infty} x^n e^{-x^2}\,dx.$$

(ii) パラメータ $t > 0$ に対して

$$\frac{d^n}{dt^n}\int_0^{\infty} e^{-tx^2}\,dx = (-1)^n\int_0^{\infty} x^{2n}e^{-tx^2}\,dx.$$

問 2.13　(i), (ii) における押え込み関数を具体的に与えよ.

問 2.14　連続関数 $f(x)$ $(0 \le x \le 1)$ に対して，極限 $\displaystyle\lim_{n\to\infty}\int_0^n f\left(\frac{x}{n}\right)e^{-x}\,dx$ を求めよ.

2.4　零関数と零集合

　可積分関数の級数表示では，押え込み和が収束する範囲のみを問題にした. これの積分論的意味を明らかにしよう. このことは，ルベーグ積分の実際の運用において，積分の定義以上に重要な働きをする. 関数そのものではなく，積分論的に区別できない関数の集団を事実上一つの関数と思うことで，実用的であると同時に理論的整合性を保った形で，関数という直感が働きやすい対象を最大限に利用可能ならしめるからである.

■ A — 積分論的に無視できるということ

定義 2.34　可積分関数 $f : X \to \mathbb{C}$ で $I^1(|\mathrm{Re}\,f|) = I^1(|\mathrm{Im}\,f|) = 0$ となるもの *25 を**零関数**（null function）と呼ぶ．部分集合 $A \subset X$ が**零集合**（null set）であるとは，その指示関数 1_A が零関数であること，すなわち $1_A \in L^1$ かつ $I^1(1_A) = 0$ となることと定める．零（null）という他に**無視できる**（negligible）という言い方もする．零集合全体を $\mathcal{N}(I)$ という記号で表わす．

例 2.35　$\mathbb{R}^d$ の有界閉直方体 $[a, b]$ がルベーグ積分に関する零集合であるための必要十分条件は，$(b_1 - a_1) \cdots (b_d - a_d) = 0$ となること．とくに $\mathbb{R}^d$ における一点集合は零集合である．

例 2.36　可積分関数列 $0 \leq \varphi_n \in L^1$ が $\sum I^1(\varphi_n) < \infty$ を満たせば，$[\sum \varphi_n = \infty]$ は零集合である．というのは，定理 2.17 の意味で $1_{[\sum \varphi_n = \infty]} \overset{(\varphi_n)}{\simeq} \sum_{n=1}^{\infty} 0$ となるから．

また可積分な実関数の増加列 f_n と可積分な実関数 f が，$f_n \uparrow f_\infty \leq f$ および $I^1(f_n) \uparrow I^1(f)$ を満たせば，$f - f_\infty$ は零関数である．というのは，$I^1(f) = I^1(f - f_\infty) + \lim I^1(f_n)$ であるから．

例 2.37†　カントル集合（例 1.32）は，実数と同じ濃度をもつ（とくに可算でない）$[0, 1]$ の閉集合であるが，取り除く開区間列の指示関数の積分和が 1 となることからルベーグ積分に関する零集合である．

> **補題 2.38**　零関数 f に対して，「$f(x) = 0 \implies g(x) = 0$」すなわち $[g \neq 0] \subset [f \neq 0]$ となる関数 $g : X \to \mathbb{C}$ は零関数である．

【証明】　$\varphi_n = |\mathrm{Re}\,f| + |\mathrm{Im}\,f|$ $(n \geq 1)$ とおくと，$\sum_n I^1(\varphi_n) = 0$ であり，

$$\sum_{n=1}^{\infty} \varphi_n(x) = \begin{cases} 0 & (f(x) = 0) \\ \infty & (f(x) \neq 0) \end{cases}$$

---

*25 $I^1(|f|) = 0$ と書きたいところではあるが，$|f|$ の可積分性は明らかでない．定理 3.47 で見るように，σ 有限といった緩い条件の下，広く成り立つことではあるが．

となる．これは $g \overset{(\varphi_n)}{\simeq} \sum_n 0$ とともに $|\mathrm{Re}\, g| \overset{(\varphi_n)}{\simeq} \sum_n 0$, $|\mathrm{Im}\, g| \overset{(\varphi_n)}{\simeq} \sum_n 0$ を意味するので，定理 2.17 から g が零関数であるとわかる． ∎

系 2.39 次は同じ内容の言い換えで，零関数と零集合の関係を端的に表わしている．

(i) 関数 $f : X \to \mathbb{C}$ に対して，f が零関数であることと $[f \neq 0]$ が零集合であることは同値．

(ii) 可積分関数 $f, g \in L^1$ に対して，$f - g$ が零関数であるための必要十分条件は，ある零集合 N があって，$f(x) = g(x)$ $(x \notin N)$ となること．

命題 2.40 零集合の性質として，次が成り立つ．

(i) 空集合は零集合であり，零集合の部分集合も零集合．

(ii) 零集合の可算和も零集合．

【証明】 零集合の部分集合が零集合であることは，上の補題による．

零集合列 (N_n) に対して $N = \bigcup N_n$ とおくと，$1_{N_1} \vee \cdots \vee 1_{N_n} \uparrow 1_N$ であるから，$1_{N_1} \vee \cdots \vee 1_{N_n} \leq 1_{N_1} + \cdots + 1_{N_n}$ に注意して，単調収束定理を使えば，$I^1(1_N) = 0$ がわかる． ∎

命題 2.41[†] 複素関数 $f : X \to \mathbb{C}$ について，以下の条件は同値である．

(i) f は零関数である．

(ii) どのように小さい $\epsilon > 0$ についても，関数列 $(\varphi_n) \in L^+$ で，$|f| \leq \sum \varphi_n$ かつ $\sum I(\varphi_n) \leq \epsilon$ を満たすものがとれる．

(iii) どのように小さい $\epsilon > 0$ についても，正関数列 $(\varphi_n) \in L^1$ で，$|f| \leq \sum \varphi_n$ かつ $\sum I^1(\varphi_n) \leq \epsilon$ を満たすものがとれる．

【証明】 (ii) $\Longrightarrow$ (iii) は当然で，(i) $\Longrightarrow$ (ii) は補題 2.16 からわかる．

(iii) $\Longrightarrow$ (i): $\epsilon = 1/m$ に対する正関数列 $(\varphi_{m,n})_{n \geq 1} \in L^1$ を用意し,

$$\varphi_m(x) = \begin{cases} \sum_n \varphi_{m,n}(x) & (\sum_n \varphi_{m,n}(x) < \infty) \\ |f(x)| & (\sum_n \varphi_{m,n}(x) = \infty) \end{cases}$$

とおけば, $|f| \leq \varphi_m$ となり, L^1 における級数表示 $\varphi_m \overset{(\varphi_{m,n})}{\simeq} \sum \varphi_{m,n}$ から $\varphi_m \in L^1_+$ であり $I^1(\varphi_m) \leq 1/m$ を満たす. そこで $h_m = \varphi_1 \wedge \cdots \wedge \varphi_m$ とおけば, $h_m \downarrow h \geq |f|$ であり, $I^1(h) \leq I^1(h_m) \leq 1/m$ から h は零関数となる. したがって, 上の補題から f も零関数である. ■

例 2.42 $\mathbb{R}^d$ の超平面の可算和は, ルベーグ積分に関して零集合である. というのは, $\mathbb{R}^d$ の超平面は, 正則一次変換 T と退化した閉直方体 $R_n = [-n, n]^{d-1} \times \{0\}$ を使って, $\bigcup TR_n$ と表わされるので, 積分の変数変換により,

$$\int_{\mathbb{R}^d} 1_{TR_n}(x)\, dx = \int_{\mathbb{R}^d} 1_{R_n}(T^{-1}x)\, dx = |\det(T)| \int_{\mathbb{R}^d} 1_{R_n}(x)\, dx = 0$$

となるから. とくに, $\mathbb{R}^d$ の可算部分集合は零集合である.

さらにまた, $\mathbb{R}^d$ の開集合 U, V の間の滑らかな変数変換 $\phi: U \to V$ によりルベーグ積分に関する零集合が零集合にうつされること [*26] が定理 2.26 と系 2.39 からわかる. その結果, 可微分多様体において, 零集合が意味をもち, とくに $\mathbb{R}^d$ の超曲面は零集合である.

■ B ── 積分論的に等しいということ

以上からわかることは, 零関数の違いは, 積分の値に一切効いてこないということである. 実際これは, 積分についての感覚とも合致している. 質点や点電荷というものもあるにはあるが [*27],

$$\int_{(0,1]} f(x)\, dx, \qquad \int_{[0,1]} f(x)\, dx$$

[*26] 悪魔の滑り台 (例 B.14) のように, 連続な変数変換では正しくない.

[*27] 物理的効果というのは相互作用の強さに依存するもので, 単に空間的な広がりの大小ではないため, 矛盾はしない. なお, 質点・点電荷は超関数として遇すべきもの.

の2つの積分の違いを問題にしたいと普通は思わないであろう.

定義 2.43 積分系が定義された集合 X の元 x に関する命題 $P(x)$ が, ある零集合 $N \subset X$ 以外のすべての x で成り立つとき, $P(x)$ は**ほとんど全ての** (almost every) $x \in X$ で成り立つ, という言い方をして, $P(x)$ (a.e. $x \in X$) と書く.

とくに, 2つの関数 $f, g : X \to \overline{\mathbb{R}}$ あるいは $f, g : X \to \mathbb{C}$ が $f(x) = g(x)$ (a.e. $x \in X$) のとき, すなわち $[f \neq g]$ が零集合であるとき, f と g は**ほとんど至るところ** (almost everywhere) 等しい [*28] (積分論的に同一である) という言い方をし, $f = g$ (a.e.) とも書く. これは同値関係であり, その同値類を事実上の関数とみなす. 関数の和, 積, スカラー倍, 束演算は事実上の関数に対する操作としても定義がうまくいくことが容易に確かめられる.

例えば, 零集合 N_j 以外で定義された関数 $f_j : X \setminus N_j \to \mathbb{C}$ $(j = 1, 2)$ に対して, その和 $f_1 + f_2$ を $X \setminus (N_1 \cup N_2)$ 上で, $f_1(x) + f_2(x)$ と定義すれば, 除外集合のとり方によらずに関数の同値類が定まる.

以上のことから, $f(x) = \pm \infty$ となり得る関数を扱っていても, そのような x 全体が零集合に含まれるならば, そこでの値を適当な有限値 (例えば 0) に置き換えてその積分について論じて何ら問題がないとわかる. 今後は可積分関数をこの意味でも使う. すなわち, $f : X \to [-\infty, \infty]$ が可積分であるとは, $[f = \pm \infty]$ を含む零集合 N があって, $\tilde{f}(x) = f(x)$ $(x \notin N)$, $\tilde{f}(x) = 0$ $(x \in N)$ とおくとき, $\tilde{f}$ が可積分になることをいう.

例 2.44 絶対収束する広義積分は, 関数の値が定義できない除外集合が零集合である限りそれを無視して計算してよく, その結果は除外集合も含めた範囲の積分として表わされる.

(i) 関数 $|t|^{-\alpha}$ $(-1 \leq t \leq 1)$ の積分であれば, $\int_{[-1,1] \setminus \{0\}} |t|^{-\alpha} \, dt$ の意味で $\int_{[-1,1]} |t|^{-\alpha} \, dt$ と書く.

(ii) 湯川ポテンシャル $e^{-\alpha|x|}/|x|$ $(x \in \mathbb{R}^3, \alpha > 0)$ の積分であれば,

---

[*28] このしゃれた言い回しは, Lebesgue の 1910 年の論文で 'presque partout' (日常語でもある) として現れたのが最初である由.

$$\int_{\mathbb{R}^3 \setminus \{0\}} \frac{e^{-\alpha|x|}}{|x|}\, dx = \int_{\mathbb{R}^3} \frac{e^{-\alpha|x|}}{|x|}\, dx$$

のように書く．これが実際に可積分であることは，極座標変換により（4章で論じるくり返し積分の結果も使って），

$$\int_{\mathbb{R}^3} \frac{e^{-\alpha|x|}}{|x|}\, dx = 4\pi \int_0^\infty \frac{e^{-\alpha r}}{r} r^2\, dr = \frac{4\pi}{\alpha^2}$$

からわかる．

問 2.15　極座標変換（例 2.27）では切り込みを入れて開集合にする必要はなく，2 次元であれば，$f \in L^1(\mathbb{R}^2)$ に対して，$rf(r\cos\theta, r\sin\theta)$ が $(r,\theta) \in [0,\infty) \times [0,2\pi]$ の関数として可積分であり，

$$\int_{\mathbb{R}^2} f(x,y)\, dxdy = \int_{[0,\infty) \times [0,2\pi]} rf(r\cos\theta, r\sin\theta)\, drd\theta$$

が成り立つ．3 次元についても同様．

ほとんど至るところの収束，ほとんど至るところ定義された可積分関数が意味をもち，各種収束定理の「ほとんど至るところ版」などが成り立つ．例えば，項別積分定理（定理 2.17）は次のように言い改められる．

定理 2.45　ほとんど至るところ定義された可積分関数列 $\{f_n\}_{n \geq 1}$ が，

$$\sum_{n \geq 1} I^1(|\mathrm{Re}\, f_n| + |\mathrm{Im}\, f_n|) < \infty$$

を満たすならば，零集合 N が存在して，(i) すべての n について，$X \setminus N$ は f_n の定義域に含まれ，(ii) $x \in X \setminus N$ ならば $\sum_n |f_n(x)| < \infty$ である．
　　したがって，$f(x) = \sum_n f_n(x)\ (x \notin N)$ とおくと，f はほとんど至るところ定義された可積分関数であり，

$$I^1(f) = \sum_n I^1(f_n)$$

が成り立つ．

【証明】　実部と虚部に分けることで，f_n は実関数としてよい．各 f_j は，零集合 N_j 以外で定義されていて，$\widetilde{f}_j(x) = f_j(x)(x \notin \bigcup_n N_n)$ かつそれ以外では 1 とおいた $\widetilde{f}_j$ が可積分であるので，$g_j = |\widetilde{f}_j|$ とおくとき，$\sum_{n \geq 1} I^1(g_n) = \sum_{n \geq 1} I^1(|f_n|) < \infty$ より，$\sum_{n \geq 1} g_n(x) = \infty$ となる x 全体 N は $\bigcup_n N_n$ を含む零集合である．そして，$x \notin N$ に対して $\sum_{n \geq 1} \widetilde{f}_n(x) = \sum_{n \geq 1} f_n(x)$ は絶対収束し，これを（好きなように）拡張した実関数 f は $f \overset{(g_n)}{\simeq} \sum f_n$ を満たすので，定理 2.17 により，$f \in L^1$ かつ $I^1(f) = \sum I^1(f_n)$ が成り立つ．　∎

問 2.16　単調収束定理・押え込み収束定理についても確かめよ．

例 2.46[†]　実数列 $(a_n)_{n \geq 1}$ に対して，$f(x) = \sum_{n=1}^{\infty} e^{-n^3(x-a_n)^2}$ は，ほとんど全ての $x \in \mathbb{R}$ に対して有限値をとる可積分関数を定め，

$$\int_{-\infty}^{\infty} f(x)\,dx = \sum_{n=1}^{\infty} \sqrt{\frac{\pi}{n^3}} < \infty.$$

問 2.17[†]　可積分な実関数列 (f_n) が $\lim_{n \to \infty} I^1(|f_n|) = 0$ を満たすとき，部分列 (n') を $I^1(|f_{n'}|) \leq 1/n^2$ ととれば，

$$\lim_{n \to \infty} f_{n'}(x) = 0 \quad (\text{a.e. } x \in X)$$

である．ヒント：$\sum_{n \geq 1} I^1(|f_{n'}|) < \infty$ を使う．

上掲収束定理の理論的な応用として，次を挙げておこう．以下では，記述が簡潔になるよう，零関数しか違わない可積分関数はとくに断らない限り区別しない．したがって，埋め込み $L^1(U) \subset L^1(\mathbb{R}^d)$（$U$ は $\mathbb{R}^d$ の開集合）において $\mathbb{R}^d \setminus U$ が零集合のとき，$L^1(U) = L^1(\mathbb{R}^d)$ のように一致する．

命題 2.47　実ベクトル空間 $\mathrm{Re}\,L^1$ はノルム $\|f\| = I^1(|f|)$ に関して完備であり，$\mathrm{Re}\,L$ はその密部分空間である．

さらに L^1 が絶対値関数で閉じていれば（問 2.8 により，とくに L が絶対値関数で閉じていれば），L^1 はノルム $\|f\| = I^1(|f|)$ $(f \in L^1)$ に関して

完備であり，L はその密部分空間である.

【証明】 最初に $\operatorname{Re} L \subset \operatorname{Re} L^1$ がノルムに関して密であることを確かめる. 可積分実関数 $f \in L^1$ の実級数表示 $f \overset{(\varphi_n)}{\simeq} \sum f_n$ を $f - \sum_{j=1}^m f_j$ の $\sum_{n>m} f_n$, $|f_n| \le \varphi_n$ $(n>m)$ による級数表示と読みかえ，補題 2.15 から得られる不等式

$$I^1\left(\left|f - \sum_{j=1}^m f_j\right|\right) = \lim_{n\to\infty} I(|f_{m+1} + \cdots + f_n|)$$

$$\le \lim_{n\to\infty} \left(I(|f_{m+1}|) + \cdots + I(|f_n|)\right) \le \sum_{n=m+1}^{\infty} I(\varphi_n)$$

において $m \to \infty$ とすればよい.

次に $\operatorname{Re} L^1$ が完備であることは，バナッハの判定法（補題 1.15）を使うのが簡明で，定理 2.45 での記号の下，$|f(x) - \sum_{j=1}^n f_j(x)| \le \sum_{j>n} |f_j(x)|$ を積分して得られる $\|\sum_{j=1}^n f_j - f\| \le \sum_{j>n} \|f_j\|$ で $n \to \infty$ とする.

最後に，$f \in L^1$ の L^1 における級数表示が可能なこと（定理 2.20）から，$|f| \in L^1$ $(f \in L^1)$ のときは，上の実関数についての議論をくり返すことで L^1 についての主張もわかる. ■

例 2.48 ベクトル束 $L = C_c(\mathbb{R}^d)$ 上のリーマン積分から得られる $L^1(\mathbb{R}^d)$ は，ノルム $\|f\|_1 = I^1(|f|)$ に関してバナッハ空間であり，$C_c(\mathbb{R}^d)$ はその密部分空間となっている.

■ C — リーマン積分との関係 [†]

この辺りで，リーマン重積分との関係を確かめておこう. まず用語の補充から. 直方体のうち $(a_j, b_j]$ の形の区間の直積 $(a, b] = (a_1, b_1] \times \cdots \times (a_d, b_d]$ を **開閉体** と呼ぶことにする.

有限個の有界開閉体 $Q_1, \ldots, Q_l$ は，有界開閉体による有限分割和 $\bigsqcup_{j=1}^m R_j$ の部分和として各 Q_i が表わされる [*29] ことに注意（図 10 参照）. このことか

[*29] 同様のことは直方体についても成り立つのであるが，開閉体に比べて場合分け（分割和の部品）が増えてその分面倒になる.

ら，有界開閉体の指示関数の一次結合を**階段関数**（step function）ということ
にすれば，階段関数全体 S の実部は束演算で閉じていて，$\mathbb{R}^d$ 上のベクトル束
をなすことがわかる．また，例 2.19 で見たように階段関数は可積分，すなわち
$S \subset L^1(\mathbb{R}^d)$ でもある．

ダニエル拡張 I^1 の S への制限 I_S を考えると，正値性と連続性が満たされる
ので，積分系 (S, I_S) を得る．そのダニエル拡張 (S^1, I_S^1) であるが，$S \subset L^1(\mathbb{R}^d)$
と定理 2.17 より $S^1 \subset L^1(\mathbb{R}^d)$ となる．一方で，$f \in C_c(\mathbb{R}^d)$ が一様連続である
ことから，f に一様収束する階段関数列 f_n で $[f_n]$ が共通の有界直方体に含ま
れるものが存在し，押え込み収束定理により，$f \in S^1$ がわかる．そこで再び
定理 2.17 より $L^1(\mathbb{R}^d) \subset S^1$ となって，両者は一致する．また積分の値につい
ても，$C_c(\mathbb{R}^d)$ における積分が S における積分値の極限で表わされることから，
$S^1 = L^1(\mathbb{R}^d)$ の上で一致する．

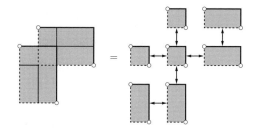

図 10 開閉体の細分割とレゴ接合

以上の準備の下，一変数の有界関数 $f : [a, b] \to \mathbb{R}$ と $[a, b]$ の分割の増大列
$(\Delta_n = \{a = x_0 < x_1 < \cdots < x_m = b\})_{n \geq 1}$ $(x_1, \ldots, x_m$ は n に依存する）で
$|\Delta_n| \to 0$ となるものに対して，

$$g_n = \sum_{i=1}^m \underline{f}_i \, 1_{(x_{i-1}, x_i]}, \quad h_n = \sum_{i=1}^m \overline{f}_i \, 1_{(x_{i-1}, x_i]},$$

$$\underline{f}_i = \inf\{f(x) \, ; \, x \in [x_{i-1}, x_i]\}, \quad \overline{f}_i = \sup\{f(x) \, ; \, x \in [x_{i-1}, x_i]\}$$

とおくと，$I^1(g_n) = \underline{S}(f, \Delta_n)$, $I^1(h_n) = \overline{S}(f, \Delta_n)$ であり，$g_n \uparrow$, $h_n \downarrow$,
$\lim g_n(x) \leq f(x) \leq \lim h_n(x)$ $(a < x \leq b)$ および

$$I^1(\lim_n g_n) = \lim_n I^1(g_n) \leq \underline{S}(f) \leq \overline{S}(f) \leq \lim_n I^1(h_n) = I^1(\lim_n h_n)$$

となる．したがって，$I^1(\lim_n h_n - \lim_n g_n) = \lim_n I^1(h_n) - \lim_n I^1(g_n) = 0$
すなわち $\lim h_n(x) = \lim g_n(x)$ (a.e. $x \in [a,b]$) であれば，f はリーマン積分可
能であり，リーマン積分値が $\lim I^1(g_n) = \lim I^1(h_n)$ に一致する．

逆に f がリーマン積分可能であれば，$\displaystyle\lim_{|\Delta|\to 0} O(f,\Delta) = 0$（命題 1.5）と

$$\lim_{n\to\infty} O(f,\Delta_n) = \lim_{n\to\infty} (\overline{S}(f,\Delta_n) - \underline{S}(f,\Delta_n)) = \lim_{n\to\infty} (I^1(h_n) - I^1(g_n))$$

より，$\lim_n g_n(x) = \lim_n h_n(x)$ (a.e. $x \in [a,b]$) がわかる．

さらにこのとき，$f(x) = \lim_n g_n(x)$ (a.e. $x \in [a,b]$) となるので，単調収束定理
により，f はルベーグ可積分であり，ルベーグ積分値が $\lim I^1(g_n) = \lim I^1(h_n)$
に一致する．

以上の結果は，閉直方体 $[a,b]$ と開閉体 $(a,b]$ の差が零集合となる（例 2.42）
ことから，高次元でも同様に成り立つ．

定理 2.49[†]（Lebesgue）　有界閉直方体 $[a,b] = [a_1,b_1] \times \cdots \times [a_d,b_d]$ 上
の有界関数 f がリーマン積分可能であるための必要十分条件は，f の不連
続点集合がルベーグ積分に関する零集合であること．そしてこのとき，f
はルベーグ可積分であり，f のリーマン積分とルベーグ積分が一致する．

【証明】　記述を簡単にするため，$d = 1$ の場合を扱う．後半の主張はすでに確
かめた．その際に用いた記号をここでも使い，さらに $\Delta_\infty = \bigcup_{n\geq 1} \Delta_n$ とおく
（$d \geq 2$ のときの Δ_n は分割の境界集合の和と思う）．さらに，f の上下関数[*30]を

$$\overline{f}(x) = \lim_{r\to +0} \sup\{f(y)\,;\, y \in [a,b] \cap B_r(x)\},$$

$$\underline{f}(x) = \lim_{r\to +0} \inf\{f(y)\,;\, y \in [a,b] \cap B_r(x)\}$$

で定めると，$\underline{f} \leq f \leq \overline{f}$ であり，$f(x)$ が $x = c$ で連続であることと $\underline{f}(c) = \overline{f}(c)$
が同値となる．また，

[*30] 上下から f をはさむ上下半連続関数で，f に最も近いものになっている．

$$\lim_{n \to \infty} h_n(c) = \overline{f}(c), \quad \lim_{n \to \infty} g_n(c) = \underline{f}(c) \quad (c \in [a, b] \setminus \Delta_\infty)$$

が成り立つ. というのは, $c \notin \Delta_\infty$ を含む Δ_n の開小区間を (s_n, t_n) とするとき, $(s_n, t_n) \downarrow \{c\}$ となり, 上関数であれば, $\sup\{f(x) \, ; \, x \in [a, b] \cap B_r(c)\}$ $(r \downarrow 0)$ と $\sup\{f(x) \, ; \, x \in (s_n, t_n)\}$ $(n \uparrow \infty)$ が入れ子になるからである.

本題に戻り, リーマン積分可能であることの言い換えである $\lim_n g_n(x) = \lim_n h_n(x)$ (a.e. x) が成り立てば, $N = [\lim_n g_n \neq \lim_n h_n]$ は零集合であり, $\Delta_\infty = \bigcup \Delta_n$ も零集合であることから, f は零集合 $N \cup \Delta_\infty$ 以外で連続である.

逆に f の不連続点集合 $[\underline{f} \neq \overline{f}]$ が零集合であれば,

$$\lim_n g_n(x) = \underline{f}(x) = \overline{f}(x) = \lim_n h_n(x) \quad (x \notin [\underline{f} \neq \overline{f}] \cup \Delta_\infty)$$

となることから, f はリーマン積分可能である. ∎

最後に, $\mathbb{R}^d$ におけるルベーグ積分の場合に, 零集合の特徴づけを示してこの節を閉じよう.

命題 2.50[†] $N \subset \mathbb{R}^d$ が零集合であるための必要十分条件は, 勝手な $\epsilon > 0$ に対して, 有界直方体の列 (R_i) で, $N \subset \bigcup R_i$ かつ $\sum |R_i| \leq \epsilon$ となるものがとれること. ここで $|R_i|$ は直方体の d 次元体積を表わす.

【証明】 階段関数の作るベクトル束 S のダニエル拡張として零集合 N を記述すると, 命題 2.41 により, 与えられた $\epsilon > 0$ に対して, $1_N \leq \sum_n \varphi_n$ および $\sum I^1(\varphi_n) \leq \epsilon$ を満たす $\varphi_n \in S^+$ が存在する. これから, 開閉体の分割和 $\bigsqcup R_i$ で, $N \subset \bigcup R_i, \sum |R_i| \leq \epsilon$ となるものがとれることを導こう. 実数 $0 < r < 1$ を補助的に一つ用意し, 階段関数の増加列を $g_n = \varphi_1 + \cdots + \varphi_n$ で定め, $[g_1 \geq r]$ を考えると, これは有界開閉体の有限和であるので, 細分割することで, 開閉体の分割和 $\bigsqcup_{i=1}^{j_1} R_i$ の形をしている. 次に同じく細分割することで $[g_1 < r \leq g_2]$ を開閉体の分割和 $\bigsqcup_{j_1 < i \leq j_2} R_i$ で表わす. 以下これをくり返し, $[g_{n-1} < r \leq g_n]$ の開閉体による分割和表示を $\bigsqcup_{j_{n-1} < i \leq j_n} R_i$ とし, その総体を $\bigsqcup R_i$ とすれば, $[g_n \geq r] = \bigsqcup_{i=1}^{j_n} R_i$ と $\sum \varphi_n \geq 1_N$ より $N \subset \bigsqcup_i R_i$ がわかり, 一方

$$\epsilon > \lim_k I^1(g_k) \geq I^1(g_n) \geq rI^1(1_{[g_n \geq r]}) = r\sum_{i=1}^{j_n} I^1(1_{R_i}) = r\sum_{i=1}^{j_n} |R_i|$$

が成り立つので, $n \to \infty$ とすれば, $\sum_i |R_i| \leq \epsilon/r$ を得る.

逆に, 勝手な $\epsilon > 0$ に対して, 直方体列 (R_n) で, $N \subset \bigcup R_n$ かつ $\sum |R_n| \leq \epsilon$ となるものがとれれば, $\varphi_n = 1_{R_n} \in L^1(\mathbb{R}^d)$ は $1_N \leq \sum_n \varphi_n$ かつ $\sum I^1(\varphi_n) \leq \epsilon$ を満たし, 命題 2.41 により N は零集合である. ∎

問 2.18[†] $\mathbb{R}^d$ 上の連続関数 f が (ルベーグ積分に関して) ほとんど至るところ 0 であれば, 恒等的に 0 である (問 1.12 参照).

第 2 章 問題

2.A (Stone) 正汎関数 I について, 積分としての連続性は次の条件と同値である. 正関数 $f \in L^+$ と正関数列 $(h_n)_{n \geq 1}$ (ただし $h_n \in L^+$) に対して,

$$f \leq \sum_{n=1}^{\infty} h_n \implies I(f) \leq \sum_{n=1}^{\infty} I(h_n)$$

(和 $\sum_n h_n$ が L^+ に属することは仮定せず, ∞ の値も許す) が成り立つ.

2.B 有界閉区間上の増加関数 $\Phi : [a,b] \to \mathbb{R}$ に関する連続関数 $f : [a,b] \to \mathbb{C}$ のスティルチェス積分について, f が $[a,b]$ 上のリーマン積分可能な関数 g を使って $f(x) = \int_a^x g(t)\,dt$ と表わされるならば,

$$\int_a^b f(t)\,d\Phi(t) = f(b)\Phi(b) - f(a)\Phi(a) - \int_a^b g(t)\Phi(t)\,dt$$

が成り立つ. 右辺の積分は, 問題 1.C と問 1.8 によりリーマン積分として意味をもつことに注意. (前章の範囲の問題であるが, 次問への準備として.)

2.C 増加関数 $\Phi : \mathbb{R} \to \mathbb{R}$ に伴うスティルチェス積分 $I : C_c(\mathbb{R}) \to \mathbb{R}$ について, 有限区間の指示関数は可積分であり,

$$I^1(1_{(a,b)}) = \Phi(b-0) - \Phi(a+0), \qquad I^1(1_{[a,b]}) = \Phi(b+0) - \Phi(a-0).$$

2.D 例 1.32 で扱った三進集合 C_δ の指示関数 1_{C_δ} がルベーグ可積分であることを確かめ，その積分値および不連続点集合を求めよ．

2.E 正数 $s > 1$ に対して，ゼータ関数の積分表示

$$\sum_{n=1}^{\infty} \frac{1}{n^s} = \frac{1}{\Gamma(s)} \int_0^{\infty} \frac{x^{s-1}}{e^x - 1} \, dx$$

を示せ．ここで，$\Gamma(s) = \displaystyle\int_0^{\infty} x^{s-1} e^{-x} dx$ はガンマ関数を表わす．

2.F 正数 α について，関数 $\sin(1/t^\alpha)$ $(t > 0)$ が可積分かどうか調べよ．

2.G $f \in L^1(\mathbb{R}^d)$ に対して，$\int |f(x+y) - f(x)| \, dx$ は $y \in \mathbb{R}^d$ の連続関数であること，および $\lim_{|y| \to \infty} \int |f(x+y) - f(x)| \, dx = 2 \int |f(x)| \, dx$ を示せ．

2.H $\mathbb{Q} \subset \mathbb{R}$ の指示関数 $1_{\mathbb{Q}}$ （ディリクレ関数）について，以下のことを示せ．

(i) $1_{\mathbb{Q}}$ は可積分であり，$I^1(1_{\mathbb{Q}}) = 0$ となる．

(ii) $1_{\mathbb{Q}}(x) = \lim_{m \to \infty} \lim_{n \to \infty} (\cos(\pi m! x))^{2n}$ である．

(iii) 上下積分について，$\underline{S}(1_{\mathbb{Q} \cap [a,b]}) = 0$, $\overline{S}(1_{\mathbb{Q} \cap [a,b]}) = b - a$ である．

2.I $\mathbb{R}^d$ の開集合は開閉体の可算分割和として表わされる．ヒント：二進分割．

2.J 開閉区間 $(0,1]$ 上の連続関数 $f(t)$ で $\lim_{t \to +0} f(t)$ が存在するもの全体を L とし，$I(f) = \lim_{t \to +0} f(t)$ $(f \in L)$ とおけば，I はベクトル束 L 上の正汎関数であるが，連続とはならない．

2.K 階乗 $n!$ の漸近挙動（スターリングの公式）を以下の手順で確かめよ．

(i) $n! = \Gamma(n+1)$ の積分表示における対数被積分関数 $n \log x - x$ を最大点の周りでテイラー展開せよ．

(ii) $x = n + t\sqrt{n}$ という変数変換を施し，積分範囲を t の正負に分けて処理することで，$n! \sim \sqrt{2\pi n}(n/e)^n$ を導け．

3 積分と測度

CHAPTER

【この章の目標】

リーマン重積分の定義では直方体分割を利用したのであるが，得られた積分はユークリッド座標の選び方によらない不変性をもち，それはルベーグ積分（ダニエル拡張）にまで及ぶのであった（例2.25）．一方，本来あるべき重積分の意味からすると，直方体にこだわる必要はなく，より一般の「細胞分割」に基づく和の極限を考えるのが自然である．そのためにはしかし，各細胞に体積的な大きさを付与する必要があり，こ

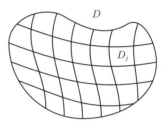

図11 細胞分割

れの面倒を避けるがための直方体分割ではあった．ただ今やルベーグ積分という強力な手段が使えるので，それを逆手に取って，d次元図形 D に d次元体積的なもの（D のルベーグ測度という）を $|D| = I^1(1_D)$ により定めることで，分割 $D = \bigsqcup D_j$ を利用した

$$\int_D f(x)\,dx = \lim_{n \to \infty} \sum_{j=1}^{n} f(x_j)|D_j| \qquad (ただし\ x_j \in D_j)$$

のような表示が可能となる．

逆に，こういった「図形」に対する測度の情報から，上の極限式を左辺の積分の定義として採用することも可能で，両者相合せて，積分と測度が表裏一体のものであるという認識に到達する．

3.1 可測集合と測度

まずは，扱うべき図形集団の特性を記述するところから始めよう．

■A ── 可測集合

集合 X の部分集合の集まり $\mathcal{A} \subset 2^X$ で [*31]，空集合 $\emptyset$ を含み，

> (i) $A, B \in \mathcal{A}$ ならば，その和 $A \cup B$ と差 $B \setminus A$ も $\mathcal{A}$ に属する，

という条件を満たすものを**集合環**（ring of sets）と呼ぶ．集合環で $X \in \mathcal{A}$ となるものを**集合代数**（algebra of sets）という．集合環においては，$A \cap B = B \setminus (B \setminus A) \in \mathcal{A}$ $(A, B \in \mathcal{A})$ が成り立つ．結果として，集合環は有限個の共通部分と和集合をとる操作で閉じている．すなわち，$A_1, \ldots, A_n \in \mathcal{A}$ ならば $A_1 \cap \cdots \cap A_n$ と $A_1 \cup \cdots \cup A_n$ も $\mathcal{A}$ に属する．集合代数 $\mathcal{A}$ においては，補集合 $X \setminus A$ をとる操作についても閉じている．集合代数は論理構造の代数的な表現を与えるという意味で**ブール代数** [*32]（Boolean algebra）とも呼ばれ，古典論理と確率論を仲介するものとなっている．集合環 $\mathcal{A}$ がさらに

> (ii) $A_n \in \mathcal{A}$ $(n = 1, 2, \ldots)$ ならば $\bigcup_{n=1}^{\infty} A_n \in \mathcal{A}$ である，

という条件を満たすとき，**σ 環**（σ-ring）と呼び，集合代数については**σ 代数**（σ-algebra）という言い方 [*33] をする．

例 3.1 集合 X の可算部分集合全体は σ 環であり，それに補集合が可算である集合（余可算集合）をすべて付け加えると，σ 代数が得られる．

例 3.2 X における σ 環 $\mathcal{A}$ と部分集合 $Y \subset X$ に対して，$\mathcal{B} = \{Y \cap A \, ; \, A \in \mathcal{A}\}$ は Y における σ 環である．これを $\mathcal{A}$ から**誘導された** σ 環といい，記号の厳密な運用には反するが $\mathcal{B} = Y \cap \mathcal{A}$ と書くことにする．とくに $Y \in \mathcal{A}$ であれば，$Y \cap \mathcal{A}$ は Y における σ 代数となる．

[*31] 2^X は X のべき集合（power set），すなわち X の部分集合全体の集合を表わす．
[*32] 集合環の方もブール環（Boolean ring）と呼んであげたいような．
[*33] 本来 σ 集合環ないし σ 集合代数と称すべきものの省略形であろう．σ 代数は σ 体（σ-field）とも呼ばれる．なお，semi-simple を半単純と訳すようにハイフンは省く．

問 3.1 σ 環 $\mathcal{A}$ では，$A_n \in \mathcal{A}$ $(n \geq 1)$ のとき，$\bigcap A_n \in \mathcal{A}$ である.

部分集合の集まり $\mathcal{A} \subset 2^X$ に対して，$\mathcal{A}$ を含む最小の σ 代数（集合環，集合代数，σ 環）がそれぞれ存在する．すなわち，$\mathcal{A}$ を含む σ 代数（集合環，集合代数，σ 環）のすべて（2^X もその一つ）を考えて，それらに共通する集合集団が求めるものとなっている．これを $\mathcal{A}$ から**生成された** σ 代数（集合環，集合代数，σ 環）と呼ぶ.

➤**注意 11** (i) 素朴には，$\mathcal{A}$ に属する部分集合に対して，可算個の和集合，共通部分，差集合の操作をくり返して得られる部分集合全体ということであるが，そのくり返す過程を正確に記述することは意外に面倒である.

(ii)「共通する集合集団」＝「部分集合の集まりについての共通部分」である点がわかりにくいかも知れないが，個々の部分集合をべき集合の一つの元を表わすと割り切って，それが部分集合という内部的な情報をもつことを忘れると，図形の集団からそのすべてに含まれる（最小の）図形を切り出すのと何ら変わらない操作であることがわかる.

(iii) 集合環と集合代数の違いは全体集合を含むかどうかだけであり，大枠を決めてかかる現代数学に慣れた人には集合代数がわかりやすいであろうが，全体集合を意識しないですむ集団というのは思いのほか実践的かつ実用的でもある．以下では煩雑にならない範囲で双方を使い分ける.

問 3.2 σ 代数（集合環，集合代数，σ 環）の集まり $\mathcal{B}_i \subset 2^X$ に対して，その共通集団 $\bigcap_i \mathcal{B}_i$ が再び σ 代数（集合環，集合代数，σ 環）となる.

例 3.3 ユークリッド空間 $X = \mathbb{R}^d$ において，開集合全体，直方体全体，開直方体全体は同一の σ 代数 $\mathcal{B}(\mathbb{R}^d)$ を生成し，同様のことが $\overline{\mathbb{R}}$ あるいは $\mathbb{C} \cong \mathbb{R}^2$ についても成り立つ.

実際，直方体は開直方体の減少列の極限として表わされるので，同じ σ 代数を生成する．一方，有理数を境界座標とする開直方体（可算個しかない）は「開集合の素」[*34] となっている．すなわち，どの開集合も，それに含まれる「開集合の素」全部をあわせたものに一致する．（開集合 U と $a \in U$ に対して，有理開直方体 R で $a \in R \subset U$ となるものがとれるので，U に含まれる有理開直方

[*34] 開基（open base）ともいう．高僧の響きあり.

体全体（これは可算個しかない）の和は U に一致する.）このことから開集合
が可算個の開直方体の和として表わされ，やはり同じ σ 代数を生成する.

　この $\mathcal{B}(\mathbb{R}^d)$ に属する集合を**ボレル集合**（Borel set）と呼び，σ 代数 $\mathcal{B}(\mathbb{R}^d)$ 自
体をボレル集合族という. 同様に，拡大実数全体と複素数全体についてもボレ
ル集合を定義し，その総体をそれぞれ $\mathcal{B}(\overline{\mathbb{R}})$, $\mathcal{B}(\mathbb{C})$ と書く.

　開集合はボレル集合であり，その補集合である閉集合もボレル集合. したがっ
て開集合と閉集合の共通部分（局所閉集合）もボレル集合であり，局所閉集合
の可算和もボレル集合である. かように目に見える集合はボレル集合であると
いってよく，ボレル集合でない集合（実はたくさんある）を見つけるのは簡単
ではない.

　なお, ユークリッド空間 $\mathbb{R}^d$ が可算個の開集合の素をもつという性質は, 連続関数
の言葉で次のように言い換えられる. 有界な有理開直方体の入れ子 $Q \subset \overline{Q} \subset R$ ご
とに, $\mathbb{R}^d$ 上の連続関数 $0 \leq h \leq 1$ で, $[h=1] = \overline{Q}$ かつ $[h=0] = \mathbb{R}^d \setminus R$ となるも
のを一つ用意し（例 2.14 参照），そのような h の総体である可算集合 $H \subset C_c(\mathbb{R}^d)$
を考えると，$\mathbb{R}^d$ の開集合 U の指示関数は, $\{h \in H ; h \leq 1_U\} = \{h_n ; n \geq 1\}$
を使って, $1_U = \bigvee_{n \geq 1} h_n = \lim_{n \to \infty}(h_1 \vee \cdots \vee h_n)$ と表わされる.

問 3.3　開集合 $U \subset \mathbb{R}^d$ に対して，$L^1(U)$ は $\{f \in L^1(\mathbb{R}^d) ; 1_U f = f\}$ と同一
視される（例 2.24 も参照）.

　一般の位相空間 X においては，X の開集合全体 $\mathcal{T}$ から生成された σ 代数
$\mathcal{B}(X)$ を**ボレル集合族**といい，$\mathcal{B}(X)$ に属する集合を**ボレル集合**という.

　これに関連して，部分集合 $S \subset X$ を相対位相 $S \cap \mathcal{T} = \{S \cap O ; O \in \mathcal{T}\}$ に
より位相空間と思うと，$\mathcal{B}(S) = S \cap \mathcal{B}(X)$ である.

　というのは，$S \cap \mathcal{B}(X)$ が $S \cap \mathcal{T}$ を含む σ 代数であることから $\mathcal{B}(S) \subset S \cap$
$\mathcal{B}(X)$ である. 一方，$\mathcal{B} = \{B \in \mathcal{B}(X) ; S \cap B \in \mathcal{B}(S)\}$ が $\mathcal{T}$ を含む σ 代数で
あることを見て取れるので，$\mathcal{B}$ は $\mathcal{B}(X)$ に一致する. とくに $S \cap \mathcal{B}(X) \subset \mathcal{B}(S)$
でもあり，$S \cap \mathcal{B}(X) = \mathcal{B}(S)$ が示された.

　ここで用いた論法は，可算操作に関する帰納法（σ 帰納法）とでもいうべき
もので，今後折りに触れて（とくに 7 章で）目にすることになる.

集合 X と σ 代数 $\mathcal{B} \subset 2^X$ の組 $(X, \mathcal{B})$ を **可測空間** (measurable space) と呼び, $\mathcal{B}$ に属する集合を $\mathcal{B}$ 可測集合, 略して **可測集合** (measurable set) という.

例 3.4 可測空間の集まり $(X_i, \mathcal{B}_i)$ に対して, $X = \bigsqcup X_i$ (分割和) における集合族を $\mathcal{B} = \{B = \bigsqcup B_i \; ; \; B_i \in \mathcal{B}_i\}$ で定めると, 可測空間 $(X, \mathcal{B})$ を得る. これを $(X_i, \mathcal{B}_i)$ の直和 (direct sum) と呼ぶ.

例 3.5† 有限集合 S (状態集合) の可算直積空間 $X = S^{\mathbb{N}}$ は, 命題 1.21 で見たようにコンパクト距離空間であるが, その位相は可算個の「開集合の素」をもつ. 実際, $x = (x_n) \in X$ の n 番目の成分を取り出す連続写像を $\pi_n : x \mapsto x_n \in S$ で表わし, $\pi^n : X \ni x \mapsto (\pi_1(x), \pi_2(x), \ldots, \pi_n(x)) \in S^n$ とすると, $\mathcal{B}_n = (\pi^n)^{-1}(2^{S^n})$ は 2^{S^n} と同じブール代数としての構造をもつ X の開集合族であり, X における σ 代数の増大列 $(\mathcal{B}_n)$ をなす. その全体 $\mathcal{B}_{\infty} = \bigcup \mathcal{B}_n$ は X における集合代数であると同時に, $x \in (\pi^n)^{-1}(x_1, \ldots, x_n) \subset \overline{B}_{1/2^n}(x)$ となることから可算個の「開集合の素」を与える. とくに, X のボレル集合族は $\mathcal{B}_{\infty}$ から生成された σ 代数 $\mathcal{B}$ に一致する.

以下, 可測空間 $(X, \mathcal{B})$ のこともサイコロ投げ空間と呼ぶ.

➤**注意 12** 可分距離空間は可算個の開集合の素をもつ (命題 B.2).

■B — 測 度

さて, こういった集合環 $\mathcal{A}$ の上で定義された加法的集合関数について考えよう. ここで, 集合関数 (set function) とは, 集合環の上で定義されていることを強調した言い方で, 集合関数 $\mu : \mathcal{A} \to [0, \infty]$ が **加法的** (additive) であるとは, (i) $\mu(\emptyset) = 0$ であり *35,

(ii) $\mu(A \sqcup B) = \mu(A) + \mu(B)$ $(A, B \in \mathcal{A}, A \cap B = \emptyset)$

となることを意味する. さらに,

---

*35 条件 (i) は, 恒等的に ∞ を値にとる無意味な場合を排除するために入れてあるだけで, $\mu(A) < \infty$ となる $A \in \mathcal{A}$ が一つでもあれば, (ii) の特別な場合である $\mu(A \sqcup \emptyset) = \mu(A) + \mu(\emptyset)$ から従う.

(iii) $A_n \uparrow A$ が $\mathcal{A}$ で成り立てば，$\mu(A_n) \uparrow \mu(A)$ である

という条件を満たす加法的集合関数 $\mu : \mathcal{A} \to [0, \infty]$ は**連続**（continuous）であるという．ここで $A_n \uparrow A$ は，$A_1 \subset A_2 \subset \cdots$ であり $A = \bigcup A_n$ となることを意味する．記号 $A_n \downarrow A$ についても同様．

例 3.6[†] サイコロ投げ空間 $X = S^{\mathbb{N}}$ において，例 2.4 (iv) における積分 I を $\mathcal{B}_\infty$ 可測集合の指示関数に制限することで，集合代数 $\mathcal{B}_\infty$ 上の連続な加法的集合関数 μ が得られ，

$$\mu(X(a_1, \ldots, a_n)) = p_{a_1} \cdots p_{a_n},$$

$$X(a_1, \ldots, a_n) = \{x \in X \, ; \, x_j = a_j \ (1 \leq j \leq n)\}$$

を満たす．（μ の連続性は I の連続性から従う．問題 3.K も見よ．）

次は定義から容易にわかる性質であり，とくに断りなく常用される．

命題 3.7 加法的集合関数 μ について，以下が成り立つ.

(i) ［単調性］$A \subset B$ のとき，$\mu(A) \subset \mu(B)$ である.

(ii) $A_1, \ldots, A_n \in \mathcal{A}$ のとき，$\mu(A_1 \cup \cdots \cup A_n) \leq \mu(A_1) + \cdots + \mu(A_n)$.

(iii) $\mu(A \cap B) < \infty$ のとき，$\mu(B \setminus A) = \mu(B) - \mu(A \cap B)$ である.

(iv) μ が連続であれば，$A_n \downarrow A$ かつ $\mu(A_1) < \infty$（ただし $A_n, A \in \mathcal{A}$）のとき，$\mu(A_n) \downarrow \mu(A)$ となる.

問 3.4 上の命題を確かめよ．

問 3.5 $\mu(A \cup B) + \mu(A \cap B) = \mu(A) + \mu(B) \ (A, B \in \mathcal{A})$ である．

補題 3.8 集合環 $\mathcal{A}$ 上の関数 $\mu : \mathcal{A} \to [0, \infty]$ について，次は同値である.

(i) 加法的かつ連続である.

(ii) $\mu(\emptyset) = 0$ であり，$\mathcal{A}$ における可算分割和 [*36] $A = \bigsqcup_{n \geq 1} A_n$ に対し

[*36] これは，$A \in \mathcal{A}$ が $A_n \in \mathcal{A}$ を使って $A = \bigsqcup A_n$ と表わされることを意味する．

て, 次 (σ 加法性) が成り立つ.

$$\mu\Big(\bigsqcup_{n \geq 1} A_n\Big) = \sum_{n=1}^{\infty} \mu(A_n).$$

この同値な条件を満たす μ については, 集合列 $(A_n)_{n \geq 1}$ $(A_n \in \mathcal{A})$ で $\bigcup A_n \in \mathcal{A}$ となるものに対して, $\mu(\bigcup A_n) \leq \sum \mu(A_n)$ が成り立つ.

問 3.6　上の補題を示せ.

定義 3.9　**測度**（measure）とは, 上の補題 3.8 における同値な条件を満たす σ 代数 $\mathcal{B}$ 上の集合関数 μ のことをいう. とくに, X が位相空間で $\mathcal{B}$ がボレル集合族であるときは**ボレル測度**（Borel measure）という.

部分集合 $S \subset X$ が測度 μ を**支える**（support）とは, $S \cap \mathcal{B}$ 上の測度 μ_S で $\mu(B) = \mu_S(S \cap B)$ $(B \in \mathcal{B})$ となるものがあることをいう. $S \in \mathcal{B}$ のとき, S が μ を支えるとは $\mu(X \setminus S) = 0$ ということ. 一点で支えられた測度は**原子測度**（atomic measure）と呼ばれ, とくにその全体測度が 1 であるものを**ディラック測度**（Dirac measure）という.

測度 μ は, $\mu(X_n) < \infty$ である可測集合列 (X_n) を使って $X = \bigcup_{n \geq 1} X_n$ と表わされるとき, **σ 有限**（σ-finite）と呼ばれる.

また, $\mu(X) < \infty$ であるものを**有限**（finite）または**有界**（bounded）, さらに $\mu(X) = 1$ となるものを**確率測度**（probability measure）という. 測度論による確率の体系化は Kolmogorov （[24]）に始まるものである.

集合 X, σ 代数 $\mathcal{B} \subset 2^X$ および $\mathcal{B}$ 上の測度 μ の組 $(X, \mathcal{B}, \mu)$ を**測度空間**（measure space）と称する.

➤**注意 13**　測度（集合関数）の値として敢えて ∞ も許していることは, そうしておく方が諸々の関係を記述する上で便利だからであるが, 一方で有限値からの近似を許さない集合を排除しておくのも自然で, そういった条件の一つが σ 有限性であり, あとで触れる有限近似性（半有限性）である. ということで, こういった性質も予め仮定しておくのが正しい態度かも知れない.

問 3.7　測度 μ は，有限分割 $A = \bigsqcup_{j=1}^{n} A_j$ $(A_n \in \mathcal{B})$ について，$\mu(A) = \sum_{j=1}^{n} \mu(A_j)$ を満たす．

例 3.10　集合 X 上の関数 $\rho : X \to [0, \infty]$ に対して，$\mathcal{B} = 2^X$ 上の測度 μ を $\mu(A) = \sum_{a \in A} \rho(a)$ で与えることができる．とくに $\rho \equiv 1$ の場合は**個数測度**（counting measure）と呼ばれる．

この μ が σ 有限であるとは，ρ が有限値で $[\rho \neq 0]$ が可算集合ということ．

例 3.11　測度空間の集まり $(X_i, \mathcal{B}_i, \mu_i)$ に対して，$(X_i, \mathcal{B}_i)$ の直和可測空間 $(X, \mathcal{B})$ 上の測度 μ が

$$\mu \left(\bigsqcup B_i \right) = \sum \mu_i(B_i)$$

で定められる．これを (μ_i) の**直和**（direct sum）と呼び，$\mu = \bigoplus \mu_i$ と書き表わす．可算個の集団については逆の操作も可能で，測度空間 $(X, \mathcal{B}, \mu)$ と X の $\mathcal{B}$ における可算分割和表示 $X = \bigsqcup X_n$ に対して，$\mathcal{B}_n = \{B \cap X_n \, ; \, B \in \mathcal{B}\}$，$\mu_n(B \cap X_n) = \mu(B \cap X_n)$ とおけば，μ が自然に $\bigoplus \mu_n$ と同一視される．

この段階で直積測度に思いを巡らそう．ただしそれは，直和測度に比べてずっと手強いものではあるが．

3.2　積分から測度へ

■ A — 可積分集合

集合 X 上の積分系 (L, I) に，そのダニエル拡張 (L^1, I^1) を利用して測度空間を対応させよう．そのための用語であるが，部分集合 $A \subset X$ が **I 可積分**（I-integrable）とは，$1_A \in L^1$ であるときをいう．また **I 可測**（I-measurable）であるとは，どのような I 可積分集合 Q に対しても $A \cap Q$ が I 可積分になることと定め，I 可測集合全体を $\mathcal{L}(I)$ で表わす．とくに $L = C_c(\mathbb{R}^d)$ 上のリーマン積分を I とするときは，**ルベーグ可積分・ルベーグ可測**と呼ぶ．I がはっきりしている場合には，単に**可積分・可測**ともいう．

可積分集合の可算和で表わされる集合を σ **可積分**（σ-integrable）と呼び，X が σ 可積分である I は **σ 有限**（σ-finite）と称される．可積分集合が有限和で閉じていることから，σ 可積分集合 A は，可積分集合の増大列 A_n を使って $A_n \uparrow A$ と表わされるものであることに注意．

➤**注意 14**　積分の σ 有限性は，実のところ L についての性質である（命題 7.27）．

命題 3.12

(i) 可積分集合全体は，有限和・差・可算共通部分をとる操作について閉じている．

(ii) σ 可積分集合全体は，すべての可積分集合から生成された σ 環に一致する．

(iii) $\mathcal{L}(I)$ は σ 代数であり，すべての σ 可積分集合を含む．

問 3.8　上で述べた可積分集合と可測集合の性質を確かめよ．

例 3.13　$\mathbb{R}^d$ の有界直方体はルベーグ可積分であり，$\mathbb{R}^d$ が有界直方体の増大列の極限集合であることから，ルベーグ積分は σ 有限である．その結果，σ 可積分集合全体は σ 代数となり，すべてのボレル集合を含む．とくに，ボレル集合はルベーグ可測である．

　具体的に $d = 2$ の場合を考えると，直感的には，可積分集合とは面積が有限である平面図形を表わし，そういった図形の可算個の重ね合わせであるものがここでの σ 可積分集合ということになる．

　次の簡単な仕組みは，可積分関数から可積分集合を取り出す際に常用される．（成り立つ理由については図 12 を見よ．）

補題 3.14（押し上げ表示）　正関数 $h : X \to [0, \infty)$ と自然数 n に対して，$1 \wedge (nh) \uparrow 1_{[h>0]}$（$n \to \infty$）である．とくに，実関数 $f : X \to \mathbb{R}$ と実数 r に対して，$1 \wedge (n(f - f \wedge r)) \uparrow 1_{[f>r]}$ となる．

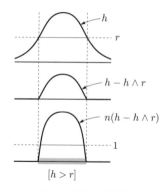

$[h > r]$

図 12 押し上げ表示

定義 3.15 ベクトル束 L が**切り落とし条件**（Stone condition）を満たすとは，$1 \wedge f \in L^+$ $(f \in L^+)$ が成り立つことと定める．これは，$r \wedge f = r(1 \wedge (f/r)) \in L^+$ $(r > 0, f \in L^+)$ と言っても同じことである．

補題 3.16 ベクトル束 L が切り落とし条件を満たせば，L^1 も切り落とし条件を満たす．

【証明】 補題 2.15 の証明と同じ方法による．可積分な実関数 f の $\mathrm{Re}\,L$ における級数表示 $f \overset{(\varphi_n)}{\simeq} \sum f_n$ で，$g_n = f_1 + \cdots + f_n$ とし，$1 \wedge g_n \in \mathrm{Re}\,L$ の階差を h_n $(h_1 = 1 \wedge g_1, h_2 = 1 \wedge g_2 - 1 \wedge g_1, \dots)$ と書いて $|1 \wedge a - 1 \wedge b| \le |a - b|$ $(a, b \in \mathbb{R})$ に注意すれば [37]，$|h_n| \le |f_n|$ より $1 \wedge f \overset{(\varphi_n)}{\simeq} \sum h_n$ が成り立ち，$1 \wedge f \in L^1$ がわかる． ∎

問 3.9 σ 有限な積分 I に対して，ベクトル束 L^1 は切り落とし条件を満たす．

押し上げ表示の簡単な応用として，例 3.13 が次のように一般化される．

命題 3.17 局所コンパクト距離空間 X におけるベクトル束 $L = C_c(X)$ 上の積分 I に関する L のダニエル拡張 L^1 について，

---

[37] $1, a, b$ の大小で分けて処理しても良いが，$1 \wedge a = \int_0^a 1_{[0,1]}(t)\, dt$ という表示を使えば一目である．

(i) コンパクト集合はすべて可積分である.

(ii) さらに X が **σ コンパクト**（σ-compact），すなわち X がコンパクト集合の増大列 X_n を使って $X = \bigcup X_n$ と表わされるならば，I は σ 有限であり，すべての閉集合・開集合は I 可測となる.

【証明】 (i) コンパクト集合 K に対しては，$n \geq 1$ を十分大きくとるとき $1 - 1 \wedge (nd_K) \in C_c(X)$ であり（補題 1.19），押し上げ表示から $1 - 1 \wedge (nd_K) \downarrow 1_K$ となるので，単調収束定理により 1_K は可積分.

(ii) 閉集合 F は $(F \cap X_n) \uparrow F$ と表わされることから σ 可積分で，とくに可測となり，その補集合として開集合も可測. ∎

例 3.18 ベクトル束 $C_c(\mathbb{R}^d)$ 上の積分は，すべて σ 有限である.

後の節で必要となることもあり，積分に対する σ 有限性の言い換えをここで与えておこう.

命題 3.19 積分系 (L, I) において，以下は同値である.

(i) I は σ 有限である.

(ii) 可積分な正関数列 $(h_n) \in L^1$ で $h_n \uparrow 1_X$ となるものが存在する.

(iii) $\mathcal{L}(I)$ が σ 可積分集合全体に一致する.

【証明】 (i) $\iff$ (ii)：σ 有限であれば，可積分集合の増大列により $X_n \uparrow X$ と表わされるので，$h_n = 1_{X_n}$ とおけばよい. 逆は，$r > 0$ に対して $r \wedge h_n = \lim_m r h_m \wedge h_n$ が単調収束定理により可積分となるので，押し上げ表示（補題 3.14）と $\frac{1}{n} 1_{[h > 1/n]} \leq h_n$ から $X_n = [h_n > r]$ $(0 < r < 1)$ は可積分集合であり，$X_n \uparrow X$ を満たすことによる.

(iii) $\implies$ (i) は $X \in \mathcal{L}(I)$ から当然のことなので，逆を示す. $\mathcal{L}(I)$ がすべての可積分集合を含む σ 代数であることから，σ 可積分集合も $\mathcal{L}(I)$ に含まれる. そこで $X_n \uparrow X$（X_n は可積分）とすると，I 可測集合 A に対して $A \cap X_n$ は可積分集合となり，$(A \cap X_n) \uparrow A$ のように表わされる A は σ 可積分である. ∎

■ B — 積分から測度

さて，$\mathcal{L}(I)$ 上の測度 $|A|$ $(A \in \mathcal{L}(I))$ で，可積分集合 Q に対しては $|Q| = I^1(1_Q)$ となるものがあったとしよう．可積分でない $A \in \mathcal{L}(I)$ については，Q が A に含まれる可積分集合であるとき $I^1(1_Q) \leq |A| \leq \infty$ が成り立つ．そこで，$\mathcal{L}(I)$ 上の集合関数 $|A|_I$, $|A|^I$ を

$$|A|_I = \sup\{I^1(1_Q) \,; Q \text{ は } A \text{ に含まれる可積分集合 }\},$$

$$|A|^I = \begin{cases} I^1(1_A) & (A \text{ が可積分のとき}) \\ \infty & (A \text{ が可積分でないとき}) \end{cases}$$

で定めると，上の不等式は $|A|_I \leq |A| \leq |A|^I$ $(A \in \mathcal{L}(I))$ を意味する．

> **補題 3.20**　集合関数 $|\cdot|_I, |\cdot|^I$ は，いずれも $\mathcal{L}(I)$ 上の測度であり，σ 可積分集合の上では一致する．とくに σ 有限な I では，$A \in \mathcal{L}(I)$ が可積分であることと $|A|_I < \infty$ が同値．

【証明】　まず積分の単調性から $|Q|_I = I^1(1_Q)$ (Q は可積分) であり，したがって $|Q|_I = |Q|^I$ となることに注意する．集合関数 $|\cdot|^I$ が測度であることは単調収束定理からわかるので，集合関数 $|\cdot|_I$ が加法的かつ連続であることを示そう．

可測集合の分割和について $|A \sqcup B|_I = |A|_I + |B|_I$ を示す．可積分集合 $Q \subset A \sqcup B$ に対して，

$$I^1(1_Q) = I^1(1_{A \cap Q}) + I^1(1_{B \cap Q}) \leq |A|_I + |B|_I$$

より $|A \sqcup B|_I \leq |A|_I + |B|_I$ がわかる．逆に，可積分集合による下からの近似 $Q_A \subset A$, $Q_B \subset B$ を用意し，

$$I^1(1_{Q_A}) + I^1(1_{Q_B}) = I^1(1_{Q_A \sqcup Q_B}) \leq |A \sqcup B|_I$$

で Q_A, Q_B についての上限をとれば，$|A|_I + |B|_I \leq |A \sqcup B|_I$ もわかる．

連続性を示すために，$A_n \uparrow A$ とする．加法的集合関数の単調性から $(|A_n|_I)$ は増加列で $|A_n|_I \leq |A|_I$ を満たし，したがって $\lim |A_n|_I \leq |A|_I$ である．可積

分集合 $Q \subset \Lambda$ による $|A|_I$ の下からの近似において，$A_n \cap Q \uparrow Q$ に単調収束定理を使えば，$|A_n \cap Q|_I \uparrow |Q|_I$ である．これと $|A_n \cap Q|_I \leq |A_n|_I$ を合わせると，$|Q|_I \leq \lim |A_n|_I$ を得るので，逆向きの不等式 $|A|_I \leq \lim |A_n|_I$ も成り立つ．

最後に，$|Q|_I = |Q|^I$（Q は可積分）からの極限移行により，σ 可積分集合の上でも $|\cdot|_I$ と $|\cdot|^I$ は一致する． ■

問 3.10　$|\cdot|^I$ が測度であるところを詳しく述べよ．

定義 3.21　積分系 (L, I) に対して，上の補題における 2 種類の測度 $|\cdot|^I$，$|\cdot|_I$ をそれぞれ**最大 I 測度**，**最小 I 測度**と呼び，最小 I 測度は最小を省略して単に I **測度**ともいう．σ 有限な積分の場合，2 つの測度は一致し，σ 有限であることに注意．ベクトル束 $L = C_c(\mathbb{R}^d)$ 上のリーマン積分から作られる I 測度のことを**ルベーグ測度**（Lebesgue measure）という．ルベーグ測度については，I を省略して $|A|$ のようにも書く．

➤**注意 15**　I 測度が σ 有限であっても，I は σ 有限とは限らない．

例 3.22　直方体 $R \subset \mathbb{R}^d$ のルベーグ測度は，R の d 次元体積に一致する（例 2.19 の言い換え）．

問 3.11　ルベーグ測度は，(i) 平行移動で不変であり，(i) 正則一次変換 T について，$|T(A)| = |\det(T)||A|$ なる変換性を示す．とくに，ルベーグ測度は，ユークリッド空間上の測度を直交座標のとり方によらない形で定める．

例 3.23　関数 $\rho : X \to [0, \infty)$ による重み付き和 $I(f) = \sum_{x \in X} \rho(x) f(x)$ で与えられる $\ell(X)$ 上の積分 I について，可積分集合 A は $\sum_{a \in A} \rho(a) < \infty$ である可算集合として特徴づけられ，σ 可積分集合は可算集合に他ならない．一方，すべての部分集合 B は I 可測であり，その I 測度は $|B|_I = \sum_{b \in B} \rho(b)$ で与えられる．そして，非可算集合については ρ のとり方如何にかかわらず（たとえ $\rho \equiv 0$ であっても）$|B|^I = \infty$ である（問題 3.C）．

例 3.24†

(i) サイコロ投げ空間におけるボレル集合は例 2.4 (iv) の積分に関して可積分であり，例 3.6 で与えた加法的集合関数はボレル集合族の上に拡張される．

(ii) ルベーグ測度は σ 有限であり，例 2.4 (v) で与えた球面における積分からは球面の回転不変な有界測度 [38] が得られる．

補題 3.25 I 測度は次の意味で**完備** [39] (complete) である：$N \in \mathcal{L}(I)$ が $|N|_I = 0$ であれば [40]，N のすべての部分集合が $\mathcal{L}(I)$ に属する．

【証明】 部分集合 $N' \subset N$ に対して，$N' \cap Q \subset N \cap Q$ で $I^1(1_{N \cap Q}) = 0$ となるので，零集合の性質（命題 2.40）から $N' \cap Q$ も零集合である．とくに可積分集合となるので $N' \in \mathcal{L}(I)$ がわかる． ■

定義 3.26 測度空間 $(X, \mathcal{B}, \mu)$ において，$\mathcal{B}$ に属する集合（可測集合）と $\mu(N) = 0$ となる $N \in \mathcal{B}$ の部分集合の和で表わされる集合全体 $\mathcal{B}_\mu$ は再び σ 代数であり，測度 μ を拡張する形で $\mathcal{B}_\mu$ の上の完備な測度（これも μ で表わす）がちょうど一つ定まる（問題 3.D）．$(\mathcal{B}_\mu, \mu)$ を $(\mathcal{B}, \mu)$ の**完備化** (completion) という．

3.3 可測関数と積分

■ A — 測度からの積分

測度空間を少し弱めたものから出発して，ベクトル束とその上の積分を構成しよう．いつものように用語の補充をまず行う．集合 X における集合環 $\mathcal{A} \subset 2^X$ に対して，その上の加法的かつ連続な集合関数 $\mu : \mathcal{A} \to [0, \infty]$ を $\mathcal{A}$ における**前測度** (pre-measure) と呼ぶ．前測度 μ が σ 有限であるとは，$X_n \in \mathcal{A}$ か

---

[38] 球面は多様体でもあるので，微分形式か密度形式の積分と思うのが自然ではある．

[39] 距離空間の完備性とは別物である．原語の complete は「全部満たす」という一般的な意味合いのもの．正則行列と正則グラフが別の概念であるように．

[40] 零集合 N は $|N|_I = 0$ を満たし，σ 有限な I については補題 3.20 より逆も成り立つ．

つ $\mu(X_n) < \infty$ である列を使って，$X = \bigcup X_n$ のように表わされることをいう．ここでも，このような X_n があれば $X_n \uparrow X$ ととれることに注意する．

与えられた集合環 $\mathcal{A}$ に対して，$\mathcal{A}$ に属する集合の指示関数の一次結合を **$\mathcal{A}$ 単純関数** という．$\mathcal{A}$ がわかっているときは，単純関数 [*41] ともいう．前測度 $\mu: \mathcal{A} \to [0, \infty]$ が与えられたとき，$\mu([f \neq 0]) < \infty$ である $\mathcal{A}$ 単純関数 f を **μ 有限** （μ-finite）と呼ぶ（$[f \neq 0] \in \mathcal{A}$ は下の命題からわかる）．

$\mathcal{A}$ 単純関数全体を $L(X, \mathcal{A})$ で表わし，そのうち μ 有限なもの全体を $L(X, \mu)$，正関数からなる部分をそれぞれ $L^+(X, \mathcal{A})$, $L^+(X, \mu)$ と書く．$L(X, \mathcal{A})$ は，紛れがなければ $\mathcal{A}$ あるいは X を省略して，$L(X)$, $L(\mathcal{A})$ のようにも書く．

命題 3.27 $L(X, \mathcal{A})$ および $L(X, \mu)$ は関数の積および絶対値をとる操作について閉じたベクトル束であり，$f \in L(X, \mathcal{A})$ と $Y \subset \mathbb{C} \setminus \{0\}$ に対して，$[f \in Y] \in \mathcal{A}$ となる．

【証明】 $\mathcal{A}$ 単純関数 $f = \sum_{i=1}^m a_i 1_{A_i}$ $(a_i \neq 0)$ で，$A_1, \ldots, A_m$ を $\mathcal{A}$ において細分割することにより，$A_1 \sqcup \cdots \sqcup A_m$ であるとしてよい．実際，$\alpha \subset \{1, \ldots, m\}$ に対して，$A_\alpha = A_1^* \cap \cdots \cap A_m^*$ （A_i^* は $i \in \alpha$ であるか否かに応じて A_i か $X \setminus A_i$ を表わす）とおくと，$A_\alpha \in \mathcal{A}$ $(\alpha \neq \emptyset)$ であり，$X = \bigsqcup A_\alpha$ および $A_i = \bigsqcup_{\alpha \ni i} A_\alpha$ となるから，$f = \sum_i a_i \sum_{\alpha \ni i} 1_{A_\alpha} = \sum_\alpha (\sum_{i \in \alpha} a_i) 1_{A_\alpha}$ において，$\sum_{i \in \alpha} a_i = 0$ である A_α を取り除けばよい．この分割和表示により $|f|$ も $\mathcal{A}$ 単純関数であり，$[f \in Y] = \bigcup_{a_i \in Y} A_i \in \mathcal{A}$ となることが即座にわかる．

次に f を実関数とし，別の $\mathcal{A}$ 単純実関数 g についても

$$g = \sum_{j=1}^n b_j 1_{B_j}, \qquad B_1 \sqcup \cdots \sqcup B_n, \ b_j \neq 0$$

と分割和表示の上 $\bigsqcup_{i,j} A_i \cap B_j$ に注意すると，

$$f + g = \sum_{i,j} (a_i + b_j) 1_{A_i \cap B_j}, \quad fg = \sum_{i,j} a_i b_j 1_{A_i \cap B_j},$$

[*41] 単関数という人も多い．simple の意味にこだわらず，後で出てくる段々近似に合わせて段関数と呼びたい気もする．

$$f \vee g = \sum_{i,j} (a_i \vee b_j) \, 1_{A_i \cap B_j}, \quad f \wedge g = \sum_{i,j} (a_i \wedge b_j) \, 1_{A_i \cap B_j}$$

となるので，$\mathcal{A}$ 単純実関数全体は積で閉じた実ベクトル束である．

また μ 有限な f, g については，細分割表示においても $\mu(A_i) < \infty$，$\mu(B_j) < \infty$ としてよいので，μ 有限な単純実関数全体もやはり積で閉じた実ベクトル束をなす．

最後に $L(X)$ と $L(X, \mu)$ は，これらの複素化として積で閉じたベクトル束である．　∎

さて，$f \in L(X, \mu)$ を $f = \sum_{i=1}^{m} a_i \, 1_{A_i}$ $(\bigsqcup_i A_i,\ \mu(A_i) < \infty)$ と表わして

$$I_\mu(f) = \sum_{i=1}^{m} a_i \, \mu(A_i)$$

とおくと，この値は右辺の表示によらず（細分割を考えよ），積分の不等式 $|I_\mu(f)| \leq I_\mu(|f|)$ を満たし，正汎関数 $I_\mu : L(X, \mu) \to \mathbb{C}$ を定める．

問 3.12　I_μ の定義が意味をもち，正汎関数であることを確かめよ．

補題 3.28　前測度の連続性から I_μ の連続性が従う．すなわち，実関数列 $f_n \in L(X, \mu)$ が $f_n \downarrow 0$ を満たすとき，$I_\mu(f_n) \downarrow 0$ である．

【証明】　どのように小さい $\epsilon > 0$ に対しても，$1_{[f_n \leq \epsilon]} f_n \leq \epsilon 1_{[f_1 > 0]}$ より

$$I_\mu(f_n) = I_\mu(1_{[f_n \leq \epsilon]} f_n) + I_\mu(1_{[f_n > \epsilon]} f_n) \leq \epsilon \mu([f_1 > 0]) + \|f_1\|_\infty \, \mu([f_n > \epsilon])$$

であり，$[f_n > \epsilon] \downarrow \emptyset$ に注意すれば，μ の連続性（命題 3.7 (iv)）から $\lim_{n \to \infty} I_\mu(f_n) \leq \epsilon \mu([f_1 > 0])$ がわかる．　∎

以上により積分系 $(L(X, \mu), I_\mu)$ が得られたので，これのダニエル拡張 $(L^1(X, \mu), I_\mu^1)$ として，μ 可積分関数（I_μ に関する可積分関数をこう呼ぶ）とその積分が意味をもつことになる．前測度 μ に関する積分 I_μ^1 は，

$$\int_X f(x)\,\mu(dx) = \int_X \mu(dx)\,f(x)$$

とも *42 表わされる. また, I_μ 可測の意味で $\boldsymbol{\mu}$ **可測**と称し, 可測集合全体 $\mathcal{L}(I_\mu)$ は $\mathcal{L}_\mu$ と略記し, その上の I_μ 測度を $|A|_\mu$ $(A \in \mathcal{L}_\mu)$ と書くことにする. さらに $A \in \mathcal{L}_\mu$ に対して,

$$\int_A f\mu = \int_A f(x)\,\mu(dx) = \int_X 1_A(x)f(x)\,\mu(dx)$$

という表記も用いる. ただし右辺では, A 上の関数 f の X への自明な拡張を象徴的に $1_A f$ で表わし, これが可積分であることを仮定する.

なお, ルベーグ測度に関する積分については, $\int_A f(x)\,|dx|$ の代わりにリーマン積分の記号を流用して $\int_A f(x)\,dx$ のように書くのが慣例である.

➤**注意 16** $|dx|$ という記号は, 微分形式 $dx_1 \wedge \cdots \wedge dx_d$ に伴う密度形式を表わす記号 $|dx_1 \wedge \cdots \wedge dx_d|$ とも整合するものとなっている.

$\boxed{\textbf{例 3.29}}$ 重み関数 $\rho : X \to [0, \infty)$ の場合に例 3.10 で与えた測度 μ に関する積分 I_μ は, 例 3.23 で与えた積分を拡張し, I_μ 可積分関数 f は, 可算集合で支えられ $\sum_{x \in X} \rho(x)|f(x)| < \infty$ を満たすものとして特徴づけられる. また, X のすべての部分集合は μ 可測となる.

上の例の最後の部分は, 以下のように一般化される.

補題 3.30 可積分集合 $Q \in \mathcal{L}_\mu$ に対して, $\mathcal{A}$ における増大列 (A_n) で $\mu(A_n) < \infty$ かつ $Q \subset \bigcup_{n \geq 1} A_n$ となるものが存在する.

【証明】 可積分関数 1_Q の $L(X, \mu)$ における級数表示 $1_Q \overset{(\varphi_n)}{\simeq} \sum f_n$ を考えると, $x \in Q$ に対して $\sum f_n(x) = 1$ か $\sum \varphi_n(x) = \infty$ のいずれかが成り立つので, 相合わせて $\sum \varphi_n(x) \geq |\sum_n f_n(x)| > 0$ となり, $x \in [\sum \varphi_n > 0] = \bigcup[\varphi_n > 0]$ を得る. そこで, $\mathcal{A}$ における増大列を $A_n = \bigcup_{j=1}^n [\varphi_j > 0]$ で定めれば, $\varphi_j \in L(X, \mu)$

---

*42 数学者好みの前者の他に, くり返し積分や長い式の積分で重宝する後者もよく使われる.

より $\mu(A_n) < \infty$ であり，$Q \subset \bigcup A_n$ が成り立つ. ■

> **系 3.31** $\mathcal{A} \subset \mathcal{L}_\mu$ である.

【証明】 $A \in \mathcal{A}$ に対して成り立つ $A \cap A_n \cap Q \uparrow A \cap Q$ において，$A \cap A_n$ と Q は可積分集合でその共通部分の I_μ 測度が $|A \cap A_n \cap Q|_\mu \leq |Q|_\mu$ のように押えられるので，単調収束定理により $A \cap Q$ も可積分である. ■

次は，Carathéodory, Hopf あるいは Kolmogorov の名前を冠して呼ばれる測度の存在定理であるが，ダニエル積分の立場からは，ことさら強調するまでもなく自然に導かれるものとなっている.

> **定理 3.32** すべての前測度 μ は，その定義域である集合環 $\mathcal{A}$ から生成された σ 代数 $\mathcal{B}$ の上の測度に拡張され，μ が σ 有限であれば，そのような拡張は一つしかない.

【証明】 μ の測度拡張が存在することは，$\mathcal{L}_\mu$ 上の最大 I_μ 測度が μ の拡張であることを示せば十分. 最大 I_μ 測度を $|A|^\mu$ という記号で表わす. $A \in \mathcal{A}$ は，$\mu(A) < \infty$ ならば $|A|^\mu = I_\mu^1(1_A) = I_\mu(1_A) = \mu(A)$ を満たす. そこで $\mu(A) = \infty$ のとき $|A|^\mu = \infty$ を確かめよう. もし $|A|^\mu < \infty$ であれば A が μ 可積分となることから，補題 3.30 を $Q = A$ に適用することで，$\mu(A_n) < \infty$ となる $A_n \in \mathcal{A}$ を用いて $A_n \uparrow A$ のように表わされ，$\mu(A_n) = |A_n|^\mu \leq |A|^\mu$ である. ここで μ の連続性を使うと，$\mu(A) = \lim \mu(A_n) \leq |A|^\mu < \infty$ がわかる. ということで，示すべき主張の対偶が成り立つ.

最後に $\mathcal{B}$ への測度拡張が一つしかないことを確かめる. 他の拡張 ν があったとすると，$L(X, \mu) \subset L(X, \nu)$ のダニエル拡張として $L^1(X, \mu) \subset L^1(X, \nu)$ であり，I_μ^1 は I_ν^1 の $L^1(X, \mu)$ への制限に一致する. さて，$\mu(A) < \infty$ なる $A \in \mathcal{A}$ に対して，$1_{A \cap B} \in L^1(X, \mu)$ $(B \in \mathcal{B})$ である. というのは，$\mathcal{B}_0 = \{B \in \mathcal{B} ; 1_{A \cap B} \in L^1(X, \mu)\}$ とすると，$\mathcal{A} \subset \mathcal{B}_0$ であり，$B, B_n \in \mathcal{B}_0$ に対して，

$$1_{A \cap (\bigcup B_n)} = \bigvee_{n \geq 1} 1_{A \cap B_n} \leq 1_A, \qquad 1_{A \cap (X \setminus B)} = 1_A - 1_{A \cap B}$$

のいずれもが $L^1(X, \mu)$ に属するから（それぞれ，単調収束定理と A が可積分であることを使う），$\mathcal{B}_0$ は $\mathcal{A}$ から生成された σ 代数を含み，結果として $\mathcal{B}$ に一致する.

そこで $1_{A \cap B} \in L^1(X, \mu)$ の積分を経由して,

$$|A \cap B|^\mu = I^1_\mu(1_{A \cap B}) = I^1_\nu(1_{A \cap B}) = I_\nu(1_{A \cap B}) = \nu(A \cap B) \quad (B \in \mathcal{B})$$

が成り立つので，μ が σ 有限であるとき，A を X_n で置き換え $n \to \infty$ とすると，$(X_n \cap B) \uparrow B \in \mathcal{L}_\mu$ となり，測度の連続性から $|B|^\mu = \nu(B)$ がわかる.　∎

➤**注意 17**　最小 I_μ 測度だと，$\mu(A) = \infty$ かつ $|A|_{I_\mu} < \infty$ ということが起こり得る.

上の証明で利用した最大 I_μ 測度による拡張 ν では，当然成り立つ $L(X, \mu) \subset L(X, \nu)$ の他に $L(X, \nu) \subset L^1(X, \mu)$ を満たすことから，$L^1(X, \mu) = L^1(X, \nu)$ のように同一のダニエル拡張を与えるものになっている. そこで以下では，初めから μ は σ 代数上の測度である場合を考え，μ 可積分関数の測度論的記述を与えることにしよう.

■B — 可測関数

一般に，可測空間 $(X, \mathcal{B})$, $(Y, \mathcal{C})$ の間の写像 $\phi : X \to Y$ が**可測** (measurable) であるとは，$C \in \mathcal{C}$ の逆像 $\phi^{-1}(C) = [\phi \in C]$ がいつでも $\mathcal{B}$ に属することをいう. とくに Y として，$\mathbb{R}, \overline{\mathbb{R}}$ あるいは $\mathbb{C}$, $\mathcal{C}$ としてボレル集合族を採用した場合は $\mathcal{B}$ **可測関数** ($\mathcal{B}$-measurable function) という言い方をする. この後で述べる測度論的積分の構成では，この可測関数が中心的な役割を果たす. 定義の仕方から，可測写像（関数）の合成写像（関数）も可測である.

また X, Y が位相空間で $\mathcal{B}, \mathcal{C}$ がボレル集合族のときは，**ボレル可測** (Borel measurable) と称する. とくに，ルベーグ可測集合族に関する可測性は**ルベーグ可測** (Lebesgue measurable) と呼ばれる. $\mathcal{B}(\mathbb{R}^d) \subset \mathcal{L}(\mathbb{R}^d)$（例 3.13）であるから，$\mathbb{R}^d$ 上のボレル可測関数はルベーグ可測であることに注意.

なお，$\mathcal{C}$ がボレル集合族 $\mathcal{B}(Y)$（Y は位相空間）である場合の可測性については，終域の選び方によらない．すなわち，$T \subset Y$ を $\phi(X)$ を含む部分位相空間とするとき，例 3.3 の後の $\mathcal{B}(T) = T \cap \mathcal{B}(Y)$ に注意すれば，$\phi : X \to Y$ が可測であることと $\phi : X \to T$ が可測であることが同値になる．とくにこのとき，ボレル可測写像 $\psi : T \to Z$ との合成 $\psi \circ \phi : X \to Z$ も可測となる．

可測写像 $\phi : X \to Y$ が全射であれば，逆像をとる写像 $\phi^{-1} : \mathcal{C} \to \mathcal{B}$ は σ 代数の埋め込みを引き起こし，さらに全単射かつ $\phi^{-1}(\mathcal{C}) = \mathcal{B}$ であれば，$\mathcal{B}$ と $\mathcal{C}$ の間の同型を与える．このように σ 代数を保つ全単射 $\phi : X \to Y$ が存在するとき，可測空間 $(X, \mathcal{B})$ と $(Y, \mathcal{C})$ は**可測同型**（measurably isomorphic）であるという．

可測写像 $\phi : X \to Y$ を使って，$(X, \mathcal{B})$ 上の測度 μ から $(Y, \mathcal{C})$ 上の測度 ν を $\nu(C) = \mu(\phi^{-1}(C))$ により定めることができる．これを $\nu = \phi_* \mu$ と書いて，μ の ϕ による**押し出し**（push forward）と呼ぶ．

確率測度空間の場合，可測関数は**確率変数** [*43]（random variable）とも呼ばれ，可積分な確率変数 ξ の測度に関する積分（命題 3.44 と定理 3.50 も参照）を**期待値**（expectation）あるいは**平均値**（mean）と称し，$\langle \xi \rangle$ のようにも書く．

> **補題 3.33** $\mathcal{C}$ の部分集団 $\mathcal{C}_0 \subset \mathcal{C}$ が生成する σ 代数が $\mathcal{C}$ に一致するとき，$\phi^{-1}(\mathcal{C}_0) \subset \mathcal{B}$ となる $\phi : X \to Y$ は可測である．

【証明】 実際，$\mathcal{C}' = \{C \subset Y \, ; \, \phi^{-1}(C) \in \mathcal{B}\}$ とおくとき，ϕ の逆像をとる集合間の対応を写像 $\phi^{-1} : 2^Y \to 2^X$ と思ったものが補集合，和集合と共通部分をとる操作を保つ．このことから $\mathcal{C}'$ が $\mathcal{C}_0$ を含む σ 代数であるとわかり，したがって $\mathcal{C} \subset \mathcal{C}'$ が成り立つからである． ∎

> **系 3.34** 可測空間 $(X, \mathcal{B})$ が与えられたとき，関数 $f : X \to \overline{\mathbb{R}}$ についての以下の 4 条件は同値である．

[*43] 関数なのに変数とはこれ如何に．これは，関数を点と思う関数解析的な見方と軌を一にするもので，幾何学でいうところの座標系が関数の組であることを思い起こし，納得する．

(i) f は $\mathcal{B}$ 可測である.

(ii) どの実数 a についても $[f < a] \in \mathcal{B}$ である.

(iii) どの実数 a についても $[f \le a] \in \mathcal{B}$ である.

(iv) どの実数 a についても $[f > a] \in \mathcal{B}$ である.

(v) どの実数 a についても $[f \ge a] \in \mathcal{B}$ である.

【証明】 (ii) 半開区間 $[-\infty, a)$ 全体, (iii) 半閉区間 $[-\infty, a]$ 全体, (iii) 半開区間 $(a, \infty]$ 全体, (iv) 半閉区間 $[a, \infty]$ 全体は, 補集合あるいは可算和（可算共通部分）をとる操作によりすべての区間を作り出せ, その結果, 同一の σ 代数 $\mathcal{B}(\overline{\mathbb{R}})$ を生成することによる. ■

例 3.35 位相空間 X（例えば $\mathbb{R}^d$ の開集合・閉集合）から位相空間 Y（とくに $Y = \mathbb{C}$ あるいは $Y = [-\infty, \infty]$）への写像 ϕ について, X を覆うボレル集合列 (B_n) で ϕ の B_n への制限が連続となるものがあれば, ϕ はボレル可測である. とくに X 全体で連続な複素関数はボレル可測である.

というのは, 開集合 $V \subset Y$ に対して, $\phi|_{B_n}$ の連続性により, $\phi^{-1}(V) \cap B_n$ が X の開集合 U_n と B_n との共通部分として表わされ,

$$\phi^{-1}(V) = \bigcup_{n \ge 1} \phi^{-1}(V) \cap B_n = \bigcup_{n \ge 1} U_n \cap B_n$$

が X のボレル集合となるから.

具体的な積分で出会う関数・写像は, 事実上この形であると言ってよい. 例えば, $\mathbb{R}^d$ の連続関数に開集合または閉集合の指示関数を掛けたものはボレル可測（したがってルベーグ可測）である.

問 3.13 開区間 (a, b) 上の単調な実関数はボレル可測である.

命題 3.36 可測空間 $(X, \mathcal{B})$ に対して, $f : X \ni x \mapsto (f_1(x), \dots, f_d(x)) \in \mathbb{R}^d$ が $(X, \mathcal{B})$ から $(\mathbb{R}^d, \mathcal{B}(\mathbb{R}^d))$ への写像として可測であることと $f_1, \dots, f_d$

> が $\mathcal{B}$ 可測関数であることは同値. とくに, 複素関数 f が $\mathcal{B}$ 可測であるこ
> とと, その実部・虚部いずれもが $\mathcal{B}$ 可測であることは同値.

問 3.14　命題を確かめよ.

問 3.15[†]　位相空間の間の連続写像 $\phi : X \to Y$ はボレル可測であり, X が σ コンパクトであれば, ϕ の像 $\phi(X)$ は Y のボレル集合である. この結果, X におけるボレル測度 μ の押し出し $\phi_*\mu$ は, ボレル集合 $\phi(X)$ により支えられている. 問 8.2 も参照.

　ここで, 可測関数の基本的な性質を確かめておこう.

命題 3.37　$\mathcal{B}$ 可測関数について, 以下のことが成り立つ.
  (i) 関数のとる値の範囲にかかわらず, $\mathcal{B}$ 可測関数列の極限関数は再び $\mathcal{B}$ 可測である.
  (ii) 関数のとる値の範囲にかかわらず, $\mathcal{B}$ 可測関数 f と正数 $r > 0$ に対して, $|f|^r : X \ni x \mapsto |f(x)|^r \in [0, \infty]$ も $\mathcal{B}$ 可測である.
  (iii) $\mathcal{B}$ 可測な複素関数全体は, 各点ごとの積で閉じたベクトル束をなす.
  (iv) $\mathcal{B}$ 可測関数 $f : X \to \mathbb{C}$ が $f(x) \neq 0$ $(x \in X)$ であれば, 逆数関数 $1/f$ も $\mathcal{B}$ 可測である.

【証明】　(i) 可測な拡大実関数列 (g_n) について, 関数 $\sup\{g_n(x) \, ; \, n \geq 1\}$ を $\bigvee_{n=1}^{\infty} g_n$ と書くなどするとき, $[\bigvee_{n=1}^{\infty} g_n > \lambda] = \bigcup [g_n > \lambda]$ および $[\bigwedge_{n=1}^{\infty} g_n \geq \lambda] = \bigcap [g_n \geq \lambda]$ から $\bigvee g_n$ と $\bigwedge g_n$ が可測となり, $\limsup_{n \to \infty} g_n = \bigwedge_{n \geq 1} (\bigvee_{k \geq n} g_k)$ より $\lim g_n$ の可測性もわかる. 複素関数列の場合は, 命題 3.36 により, 実関数列の場合に帰着する.

　(ii), (iii), (iv) はすべて可測写像 $F : (X, \mathcal{B}) \to (T, \mathcal{B}(T))$ と連続関数 $G : T \to Z$ との合成として $\mathcal{B}$ 可測である. ($G \circ F$ が可測であることは, 開集合 $U \subset Z$ の連続関数による逆像 $G^{-1}(U)$ が T の開集合として $\mathcal{B}(T)$ に属し, 可測写像 F によるその逆像が $(G \circ F)^{-1}(U) = F^{-1}(G^{-1}(U)) \in \mathcal{B}$ となるので, 補題

3.33 からわかる.）(iii) における和と積であれば，可測関数 $f, g : X \to \mathbb{C}$ を並べた $F = (f, g) : X \to \mathbb{C}^2$ が命題 3.36 により可測写像となるので，それと（ボレル可測である）連続関数 $\mathbb{C}^2 \ni (z, w) \mapsto z + w, zw \in \mathbb{C}$ との合成として，$f + g$ と fg が $\mathcal{B}$ 可測となる．また (iv) であれば，$f : X \to \mathbb{C} \setminus \{0\}$ と連続関数 $\mathbb{C} \setminus \{0\} \ni z \mapsto 1/z \in \mathbb{C}$ との合成として，$1/f$ は $\mathcal{B}$ 可測である．他の場合についても同様. ∎

➤**注意 18**　ここでは，可測写像を利用した「見える」証明を採用したのであるが，他に可測関数だけを使い $\mathbb{R}$ の可分性に訴えるトリッキーなものもある.

問 3.16　$\mathcal{B}$ 可測関数 $f, g : X \to \overline{\mathbb{R}}$ に対して，$[f < g], [f = g]$ は $\mathcal{B}$ に属する.

問 3.17　$\mathcal{B}$ 可測な拡大実関数列 $(f_n : X \to \overline{\mathbb{R}})_{n \geq 1}$ に対して，$\{x \in X ; \lim_{n \to \infty} f_n(x)$ が存在する $\} \in \mathcal{B}$ である.

命題 3.38[†]　ボレル可測空間 $(\mathbb{R}, \mathcal{B}(\mathbb{R}))$ とサイコロ投げ空間 $(S^{\mathbb{N}}, \mathcal{B}(S^{\mathbb{N}}))$（例 3.5）は可測空間として同型である.

【証明】　位相空間として $\mathbb{R}$ と開区間 $(0, 1)$ は同型（同相）であることから，$\mathcal{B} = \mathcal{B}(S^{\mathbb{N}})$ と $(0, 1) \cap \mathcal{B}(\mathbb{R})$ の間の同型を引き起こす全単射 $S^{\mathbb{N}} \to (0, 1)$ の存在がわかればよい.

　集合 S を $\{0, 1, \ldots, N - 1\}$ と同一視し，実数 $0 \leq t \leq 1$ の N 進展開を与える連続写像 $\phi : S^{\mathbb{N}} \to [0, 1]$ を考え，$[0, 1]$ に含まれる無理数全体を R とすると，ϕ はその逆像 $\phi^{-1}(R)$ の上で一対一となるので，ϕ^{-1} が集合算を保つことと，$S^{\mathbb{N}}$ における一点集合が $\mathcal{B}$ に属し，循環小数相当の $S^{\mathbb{N}} \setminus \phi^{-1}(R)$ が可算集合であることに注意すれば，可測空間としての直和分解

$$S^{\mathbb{N}} = \phi^{-1}(R) \sqcup \left(S^{\mathbb{N}} \setminus \phi^{-1}(R) \right), \quad [0, 1] = R \sqcup \left([0, 1] \setminus R \right)$$

が得られる．このとき，$\phi^{-1}(R)$ と R が可測空間として同型である.

　実際，$d_1, d_2, \ldots, d_m \in S$ とするとき，$x = (x_k) \in \phi^{-1}(R)$ に対する条件 $x_k =$

d_k $(1 \leq k \leq m)$ は（くり上がりへの配慮の下）

$$N^{-1}d_1 + \cdots + N^{-m}d_m < \phi(x)$$
$$\leq N^{-1}d_1 + \cdots + N^{-m+1}d_{m-1} + N^{-m}(d_m+1)$$

と表わされ，σ 代数 $\phi^{-1}(R) \cap \mathcal{B}$ が，$\phi^{-1}(R) \cap \phi^{-1}((a,b]) = \phi^{-1}(R \cap (a,b])$ $(a,b$ は N 進有限小数）によって生成されるからである.

一方，$(S^{\mathbb{N}} \setminus \phi^{-1}(R)) \cap \mathcal{B}$ は可算無限集合 $S^{\mathbb{N}} \setminus \phi^{-1}(R)$ のべき集合に一致することから，集合としての同値性

$$S^{\mathbb{N}} \setminus \phi^{-1}(R) \cong \mathbb{N} \cong [0,1] \setminus R \cong (0,1) \setminus R$$

が可測空間としての同型を定め，全体として $S^{\mathbb{N}}$ と開区間 $(0,1)$ の間の可測同型を引き起こす. ∎

系 3.39[†] $(\mathbb{R}^d, \mathcal{B}(\mathbb{R}^d))$ $(d \geq 1)$ と $(S^{\mathbb{N}}, \mathcal{B})$ $(|S| \geq 2)$ は可測空間としてすべて同型である.

【証明】 可測空間としての同型 $\mathbb{R} \cong \{0,1\}^{\mathbb{N}}$ $(N=2)$ を使って,

$$\mathbb{R}^d \cong \{0,1\}^{\mathbb{N}} \times \cdots \times \{0,1\}^{\mathbb{N}} \cong S^{\mathbb{N}} \cong \mathbb{R}$$

である. 最後の同型では，命題を直積集合 $S = \{0,1\}^d$ $(N = 2^d)$ の場合に適用した. ∎

➤**注意 19** 実は，離散的でない可分完備距離空間に付随したボレル可測空間はすべて $(\mathbb{R}, \mathcal{B}(\mathbb{R}))$ と可測同型であること（Kuratowski）が知られている. Cohn [18] 8 章と Takesaki [34] の付録参照.

例 3.40[†] 命題 3.38 における同型の実体である連続写像 $\phi : S^{\mathbb{N}} \to [0,1]$ と $[0,1]$ のルベーグ測度との関係について述べておこう. 例 3.6 における前測度を例 3.24 (i) によりボレル測度に拡張したものを μ で表わす. 最初に，S 上の確率分布 (p_j) が一点に集中するという特殊な場合を除いて，$S^{\mathbb{N}}$ における一点集

合の測度 μ による値が 0 であることに注意する.

さて，例と命題の証明における記号を使うと，$X(d_1, \ldots, d_m)$ と

$$\phi^{-1}([N^{-1}d_1 + \cdots + N^{-m}d_m, N^{-1}d_1 + \cdots + N^{-m+1}d_{m-1} + N^{-m}(d_m + 1)])$$

との違いは零集合であり，$\mu(X(d_1, \ldots, d_m)) = p_{d_1} \cdots p_{d_m}$ となることから，これが区間の長さ N^{-m} に一致することと $p_0 = p_1 = \cdots = p_{N-1} = 1/N$ であることが同値. したがって，状態空間 S における確率分布が一様な場合の μ は，ϕ を通じて $[0,1]$ におけるルベーグ測度に（零集合の違いを除いて）一致することがわかる.

とくに $N = 3$ の場合，ϕ の $\{0,2\}^{\mathbb{N}} \subset S^{\mathbb{N}}$ への制限が単射でその像がカントル集合 $C_{1/3}$ であることから，ϕ がコンパクト集合 $\{0,2\}^{\mathbb{N}}$ と $C_{1/3}$ との間の同相写像を与え，この対応の下，$C_{1/3}$ のルベーグ測度は，$N = 3$ サイコロ投げ空間のなかで，2 種類の結果のみが起こる確率を表わす. このことからも零集合であることが $|C_{1/3}| = \lim_{n \to \infty} (2/3)^n = 0$ のようにわかる.

■C ── 段々近似

さて，測度 μ に関する積分 I_μ のダニエル拡張において，可測関数を用いた測度論的記述を与える際に役立つのが，値域分割による単純関数近似である.

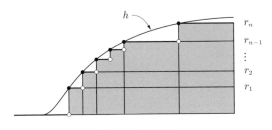

図13　段々近似

関数 $h : X \to [0,\infty]$ と区間 $(0,\infty)$ の有限分点集合 $\varrho = \{r_1 < \cdots < r_n\}$ に対して，値域分割による h の近似関数（**段々近似**）を

$$h_\varrho = \sum_{j=1}^{n-1} r_j 1_{[r_j \leq h < r_{j+1}]} + r_n 1_{[r_n \leq h]}$$

で定め,

$$|\varrho| = r_1 \vee (r_2 - r_1) \vee \cdots \vee (r_n - r_{n-1}) \vee (1/r_n)$$

とする. また, 細分としての順序により分点集合全体を有向集合とみなす.

段々近似について, すぐにわかる性質を補題と系にまとめ置くと,

補題 3.41

(i) $0 \leq g \leq h$ であれば, $g_\varrho \leq h_\varrho$ となる.

(ii) $0 \leq h_\varrho \leq h$ であり, 細分点集合 $\varrho' = \{r'_1 < \cdots < r'_{n'}\} \supset \varrho$ は $h_\varrho \leq h_{\varrho'}$ および $|\varrho'| \leq |\varrho|$ を満たす. とくに $\lim_{\varrho \to \infty} |\varrho| = 0$, すなわち, $\forall \epsilon > 0$, $\exists \varrho, \varrho' \supset \varrho \Longrightarrow |\varrho'| \leq \epsilon$ である.

(iii) $|\varrho| \to 0$ のとき, すなわち $r_n \to \infty$ かつ小区間の分割幅が 0 に近づくとき, h_ϱ は h に次の意味で一様収束する.

$$\forall \epsilon > 0, |\varrho| \leq \epsilon \Longrightarrow h(x) - h_\varrho(x) \leq \epsilon \; (h(x) \leq r_n)$$
$$\text{あるいは } h_\varrho(x) > 1/\epsilon \; (h(x) > r_n).$$

【証明】 (i) $h_\varrho(x) \geq r_j \iff h(x) \geq r_j$ であるから,

$$g_\varrho(x) \geq r_j \iff g(x) \geq r_j \Longrightarrow h(x) \geq r_j \iff h_\varrho(x) \geq r_j$$

となり, これと g_ϱ, h_ϱ のとる値が $\varrho \cup \{0\}$ に含まれることからわかる.

(ii), (iii) も自ずと明らか. ■

系 3.42 測度空間 $(X, \mathcal{B}, \mu)$ 上の $\mathcal{B}$ 可測関数 $h : X \to [0, \infty]$ に対して, 単純関数の増加列 $h_n \in L^+(X)$ で $h_n \uparrow h$ となるものがある. μ が σ 有限であれば, h_n は $L^+(X, \mu)$ からとることができる.

【証明】 分点集合の増大列 ϱ_n を $|\varrho_n| \to 0$ であるようにとり, $h_n = h_{\varrho_n}$ とおけば前半がわかる. 後半は, $X_n \uparrow X$ ($X_n \in \mathcal{B}$ は $\mu(X_n) < \infty$ を満たす) と表わすとき, $h_m 1_{X_n} \in L^+(X, \mu)$ であり, $h_m 1_{X_n} \leq h_n 1_{X_n} \leq h$ ($m \leq n$) で極限

$\lim_m \lim_n$ をとると，$h_n 1_{X_n} \uparrow h$ がわかる. ∎

例 3.43 $\varrho_n = (1/2^n, 2/2^n, 3/2^n, \ldots, (2^n n - 1)/2^n, n)$ とすれば，ϱ_n は分点集合の増大列で $|\varrho_n| = 1/n$ を満たし，$h_{\varrho_n} \uparrow h$ が成り立つ.

以上の準備の下，I_μ を μ 有限なものに限定せずに $L^+(X)$ まで広げ，$f = \sum_i a_i 1_{A_i}$ $(a_i \in [0, \infty),\ A_i \in \mathcal{A})$ に対して $I_\mu(f) = \sum_i a_i \mu(A_i) \in [0, \infty]$ と定めると[*44]，これも単純関数の表示によらず，**半線型性** (semi-linearity)

$$I_\mu(f + g) = I_\mu(f) + I_\mu(g), \qquad (f, g \in L^+(X),\ \alpha \in [0, \infty))$$
$$I_\mu(\alpha f) = \alpha I_\mu(f)$$

と単調性 $I_\mu(f) \leq I_\mu(g)$ $(f \leq g,\ f, g \in L^+(X))$ を満たす.

この拡張した I_μ を使い，$\mathcal{B}$ 可測な関数 $h : X \to [0, \infty]$ に対して，

$$\langle h \rangle_\mu = \sup\{I_\mu(f)\,;\, f \leq h,\ f \in L^+(X)\} \in [0, \infty]$$

とおく. 上限の性質と I_μ の単調性から

$$\langle rh \rangle_\mu = r \langle h \rangle_\mu \ (r > 0), \quad \langle h \rangle_\mu \leq \langle h' \rangle_\mu \ (h \leq h')$$

がわかる. さらに $f_\varrho = f$ $(f \in L^+(X),\ \varrho = f(X) \setminus \{0\})$ と補題 3.41 (i) から $\langle f \rangle_\mu = I_\mu(f)$ および

$$\langle h \rangle_\mu = \sup\{I_\mu(h_\varrho)\,;\, \varrho\ は\ (0, \infty)\ の有限分点集合\}$$

もわかる.

命題 3.44 $\mathcal{B}$ 可測な関数 $h : X \to [0, \infty]$ について，次が成り立つ.

(i) $\langle h \rangle_\mu < \infty$ であることと h が μ 可積分（とくに $[h = \infty]$ は I_μ に関する零集合）であることは同値であり，このとき $\langle h \rangle_\mu$ は $I_\mu^1(h)$ に一致し，h の段々近似 h_ϱ は $L^+(X, \mu)$ に属する.

[*44] $a_i = 0$ となる項については，$\mu(A_i) = \infty$ であっても $a_i \mu(A_i) = 0$ と理解する. これは $0 1_B$ の積分は $0\mu(B) = 0$ であると言っているだけで何ら不自然ではない.

(ii) $\langle h\rangle_\mu = \lim\limits_{\varrho\to\infty} I_\mu(h_\varrho)$, すなわち, $\forall\epsilon>0$, $\exists\varrho$, $\forall\varrho'\supset\varrho$, $\langle h\rangle_\mu - I_\mu(h_{\varrho'}) \le \epsilon$ ($\langle h\rangle_\mu < \infty$ のとき) あるいは $I_\mu(h_{\varrho'}) \ge 1/\epsilon$ ($\langle h\rangle_\mu = \infty$ のとき) が成り立つ.

【証明】 (i) $L^1(X,\mu)$ が切り落とし条件を満たすこと (補題3.16) に注意し, 押し上げ表示 (補題3.14) $1\wedge(n(h-h\wedge r))\uparrow 1_{[h>r]}$ と不等式 $1_{[h>r]} \le \frac{1}{r}h\ (r>0)$ を使えば, h が可積分であるとき $[h>r]\in\mathcal{B}$ も可積分となり, $\mu([h>r]) \le I_\mu^1(h)/r < \infty$ がわかる. すなわち $h_\varrho\in L^+(X,\mu)$ であり, $I_\mu(h_\varrho)=I_\mu^1(h_\varrho) \le I_\mu^1(h)$ より $\langle h\rangle_\mu \le I_\mu^1(h)$ を得る.

逆に $\langle h\rangle_\mu < \infty$ としよう. $r1_{[h=\infty]} \le h$ より $r\mu([h=\infty]) \le \langle h\rangle_\mu\ (r>0)$ となり $\mu([h=\infty])=0$ である. 分点集合の増大列 (ϱ_k) を $I_\mu(h_{\varrho_k})\uparrow\langle h\rangle_\mu$ かつ $|\varrho_k|\to 0$ であるようにとれば, $h_{\varrho_k}\uparrow h$ が成り立つことから, 「ほとんど至るところ版」単調収束定理により h は可積分で, $\langle h\rangle_\mu = \lim I_\mu(h_{\varrho_k}) = I_\mu^1(h)$ がわかる.

(ii) 単調性 $h_\varrho \le h_{\varrho'}\ (\varrho\subset\varrho')$ に注意して, $\langle h\rangle_\mu = \sup\{I_\mu(h_\varrho)\}$ を言い換えるだけである. ∎

系 3.45

(i) $\mathcal{B}$ 可測関数 $f:X\to\mathbb{C}$ と $g\in L^1(X,\mu)$ が不等式 $|f|\le g$ を満たせば, f も可積分.

(ii) $\mathcal{B}$ 可測正関数の増大列 (h_n) の極限関数を h とするとき,

$$\lim_{n\to\infty}\langle h_n\rangle_\mu = \langle h\rangle_\mu$$

が $[0,\infty]$ における等式として成り立つ. とくに $\langle h\rangle_\mu$ は h について半線型である. (減少列については, $\lim\langle h_n\rangle_\mu < \infty$ という条件の下, 成り立つ.)

【証明】 (i) f を実部・虚部そして正負に分解することで $f\ge 0$ としてよく, このときは $\langle f\rangle_\mu \le \langle g\rangle_\mu < \infty$ より f も可積分である.

(ii) $\langle h_n \rangle_\mu \leq \langle h \rangle_\mu$ より $\lim \langle h_n \rangle_\mu < \infty$ の場合が問題であるが,このときは h_n が可積分であることから単調収束定理が適用でき,極限関数 h も可積分で $I_\mu^1(h_n) \uparrow I_\mu^1(h)$ が成り立つ.半線型性は,h_n として単純関数がとれる(系 3.42)ことからわかる. ∎

問 3.18　有界な $\mathcal{B}$ 可測関数 f と $g \in L^1(X, \mu)$ に対して,$fg \in L^1(X, \mu)$ である.

問 3.19　$\langle h \rangle_\mu < \infty$ のとき,$\lim_{|\varrho| \to 0} I_\mu(h_\varrho) = \langle h \rangle_\mu$ である.

問 3.20　可測写像 $\phi : (X, \mathcal{B}) \to (Y, \mathcal{C})$ による $\mathcal{B}$ 上の測度 μ の押し出し $\phi_* \mu$ と $\mathcal{C}$ 可測関数 $h : Y \to [0, \infty]$ に対して,$\langle h \rangle_{\phi_* \mu} = \langle h \circ \phi \rangle_\mu$ である.

定義 3.46　可積分でない $\mathcal{B}$ 可測正関数 h に対しては,その**測度 μ に関する積分**を ∞ と定める.すなわち $\langle h \rangle_\mu$ が有限か否かにかかわらず $\displaystyle\int_X h(x)\,\mu(dx) = \langle h \rangle_\mu$ が成り立つように積分の対象範囲を広げておく.

問 3.21　(Chebyshev)　可測関数 f と正数 $\alpha > 0$, $r > 0$ について,

$$\int_X |f(x)|^\alpha \, \mu(dx) \geq r^\alpha \mu([|f| \geq r]).$$

ここで,変域分割によるダルブー和からの極限表示を与えておこう.$\mathcal{B}$ 可測集合による X の有限分割 $\Delta = (D_j)_{1 \leq j \leq n}$ $(X = \bigsqcup_{j=1}^n D_j)$ に対して,

$$S(f, \Delta) = \sum_{j=1}^n \underline{f}(D_j) \mu(D_j) \in [0, \infty], \quad \underline{f}(D_j) = \inf\{f(x) \, ; \, x \in D_j\}$$

とおく.ただし,$\underline{f}(D_j) = 0$ のときは,$\mu(D_j) = \infty$ であっても $\underline{f}(D_j)\mu(D_j) = 0$ と定める.このような分割全体 $\mathcal{D}$ を,$\Delta \prec \Delta' \iff \Delta'$ は Δ の細分割,により有向集合と考えると,$S(f, \Delta) \leq S(f, \Delta')$ $(\Delta \prec \Delta')$ であり,命題 3.44 の言い換えとして次が成り立つ.

$$\int_X f(x)\,\mu(dx) = \lim_{\Delta \to \infty} S(f, \Delta).$$

かくして，$S(f, \Delta)$ は分割が細かい（D_j が小さい）ほど積分値に近づき，その極限移行を象徴的に

$$\sum_{j=1}^{n} \longrightarrow \int_X, \quad \underline{f}(D_j) \longrightarrow f(x), \quad \mu(D_j) \longrightarrow \mu(dx)$$

と表わしたのが左辺の積分記号の意味 [*45]である.

3.4 測積対応

積分からの測度構成と測度からの積分構成をこれまで見てきた．ここでは，この2つをつないだとき，もとの情報が復元するかどうかについて調べる．結論から言えば，積分も測度も σ 有限なものを扱う限り，零関数・零集合の違いを除いて両者は対応し合うことがわかる．このこと自体は素直にわかる手続きの問題に過ぎないので，各々の好みに従い確かめられて然るべきものではあるが，以下では可積分関数と可測関数の関係をはじめ，σ 有限性の出処の背景も含めてその実態に迫ってみるとしよう.

▓ A —— 積 測 積

最初に，積分・測度・積分の場合を考える．積分系 (L, I) に伴う測度空間を $(\mathcal{L}, \mu)$（$\mathcal{L} = \mathcal{L}(I)$, $\mu = |\cdot|_I$）で，この測度空間に伴う積分系を $(L(X, \mu), I_\mu)$ で表わすとき，それぞれのダニエル拡張である (L^1, I^1) と $(L^1(X, \mu), I_\mu^1)$ の関係が問題である.

これについて，L^1 が切り落とし条件を満たすとき，$L^1 \subset L^1(X, \mu)$ であり，I_μ^1 は I^1 の拡張となることをまず示そう．実際，$0 \le h \in L^1$ に対して $r \wedge h \in L^1$ $(r > 0)$ であるから，押し上げ表示 $1_X \wedge (n(h - h \wedge r)) \uparrow 1_{[h > r]}$ および $r 1_{[h > r]} \le h$ により，$[h > r]$ は可積分となる．したがって，近似単純関数 h_ϱ は $L^1 \cap L(X, \mu)$ の元であり，$h_\varrho \uparrow h$ $(\varrho \to \infty)$ となることから，分点集合の増加列 ϱ_n で $|\varrho_n| \to 0$

[*45] この変域分割（縦割り）表示からもわかるように，値域分割（横割り）がルベーグ積分の本質というわけではない.

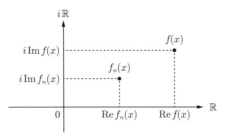

図 14 複素近似

となるものをとり $h_n = h_{\varrho_n}$ とおけば，h は増加関数列 (h_n) の極限関数として $\mathcal{L}$ 可測かつ I_μ 可積分であり，$I^1(h) = \lim I^1(h_n) = \lim I_\mu(h_n) = I_\mu^1(h)$ が成り立つ．

一般の $f \in L^1$ については，f の実部と虚部を正関数の差として標準的に表わし，各正関数を下から近似することで，$f_n \in L^1 \cap L(X, \mu)$ を $|\mathrm{Re}\, f_n| \uparrow |\mathrm{Re}\, f|$，$|\mathrm{Im}\, f_n| \uparrow |\mathrm{Im}\, f|$ かつ $\lim f_n = f$ であるように選べるので，f が $L^1(X, \mu)$ に属する $\mathcal{L}$ 可測関数であり，$I^1(f) = I_\mu^1(f)$ を満たす．さらに，$|f_n| \in L^1 \cap L(X, \mu)^+$ かつ $|f_n| \uparrow |f|$ であることから，積分の不等式 $|I_\mu(f_n)| \leq I_\mu(|f_n|)$ と押え込み関数 $|f_n| \leq |\mathrm{Re}\, f| + |\mathrm{Im}\, f|$ による収束定理を使って，$|f| \in L^1$ および $|I^1(f)| = \lim |I_\mu(f_n)| \leq \lim I_\mu(|f_n|) = I^1(|f|)$ がわかる．したがって命題 2.47 により，L^1 はノルム $I^1(|f|)$ に関して完備である．また，$L(X, \mu)$ が絶対値関数で閉じているので $L^1(X, \mu)$ はノルム $I_\mu^1(|f|)$ に関して完備である．

次に，$L(X, \mu)$ の素となる可測集合 $A \in \mathcal{L}(I)$ の測度有限性

$$|A|_I = \sup\{|Q|_I \; ; \; Q \text{ は } A \text{ に含まれる } I \text{ 可積分集合}\} < \infty$$

は，可積分集合の増大列 $Q_n \subset A$ で $|Q_n|_I \uparrow |A|_I$ となるものの存在を意味するので，単調収束定理により $A' = \bigcup Q_n \subset A$ は可積分集合で $|A|_I = |A'|_I$ を満たす．以上のとり直しを単純関数にまで広げると，$f \in L(X, \mu)$ に対して，$I_\mu(|f - g|) = 0$ となる $g \in L^1 \cap L(X, \mu)$ の存在がわかる．そこで，$f \in L^1(X, \mu)$ に対して，f にノルム収束する関数列 $f_n \in L(X, \mu)$ を用意し，それを積分論的に同値な関数列 $g_n \in L^1 \cap L(X, \mu)$ でとり直せば，

$$I^1(|g_m - g_n|) = I_\mu^1(|g_m - g_n|) = I_\mu^1(|f_m - f_n|) \to 0 \quad (m, n \to \infty)$$

のように (g_n) は L^1 におけるコーシー列となり，L^1 の完備性から $g \in L^1$ で $\lim I^1(|g_n - g|) = 0$ を満たすものがある．ここで，すでに確かめた $I_\mu^1|_{L^1} = I^1$ を使うと，$\lim I_\mu^1(|g_n - g|) = \lim I^1(|g_n - g|) = 0$ が成り立ち，その結果，

$$I_\mu^1(|f - g|) = \lim I_\mu^1(|f - g_n|) = \lim I_\mu^1(|f - f_n|) = 0$$

となり，$f \in L^1(X, \mu)$ と $g \in L^1$ の違いは I_μ^1 零関数であるとわかる．

　この2つの積分 I, I_μ に関する零関数の違いであるが，I が σ 有限であれば解消する．実際このとき，I 可測集合 A が σ 可積分となる（命題 3.19）ので，$\mu(A) < \infty$ であれば，単調収束定理により A は可積分となり，$L(X, \mu) \subset L^1$ が成り立つからである．命題 3.44 も踏まえてまとめると，

定理 3.47　積分系 (L, I) で L^1 が切り落とし条件を満たすものについて，以下が成り立つ．

(i) I 可測集合上の I 測度を μ で表わせば，I_μ^1 は I^1 の拡張であり，その差は I_μ^1 零関数の違いだけである．

(ii) I 可積分関数 f は $\mathcal{L}(I)$ 可測であり，$|f|$ も I 可積分で，積分の不等式 $|I^1(f)| \le I^1(|f|)$ を満たす．

(iii) L^1 はノルム $\|f\| = I^1(|f|)$ に関してバナッハ空間である．

　なお，L^1 についての切り落とし条件は，(1) L が切り落とし条件を満たす（補題 3.16）か，(2) I が σ 有限である（問 3.9）か，のいずれかから従い，とくに (2) の場合は，$L^1 = L^1(X, \mu)$ が成り立つ．

系 3.48　定理における前提の下，μ を最大 I 測度とすれば，複素関数 f が I 可積分であることと，f が $\mathcal{L}(I)$ 可測かつ $\langle |f| \rangle_\mu < \infty$ となることが同値．とくに，$\mathbb{R}^d$ 上のルベーグ可積分関数は，ルベーグ可測関数 $f : \mathbb{R}^d \to \mathbb{C}$ で $\int_{\mathbb{R}^d} |f(x)| \, dx < \infty$ となるものに一致する．

問 3.22†　滑らかな変数変換により，ルベーグ可測集合がルベーグ可測集合に

うつされる．とくに，多様体におけるルベーグ可測性が意味をもつ．

■ B ― 測 積 測

　今度は，与えられた測度空間 $(X, \mathcal{B}, \mu)$ から出発し，積分系 $(L(X, \mu), I_\mu)$ を経由して得られる I_μ 測度ともとの μ との関係を調べよう．ここでは，それぞれの測度の定義域である $\mathcal{B}$ と $\mathcal{L}_\mu = \mathcal{L}(I_\mu)$ という 2 つの σ 代数がかかわることになり，それに応じて可測関数も 2 種類のものが考えられる．この 2 つの測度であるが，完備であるか否かという点以外に，I_μ 測度の方はその作り方から

$$|A|_{I_\mu} = \sup\{|A'|_{I_\mu} \,;\, A' \subset A,\ A' \in \mathcal{L}_\mu,\ |A'|_{I_\mu} < \infty\} \quad (A \in \mathcal{L}_\mu)$$

という有限近似性をもつ一方で，μ の方はそれが一切不問である．そして，I_μ の定義で必要となる μ の情報は測度が有限なものについてだけでよく，測度無限大の（σ 有限でない）集合の制御がなされていない，といった違いがある．

問 3.23　σ 有限な測度は有限近似性をもつ．

> **命題 3.49**　有限近似性は，見かけ上それよりも弱い性質である**半有限性**（semi-finiteness）「$\mu(B) = \infty$ となる $B \in \mathcal{B}$ に対して，$A \subset B$ かつ $0 < \mu(A) < \infty$ となる $A \in \mathcal{B}$ が存在する」と同値である．

【証明】　半有限である μ が有限近似性をもつことを示そう．$\mu_0(B) = \sup\{\mu(A) \,;\, A \subset B,\ \mu(A) < \infty\}$ $(B \in \mathcal{B})$ とおくと，$\mu(B) < \infty$ であれば $\mu_0(B) = \mu(B)$ である．そこで，$\mu(B) = \infty$ かつ $\mu_0(B) < \infty$ となる $B \in \mathcal{B}$ があるとして，矛盾を導く．

　仮定から，可測集合の増大列 $A_n \uparrow A \subset B$ で，$\mu(A) = \mu_0(B) < \infty$ となるものがとれるので，$\mu(B) = \mu(A) + \mu(B \setminus A)$ より，$\mu(B \setminus A) = \infty$ が成り立つ．したがって，μ が半有限であることから，$0 < \mu(C) < \infty$ となる $(B \setminus A) \supset C \in \mathcal{B}$ が存在し，$\mu_0(B) = \mu(A) < \mu(A) + \mu(C) = \mu(A \sqcup C) < \infty$ という $\mu_0(B)$ の上限性に反する不等式が導かれた．　∎

そこで μ が半有限であるという仮定の下，$\mathcal{L}_\mu$ は $\mathcal{B}$ の μ に関する完備化 $\mathcal{B}_\mu$ を含み，さらに μ が σ 有限であれば $\mathcal{B}_\mu$ に一致する，といったことをこれから確かめていこう．

その I_μ 可積分関数あるいは可積分集合と測度 μ との関係であるが，$\mu(B) < \infty$ となる $B \in \mathcal{B}$ は当然のことながら I_μ 可積分であり $\mu(B) = I_\mu^1(1_B)$ を満たす．逆が成り立つかどうかを調べるために，可積分関数 $f \in L^1(X, \mu)$ に対してその級数表示 $f \overset{(\varphi_n)}{\simeq} \sum f_n$ を用意すると，$\sum \varphi_n$ は $\sum_{k=1}^n \varphi_k \in L(X, \mu)$ の極限関数として $\mathcal{B}$ 可測であり，とくに $N = [\sum \varphi_n = \infty]$ とおくと $N \in \mathcal{B}$ である．したがって，$\mathcal{B}$ 可測関数 $g = (1 - 1_N)f = \sum(1 - 1_N)f_n$ と f は $X \setminus N$ の上で一致する．

ここで $\mu(N) = 0$ を確かめる．実際，$r > 0$ に対して成り立つ不等式 $\varphi_1 + \cdots + \varphi_n \geq r1_{[\varphi_1 + \cdots + \varphi_n > r]}$ に I_μ を施した

$$\sum_k I_\mu(\varphi_k) \geq I_\mu(\varphi_1 + \cdots + \varphi_n) \geq r\mu([\varphi_1 + \cdots + \varphi_n > r])$$

で極限 $n \to \infty$ をとれば，$[\varphi_1 + \cdots + \varphi_n > r] \uparrow [\sum_k \varphi_k > r]$（等号を入れぬ細やかさ）と μ の連続性により，

$$\sum_{k=1}^\infty I_\mu(\varphi_k) \geq r\mu\left(\left[\sum_{k=1}^\infty \varphi_k > r\right]\right) \geq r\mu\left(\left[\sum_{k=1}^\infty \varphi_k = \infty\right]\right) = r\mu(N)$$

を得る．これがどのような $r > 0$ についても成り立つから，$\mu(N) = 0$ でなければならない．

以上のことを $f = 1_Q$（Q は I_μ 可積分）に適用し $Q' = Q \setminus N \subset Q \subset Q'' = Q' \cup N$ とおけば，$g = 1_{Q'}$ が $\mathcal{B}$ 可測関数であることから $Q', Q'' \in \mathcal{B}$ であり，g と $\sum_n f_n$ が $X \setminus N$ の上で一致することから $1_{Q'} \leq \sum \varphi_n$ がわかる．ここで可測集合の増大列を $F_n \equiv [\varphi_1 + \cdots + \varphi_n \neq 0] \in \mathcal{B}$ で定めると，$\varphi_1 + \cdots + \varphi_n \in L(X, \mu)$ より $\mu(Q' \cap F_n) \leq \mu(F_n) < \infty$ である．一方 $\sum_{k \geq 1} \varphi_k(a) \geq 1$（$a \in Q'$）から $Q' \subset \bigcup F_n$ であり $Q' \cap F_n \uparrow Q'$ が成り立つので，$1_{Q' \cap F_n} \uparrow 1_{Q'}$ に単調収束定理を適用し μ の連続性を使えば，

$$\mu(Q'') = \mu(Q') = \lim \mu(Q' \cap F_n) = \lim I_\mu(1_{Q' \cap F_n})$$
$$= \lim I_\mu^1(1_{Q' \cap F_n}) = I_\mu^1(1_{Q'}) = I_\mu^1(1_Q) < \infty.$$

ここまでのまとめとして，一般の μ について以下が確かめられた．

(i) 部分集合 Q が可積分であることと，$Q' \subset Q \subset Q''$ かつ $\mu(Q') = \mu(Q'') < \infty$ となる $Q', Q'' \in \mathcal{B}$ が存在することは同値で，このとき $I_\mu^1(1_Q) = I_\mu^1(1_{Q'}) = I_\mu(1_{Q'}) = \mu(Q') = \mu(Q'')$ が成り立つ．

(ii) とくに，$B \in \mathcal{B}$ が可積分であることと $\mu(B) < \infty$ は同値であり，零集合は，$\mu(A) = 0$ である $A \in \mathcal{B}$ $(A = Q'')$ の部分集合に等しい．

(iii) I_μ 可積分関数は，可積分な $\mathcal{B}$ 可測関数と零関数の和で表わされる．

最後に，I_μ 可測集合全体 $\mathcal{L}_\mu$ と測度 μ の定義域である $\mathcal{B}$ との関係であるが，可積分集合と測度有限集合の上では完全にわかっている．残るは可積分でない I_μ 可測集合と $\{B \in \mathcal{B} \,;\, \mu(B) = \infty\}$ との関係である．

まず，$\mathcal{L}_\mu$ の定義と上で与えた可積分集合の記述の仕方から $\mathcal{B} \subset \mathcal{L}_\mu$ となる．そして $B \in \mathcal{B}$ については，$\mu(B) < \infty \iff |B|^{I_\mu} < \infty$ であり，このとき $\mu(B) = |B|^{I_\mu}$ が成り立つことに注意する．

このことから，μ が有限近似性（半有限性）をもてば，$B \in \mathcal{B}$ に対して

$$\mu(B) = \sup\{\mu(A) \,;\, A \subset B, \ \mu(A) < \infty\}$$
$$= \sup\{I_\mu(1_Q) \,;\, Q \subset B, \ I_\mu^1(1_Q) < \infty\} = |B|_{I_\mu}$$

のように一致し，I_μ 測度は μ の拡張であることがわかる．さらに I_μ 測度が完備であることから，$\mathcal{L}_\mu$ は $\mathcal{B}$ の μ に関する完備化 $\mathcal{B}_\mu$ を含み，μ の完備化の拡張になっている．有限近似性をもつ場合に言えるのはここまでであるが，μ がさらに σ 有限であれば，$X_n \uparrow X$ なる可積分集合列 (X_n) に対して，I_μ 可測集合 A は，$A \cap X_n$ の測度が有限であることから $\mathcal{B}_\mu$ に属し，$A \cap X_n$ の列極限として $A \in \mathcal{B}_\mu$ が成り立つので，両者は完全に一致する．

これまでに調べ上げた対応関係を図式で表わすと，

$$(L, I) \quad \longrightarrow \quad (\mathcal{L}, \mu) \quad \longrightarrow \quad L^1(X, \mu) = L^1,$$

$$(X, \mathcal{B}, \mu) \quad \longrightarrow \quad (L(X, \mu), I_\mu) \quad \longrightarrow \quad \mathcal{L}_\mu = \mathcal{B}_\mu$$

のようになり，上段では，I が σ 有限であれば μ も σ 有限であり，最終的に $\mathcal{L}(I_\mu) = \mathcal{L}(I)$ が成り立つ．下段では，μ が σ 有限であれば I_μ も σ 有限となり，$\mathcal{L}(I_\mu)$ が $\mathcal{B}$ の完備化 $\mathcal{B}_\mu$ に一致する．全体のまとめとして，

> **定理 3.50**　測度空間 $(X, \mathcal{B}, \mu)$ について，以下が成り立つ．
> (i) 積分 I_μ に関する零集合は，$\mu(N) = 0$ である $N \in \mathcal{B}$ の部分集合と一致し，可積分関数は，零関数の違いを除いて可積分な $\mathcal{B}$ 可測関数[*46] と一致する（とくに $\mathcal{L}_\mu$ 可測である）．
> (ii) 半有限な μ から作られた I_μ 測度は μ の完備化の拡張であり，μ がさらに σ 有限であれば一致する．

系 3.51　ルベーグ測度は，それをボレル集合族に制限したもの（Borel が扱ったもともとの測度）の完備化に一致する．また，ルベーグ可測関数は，零関数の違いを除いてボレル可測関数に一致する．

【証明】　ルベーグ測度をボレル集合族 $\mathcal{B}(\mathbb{R}^d)$ に限定した測度を μ とすると，定義から $L(X, \mu) \subset L^1(\mathbb{R}^d)$ であり，一方，段々近似により $C_c(\mathbb{R}^d) \subset L^1(X, \mu)$ であるから，それぞれのダニエル拡張をとることで $L^1(\mathbb{R}^d) = L^1(X, \mu)$ となり，ルベーグ測度が I_μ^1 測度に一致する．

そこで，μ が σ 有限であることに注意して定理の (ii) を適用すれば，I_μ 測度であるルベーグ測度が μ の完備化であるとわかる．

後半は，ルベーグ可測関数の段々近似で現れるルベーグ可測集合を前半の結果を使ってボレル集合と零集合の和に分割する．詳しくは問題 3.E にて．　∎

➤ **注意 20**　座標変換がボレル同型を引き起こし零集合を保つ（例 2.42）ので，上の系

[*46] $\mathcal{B}$ 可測な可積分関数については，積分の段々表示が可能である（命題 3.44）ことに注意．

と合わせることでも，多様体におけるルベーグ可測性が意味をもつことがわかる．

問 3.24　積分 $\int_{-\infty}^{\infty} e^{-x^2}\, dx$ などを参考に，単純関数による近似が上（外）からではなく専ら下（内）からの近似によることの理由を実感せよ．

　有限近似性を仮定することは諸々の点から正しい態度で，たとえば可測正関数に対する積分が次のように強化される．

問 3.25†　半有限な測度空間 $(X, \mathcal{B}, \mu)$ において，$\mathcal{B}$ 可測な正関数 h の積分 $\langle h \rangle_\mu$ は $\sup\{I_\mu(g)\,;\, g \in L^+(X, \mu),\, g \le h\}$ に一致する．

■ C — いくつかの実例

　以上見てきた測積対応の応用として，最初にルベーグ積分（測度）の特徴づけを与えておこう．

定理 3.52　$C_c(\mathbb{R}^d)$ 上の積分で，平行移動に関して不変であるものは，リーマン積分の定数倍に限る．

【証明】　平行移動で不変な積分から作られる測度 μ を考え，$C = \mu((0,1] \times \cdots \times (0,1])$ とおく．測度 μ も平行移動に関して不変であるから，$m = 1, 2, \ldots$ に対して，

$$\mu((0, 1/2^m] \times \cdots \times (0, 1/2^m]) = \frac{C}{2^{md}} = C\,|(0, 1/2^m] \times \cdots \times (0, 1/2^m]|$$

となる．したがって，これらの平行移動の分割和で表示される単純関数 f に対して，等式

$$\int f(x)\,\mu(dx) = C \int f(x)\,dx$$

が成り立つ．任意の $g \in C_c(\mathbb{R}^d)$ はそのような単純関数の一様極限（ただし，支えは，極限に依存しない共通の有界集合に含まれるようにして）で書けるので，上の等式は $f \in C_c(\mathbb{R}^d)$ についても成り立つ．　∎

　これまで，ルベーグ可測でない集合（非可測集合）の存在は暗黙裡にあるものとして話をすすめてきたのであるが，それは自明なことではなく，集合論の公理系のとり方とも深くかかわっている．利用する立場としては，形式的にならない範囲で次のような例に納得しておくのが良いように思われる．

例 3.53[†] （Vitali）　$\mathbb{R}$ を加法群と思って，その可算密部分群 T で $\mathbb{Z}$ を含むものを考える．例えば，$T = \mathbb{Q}$ とか $T = \mathbb{Z} + \theta\mathbb{Z}$ $(\theta \notin \mathbb{Q})$ がそういったものである．次に商群 $\mathbb{R}/T$ の代表系 W を $W \subset [0, 1)$ となるようにとってくる．（これは $\mathbb{Z} \subset T$ より可能．ただし選択公理を使う．）

　これが「悪い集合」を与える．仮に W がルベーグ可測であったとすると，

$$|(W + t + \mathbb{Z}) \cap [0, 1)| = |W| \qquad (t \in T)$$

が成り立つ．実際，$n \in \mathbb{Z}$ を $n \leq t < n + 1$ であるように選び，

$$(W + t + \mathbb{Z}) \cap [0, 1)$$
$$= \big((W + t - n - 1) \cap [0, t - n)\big) \sqcup \big((W + t - n) \cap [t - n, 1)\big)$$

のように分割すれば，ルベーグ測度の平行移動不変性により，

$$|(W + t + \mathbb{Z}) \cap [0, 1)|$$
$$= |(W + t - n) \cap [1, t - n + 1)| + |(W + t - n) \cap [t - n, 1)|$$
$$= |(W + t - n) \cap [t - n, t - n + 1)| = |W \cap [0, 1)| = |W|.$$

　一方 $\mathbb{R} = \bigsqcup_{t + \mathbb{Z} \in T/\mathbb{Z}} (W + t + \mathbb{Z})$ と表わされるので，

$$[0, 1) = \bigsqcup_{t + \mathbb{Z} \in T/\mathbb{Z}} (W + t + \mathbb{Z}) \cap [0, 1)$$

より

$$1 = \sum_{t + \mathbb{Z} \in T/\mathbb{Z}} |W|$$

であるが，右辺は 0 または ∞ となり，これはおかしい．

➤**注意 21** ルベーグ可測でない集合は他にもいくつかの構成方法が知られており，中でも Banach–Tarski paradox という名の定理は印象的である．いずれの場合も何らかの形で選択公理が使われていて，逆に選択公理を仮定しなければ，$\mathbb{R}^d$ のすべての部分集合がルベーグ可測であることを要求しても矛盾は生じないという Solovay の結果が知られている．

例 3.54† 上の例で作った非可測集合 $W \subset [0,1)$ を用いて，$W \times \{0\} \subset \mathbb{R}^2$ という零集合を考えると，これはボレル集合にならない．というのは，仮にボレル集合であったとすると，ボレル可測写像 $\phi : \mathbb{R} \ni x \mapsto (x,0) \in \mathbb{R}^2$ の逆像として，$W = \phi^{-1}(W \times \{0\})$ がボレル集合となり，とくにルベーグ可測集合でなければならず，矛盾．

問 3.26† $|A| > 0$ である可測集合 $A \subset \mathbb{R}$ は，ルベーグ非可測集合を含む．

例 3.55† スティルチェス積分から作られた測度を $\mathcal{B}(\mathbb{R})$ に制限して得られるボレル測度 μ は，有界区間の測度が有限（局所有限と呼ぼう）である．逆に，$\mathbb{R}$ における局所有限なボレル測度 μ に対して，与えられた基準点 $r \in \mathbb{R}$ に依存した増加関数 Φ を

$$\Phi(t) = \begin{cases} \mu((r,t]) & (t > r) \\ 0 & (t = r) \\ -\mu((t,r]) & (t < r) \end{cases}$$

で定めると，μ の連続性から Φ は右連続であり，$\Phi(b) - \Phi(a) = \mu((a,b])$ $(a < b)$ がわかる．そこで，Φ に関するスティルチェス積分から作られる測度を $|\cdot|_\Phi$ で表わせば，

$$|(a,b]|_\Phi = \Phi(b+0) - \Phi(a+0) = \Phi(b) - \Phi(a) = \mu((a,b])$$

となり（問題 2.C 参照），μ は $|\cdot|_\Phi$ の $\mathcal{B}(\mathbb{R})$ への制限に一致する．最後の等式を満たす増加関数 Φ は μ の不定積分と呼ばれ，必然的に右連続であり，定数関数の和による違いを除いて一つしかない．かくして，$\mathbb{R}$ における局所有限ボレ

ル測度とスティルチェス積分が対応し合うことがわかる.

　ちなみに μ が有界（とくに確率測度）であれば，$\Phi(t) = \mu((-\infty, t])$ が μ の不定積分を与え，μ の**分布関数**（distribution）と呼ばれる.

　最後に少しだけ確率論の気分を味わっておこう.

定理 3.56[†]（大数の法則）　確率測度空間 (X, μ) において，可積分な確率変数の列 $(\xi_n)_{n \geq 1}$ が以下の条件を満たすとする.　(i) 期待値列 $(\langle \xi_n \rangle)_{n \geq 1}$ のチェザロ平均が収束する.　(ii) 各確率変数の分散 $\sigma_n^2 = \langle (\xi_n - \langle \xi_n \rangle)^2 \rangle$ が有限であり，分散列 $(\sigma_n^2)_{n \geq 1}$ のチェザロ平均は有界である.　(iii) $\langle \xi_k \xi_l \rangle = \langle \xi_k \rangle \langle \xi_l \rangle$ $(k \neq l)$ である.　(iv) 零集合の点を除いて数列 $(\xi_n(x) - \langle \xi_n \rangle)_{n \geq 1}$ は有界である（各点有界）.

　このとき，確率変数列 (ξ_n) のチェザロ平均は定数関数にほとんど至るところ収束する.　すなわち，

$$\lim_{n \to \infty} \frac{\xi_1(x) + \cdots + \xi_n(x)}{n} = \lim_{n \to \infty} \frac{\langle \xi_1 \rangle + \cdots + \langle \xi_n \rangle}{n} \quad (\mu\text{-a.e. } x \in X).$$

【証明】　ξ_n の代わりに $\eta_n = \xi_n - \langle \xi_n \rangle$ を考えることで，$\langle \xi_n \rangle = 0$ としてよい.
$2|\eta_j \eta_k| \leq \eta_j^2 + \eta_k^2$ より $\eta_j \eta_k$ が可積分であることと $\langle \eta_j \eta_k \rangle = \delta_{j,k} \sigma_j^2$ に注意して，

$$\frac{1}{n} \int (\eta_1(x) + \cdots + \eta_n(x))^2 \mu(dx)$$

$$= \frac{1}{n} \sum_{1 \leq j, k \leq n} \int \eta_j(x) \eta_k(x) \, \mu(dx)$$

$$= \frac{\sigma_1^2 + \cdots + \sigma_n^2}{n} \leq \sup_{n \geq 1} \frac{\sigma_1^2 + \cdots + \sigma_n^2}{n} < \infty$$

と評価すれば，

$$\sum_{k=1}^{\infty} \int \left(\frac{\eta_1(x) + \cdots + \eta_{k^2}(x)}{k^2} \right)^2 \mu(dx) < \infty.$$

これから，

$$\sum_{k=1}^{\infty} \frac{1}{k^4}(\eta_1(x) + \cdots + \eta_{k^2}(x))^2 < \infty \quad (\mu\text{-a.e. } x \in X)$$

であり，とくに

$$\lim_{m \to \infty} \frac{\eta_1(x) + \cdots + \eta_{m^2}(x)}{m^2} = 0 \quad (\mu\text{-a.e. } x \in X).$$

最後に一般の $n \geq 1$ については，$m^2 \leq n < (m+1)^2$ なる $m \geq 1$ を用意して，

$$\frac{|\eta_1(x) + \cdots + \eta_n(x)|}{n} \leq \frac{|\eta_1(x) + \cdots + \eta_n(x)|}{m^2}$$

$$\leq \frac{|\eta_1(x) + \cdots + \eta_{m^2}(x)|}{m^2} + \frac{|\eta_{m^2+1}(x)| + \cdots + |\eta_n(x)|}{m^2}$$

$$\leq \frac{|\eta_1(x) + \cdots + \eta_{m^2}(x)|}{m^2} + \frac{|\eta_{m^2+1}(x)| + \cdots + |\eta_{(m+1)^2}(x)|}{m^2}$$

$$\leq \frac{|\eta_1(x) + \cdots + \eta_{m^2}(x)|}{m^2} + \frac{(m+1)^2 - m^2}{m^2} \sup_{k \geq 1} |\eta_k(x)|$$

と評価して $n \to \infty$ $(m \to \infty)$ とすればよい． ∎

➤**注意 22** 大数（たいすう）の法則（the law of large numbers）については，これ以外にも様々なバリエーションがある．なお，意味からも対数との区別からも，「多数の法則」と呼ばぬ不思議．

例 3.57[†] （Borel's normal number theorem） 与えられた自然数 $N \geq 2$ に対して，コンパクト距離空間（サイコロ投げ空間）$X = \{0, 1, \ldots, N-1\}^{\mathbb{N}}$ を考え，確率分布 $(p_j = 1/N)_{0 \leq j \leq N-1}$ に付随した X 上の確率測度を μ とする．例 3.40 により，μ は $[0,1]$ のルベーグ測度に相当するものである．

さて，確率変数 $\xi_k^{(j)} : X \to \{0, 1\}$ $(0 \leq j \leq N-1, k \geq 1)$ を

$$\xi_k^{(j)}(x) = \begin{cases} 1 & (x_k = j) \\ 0 & (x_k \neq j) \end{cases}$$

により定めると，

$$\langle \xi_k^{(j)} \rangle = 1/N, \qquad \langle \xi_k^{(j)} \xi_{k'}^{(j')} \rangle = \begin{cases} \dfrac{1}{N^2} & (k \neq k') \\[2mm] \dfrac{1}{N} & (k = k',\ j = j') \\[2mm] 0 & (k = k',\ j \neq j') \end{cases}$$

であり，これから

$$\langle (\xi_k^{(j)} - 1/N)(\xi_{k'}^{(j')} - 1/N) \rangle = \begin{cases} 0 & (k \neq k') \\[2mm] \dfrac{N-1}{N^2} & (k = k',\ j = j') \\[2mm] -\dfrac{1}{N^2} & (k = k',\ j \neq j') \end{cases}$$

となる．したがって，各 $j \in \{0, 1, \ldots, N-1\}$ について，確率変数列 $(\xi_k^{(j)})_{k \geq 1}$ は，大数の法則のための条件を満たし，

$$\lim_{n \to \infty} \frac{\xi_1^{(j)}(x) + \cdots + \xi_n^{(j)}(x)}{n} = \frac{1}{N} \quad (\mu\text{-a.e. } x \in X).$$

問 3.27[†]　例えば $N = 10$ として，この意味を考えてみよ．

第3章　問題

3.A　X における σ 代数 $\mathcal{A}$ が可算個の部分集合の集まりであれば，X から有限集合 Y への全射 π を使って $\mathcal{A} = \pi^{-1}(2^Y)$ と表わされる．とくに $\mathcal{A}$ は 2^Y と同型である．

3.B　例 3.10 で与えた測度が σ 有限であるための条件を調べよ．また X が可算集合のとき，2^X 上の測度はこの形に限ることを確かめよ．X が非可算であるときはどうか．

3.C　例 3.23 の積分に関する可積分関数を記述し，例の内容を確かめよ．

3.D　測度空間の完備化の手続きを確かめよ.

3.E　σ 代数 $\mathcal{B}$ 上の測度 μ に関する完備化 $\mathcal{B}_\mu$ について, $\mathcal{B}_\mu$ 可測関数は $\mathcal{B}$ 可測関数と零集合を除いたところで一致する.

3.F　可測空間 $(X, \mathcal{A})$ と部分集合 $Y \subset X$ について, 以下が成り立つ.

　(i)　σ 代数 $Y \cap \mathcal{A}$ における分割和 $\bigsqcup B_n$ は $\mathcal{A}$ における分割和 $\bigsqcup A_n$ を使って, $B_n = Y \cap A_n$ と表わされる.

　(ii)　$(Y, Y \cap \mathcal{A})$ 上の可測関数 g は $(X, \mathcal{A})$ 上の可測関数に拡張できる.

　(iii)　$(X, \mathcal{A})$ における測度 μ が Y で支えられるための必要十分条件は, $\mu(A) = 0$ $(A \in \mathcal{A}, A \cap Y = \emptyset)$ となること.

3.G　(Borel–Cantelli)　測度空間 $(X, \mathcal{B}, \mu)$ において, 可測集合列 (A_n) が $\sum \mu(A_n) < \infty$ を満たせば, $\mu(\bigcup_{k \geq n} A_k) \downarrow 0$ $(n \to \infty)$ である.

3.H　σ 代数 $\mathcal{B}$ 上の測度 μ に対して, $\mathcal{Q} = \{Q \in \mathcal{B} ; \mu(Q) < \infty\}$ の上では μ と一致する $\mathcal{B}$ 上の測度の中で最小のものがあり, それは有限近似性をもつ.

3.I　L^1 が切り落とし条件を満たす積分系 (X, L, I) に伴う I 測度を μ で表わす. 複素関数 $f : X \to \mathbb{C}$ が, 条件 (リース式可測性)「L における関数列 (f_n) で $f(x) = \lim f_n(x)$ (μ-a.e. $x \in X$) となるものがある」を満たせば, f は $\mathcal{L}(I)$ 可測であり, σ 有限な I においては, 逆に $\mathcal{L}(I)$ 可測な f はこの条件を満たす.

3.J　$[0, 1]^d$ に含まれる $\mathbb{R}^d$ の閉集合 F で, 内点をもたず, そのルベーグ測度 $|F|$ がいくらでも 1 に近いものが存在する.

3.K　サイコロ投げ空間 $X = S^{\mathbb{N}}$ 上の集合代数 $\mathcal{B}_\infty$ (例 3.5) における分割和 $A = \bigsqcup_{j \geq 1} A_j$ に対して, $J = \{j \geq 1 ; A_j \neq \emptyset\}$ は有限集合である. とくに, $\mathcal{B}_\infty$ 上の加法的集合関数 $\mu : \mathcal{B}_\infty \to [0, \infty]$ は常に連続である.

3.L　集合 X の有限部分集合 F およびその補集合 $X \setminus F$ 全体からなる集合代数 $\mathcal{A} \subset 2^X$ とその上の加法的集合関数 μ に対して, $\rho(x) = \mu(\{x\})$ $(x \in X)$, $\sigma = \sum_{x \in [\rho < \infty]} \rho(x)$ とおくとき, μ が連続となる条件を X の濃度および $\mu([\rho < \infty])$

と σ の違いを用いて表わせ.

3.M $\mathbb{R}$ における開閉区間 $\mathbb{R} \cap (a, b]$ $(a, b \in [-\infty, \infty])$ を考え,有限個の開閉区間の和集合全体の作る集合族を $\mathcal{E}$ で表わす.また,$\mathbb{R}$ の可算密部分集合 D を用意する.このとき,以下が成り立つ.

(i) $\mathcal{E}$ は $\mathbb{R}$ における集合代数であり,$D \cap \mathcal{E} = \{D \cap E \, ; \, E \in \mathcal{E}\}$ は D における集合代数である.

(ii) 対応 $E \longleftrightarrow D \cap E$ により $\mathcal{E}$ と $D \cap \mathcal{E}$ はブール代数として同型.

(iii) 集合関数 $\mu : D \cap \mathcal{E} \to [0, \infty]$ が $\mu(D \cap E) = |E|$ $(E \in \mathcal{E})$ により定められ加法的となるが,連続ではない.

4 ⚿CHAPTER

くり返し積分

【この章の目標】
　多重積分を具体的に計算しようと思えば，くり返し積分に訴えるのが常道である．その際問題になるのが，もとの重積分と同じ結果を与えるものになっているかどうかという点で，ダニエル積分においては，積分の拡張を行う前の段階で正しければそれが拡張後にも引き継がれるという形で成り立つ．このことをより広い枠組みの下で調べてみよう．この章における積分（測度）は σ 有限であるものを扱う．

■A ── パラメータ付き積分
　集合 S 上のベクトル束 L と集合 T 上のベクトル束 M の間の線型写像 $\Lambda : L \to M$ で，

  (i)（正値性）$f \in L^+$ に対して，$\Lambda(f) \in M^+$ であり，
  (ii)（連続性）$f_n \downarrow 0$ $(f_n \in L^+)$ であれば，$\Lambda(f_n) \downarrow 0$

となるものを考えよう．各 $f \in L$ について，$\Lambda(f) \in M$ の $t \in T$ における値を取り出すことで，L 上の積分 λ_t が得られる．逆に，L 上の積分の集まり $(\lambda_t)_{t \in T}$ で，どの $f \in L$ についても，関数 $T \ni t \mapsto \lambda_t(f)$ が M に属するものは，線型写像 $\Lambda : L \to M$ を定め，λ_t の正値性と連続性が Λ についてのそれを保証する．すなわち，(λ_t) は Λ と同等の情報を与える．以下ではとくに断らない限り，λ_t は σ 有限であるとし，対応する σ 有限測度も同じ記号で表わすことにする．また，(λ_t) が Λ に由来することを強調して **Λ 積分**という言い方もする．

　このように積分（測度）の集団を考えることで，くり返し積分に関する諸結果を，積分（測度）の分解，条件付き確率やマルコフ連鎖，さらには積分幾何

にも連なる形で，労することなく手に入れられることを見ていこう．

➤注意 23 $\Lambda : L \to M$ において，M は関数そのものではなく，積分論的同一視による同値類まで許容するのが望ましい．ただそうすると，積分の集まりを取り出すためには，同値類から再び関数を線型に選び出す「持ち上げ」(lifting) の問題が生じる．これは集合の公理系にもかかわるデリケートな問題で，何らかの可算生成性の仮定の下，成り立つものであることが知られている（[14] [17]）．そういった面倒を安直に避けたというのがここでの立場である．

例 4.1 $1_S \in L$ かつ $1_T \in M$ のとき，λ_t がすべての $t \in T$ で確率測度を与えることと $\Lambda(1_S) = 1_T$ であることが同値であり，さらに $(S, L) = (T, M)$ である場合，このような Λ は**マルコフ作用素**（Markov operator）と呼ばれ，対応する確率測度の集まりは**遷移確率**（transition probability）と称される．

とくに，$S = T$ が有限集合で $L = M = \ell(S)$ の場合，(λ_t) は，正数または 0 を成分とした S 上の行列 $(\lambda_s(\delta_t))_{s,t \in S}$ を考えることに他ならない．ここで，$\delta_t \in \ell(X)$ は一点集合 $\{t\}$ の指示関数を表わす．とくに $\Lambda(1_S) = 1_S$ である場合は**確率行列**（stochastic matrix）と呼ばれ，**マルコフ連鎖**（Markov chain）を始めとした広汎な応用をもたらすものとなっている．

積分の集まりが自然に現れる幾何的な例として次を挙げておこう．

例 4.2 平面 $\mathbb{R}^2$ 内の直線を $\ell_{u,\theta} : x \cos \theta + y \sin \theta = u$ のように表示する．ここで，$u \in \mathbb{R}$ であり，角パラメータ $\theta \in \mathbb{R}$ は周期 2π で同一視しておく．$\ell_{u',\theta'} = \ell_{u,\theta} \iff (u', \theta') = (u, \theta)$ または $(u', \theta') = (-u, \theta + \pi)$ であるから，(u, θ) というパラメータは直線を二重に表わしている．パラメータの範囲に制限を加え無駄をなくすことも可能であるが，ここでは表記の煩雑さを避けるために二重表示のままにしておく．

これだけの用意の下，$S = \mathbb{R}^2$，$T = \mathbb{R} \times (\mathbb{R}/2\pi\mathbb{Z})$ 上のベクトル束として $L = C_c(S)$，$M = C_c(T)$ を考え，パラメータ付き積分を直線 ℓ_t の上での通常の積分により

$$\lambda_t(f) = \int_{-\infty}^{\infty} f(u \cos \theta - v \sin \theta, u \sin \theta + v \cos \theta)\, dv, \quad t = (u, \theta)$$

で定め，$\Lambda(f) \in C_c(T)$ を $f \in L$ の**ラドン変換**（Radon transform）と呼ぶ.

　ラドン変換の興味深い点は，もとの関数 f がフーリエ変換と極座標表示を使って $\Lambda(f)$ から復元できるところにあり（問題 4.A），CT（computed tomography）の仕組みを数学的に支えるものとなっている.

問 4.1　$f \in C_c(\mathbb{R}^2)$ のラドン変換が $C_c(T)$ の元であることを確かめよ.

例 4.3　局所コンパクト空間 S から局所コンパクト空間 T への連続な全射 $\pi : S \to T$ を考えると，$S_t = \{s \in S \,;\, \pi(s) = t\}$ は S の閉部分集合として局所コンパクトであり，$\bigsqcup_{t \in T} S_t$ が S の分割和を与える.

　今，$t \in T$ ごとに $C_c(S_t)$ 上の積分 I_t が与えられ，$f \in C_c(S)$ に対して $f|_{S_t} \in C_c(S_t)$ の I_t による積分値 $\lambda_t(f)$ が $t \in T$ について連続であるものとする.

　このとき，$\pi([f]) \subset T$ はコンパクトであり $\lambda_t(f) = 0$ $(t \notin \pi([f]))$ となることから，$(\lambda_t(f)) \in C_c(T)$ がわかり，$L = C_c(S)$, $M = C_c(T)$ に関する Λ 積分を得る．この場合の $\Lambda = (\lambda_t)$ は，分割和の成分である S_t で支えられているという意味で，ファイバー型と呼ばれる.

例 4.4　上の例の具体的なものとして，S を積空間 $\mathbb{R}^2$ の
(i) 閉集合 [*47] $\{(x,y) \,;\, a \le x \le b, \ \varphi(x) \le y \le \psi(x)\}$ あるいは
(ii) 開集合 $\{(x,y) \,;\, a < x < b, \ \varphi(x) < y < \psi(x)\}$,
ただし φ, ψ は $[a,b]$ または (a,b) 上の連続実関数で $\varphi \le \psi$ を満たす，とする．そして $\pi(x,y) = x$ であり，(i) $T = [a,b]$ あるいは (ii) $T = (a,b)$ とおく．λ_x としては閉区間 $[\varphi(x), \psi(x)]$ あるいは開区間 $(\varphi(x), \psi(x))$ 上の通常積分を埋め込み $y \mapsto (x,y) \in \{x\} \times Y$ により S 上にうつしたものを考える．いずれの場合も，積分の集まりは

$$\Lambda(f)(x) = \int_{\varphi(x)}^{\psi(x)} f(x,y)\,dy \qquad (f \in C_c(S))$$

という形で与えられる.

　ここで，上の積分の x についての連続性であるが，(ii) は (i) に帰着するので，

[*47] $a = -\infty$ または $b = \infty$ のときは，$-\infty < x \le b$ または $a \le x < \infty$ に読みかえる.

(i) の場合を示そう. 関数 $f(x, \cdot)$ の定義域が変動すると x への依存度が調べにくいので, S 上の連続関数 f をまず $[a, b] \times [m, M]$ ($m = \min \varphi$, $M = \max \psi$) 上の連続関数 F に拡張しておく. 具体的には,

$$
F(x, y) = \begin{cases}
f(x, \varphi(x)) & (m \leq y \leq \varphi(x)) \\
f(x, y) & (\varphi(x) \leq y \leq \psi(x)) \\
f(x, \psi(x)) & (\psi(x) \leq y \leq M)
\end{cases}
$$

とすればよい. その上で, $x, x' \in [a, b]$ に対して,

$$
\left| \int_{\varphi(x)}^{\psi(x)} f(x, y) \, dy - \int_{\varphi(x')}^{\psi(x')} f(x', y) \, dy \right|
$$
$$
= \left| \int_{\varphi(x)}^{\psi(x)} F(x, y) \, dy - \int_{\varphi(x')}^{\psi(x')} F(x', y) \, dy \right|
$$
$$
\leq \left| \int_{\varphi(x)}^{\psi(x)} (F(x, y) - F(x', y)) \, dy \right|
$$
$$
+ \left| \int_{\varphi(x)}^{\psi(x)} F(x', y) \, dy - \int_{\varphi(x')}^{\psi(x')} F(x', y) \, dy \right|
$$
$$
\leq (M - m) \| F(x, \cdot) - F(x', \cdot) \|_\infty
$$
$$
+ \left(|\psi(x) - \psi(x')| + |\varphi(x) - \varphi(x')| \right) \| F \|_\infty
$$

と評価すれば, 問題 4.B と合わせて x についての連続性がわかる.

例 4.5† 例 4.3 で, $\pi: \mathbb{R}^d \ni x \mapsto |x| \in [0, \infty)$ の場合を考えると, $(\mathbb{R}^d)_r = rS^{d-1}$ であり, 球面積分 (系 2.6) を使って $\lambda_r(f) = \int_{S^{d-1}} f(r\omega) \, d\omega$ とおくと, $(\lambda_r(f)) \in C_c([0, \infty))$ ($f \in C_c(\mathbb{R}^d)$) となり, $\Lambda: C_c(\mathbb{R}^d) \to C_c([0, \infty))$ を得る.

例 4.6 例 4.3 の特殊なものとして, S が局所コンパクト空間 X と局所コンパクト空間 $T = Y$ の直積空間となっていて, $\pi: X \times Y \to Y$ を標準射影とするとき, $C_c(X)$ 上の積分 I_X に対して $\lambda_y(f) = I_X(f(\cdot, y))$ とおけば, $\lambda_y(f)$ が $y \in Y$ について連続であり, 上で述べた状況が得られる. これは, 重積分のくり返し積分表示における内側の積分に相当するものとなっている.

実際，支え $[f] \subset X \times Y$ の X への射影 $C \subset X$ は，コンパクト集合の連続写像による像としてコンパクトとなる（命題 B.7 (ii)）ので，定理 B.13 (Urysohn) により $h \in C_c(X)^+$ で $1_C \leq h$ となるものが存在する．さらに，f を $C \times Y$ 上の連続関数と思うと，コンパクト空間上の連続関数のパラメータ連続性（問題 4.B）により，勝手な $b \in Y$ と $\epsilon > 0$ に対して，$\|f(\cdot, y) - f(\cdot, b)\|_\infty \leq \epsilon$ となるような b の近傍 $V \subset Y$ が存在するので，$|f(x, y) - f(x, b)| \leq \epsilon h(x)$ と評価され，

$$|I_X(f(\cdot, y) - I_X(f(\cdot, b))| \leq \epsilon I_X(h) \quad (y \in V)$$

が成り立ち，$I_X(f(\cdot, y))$ の $y \in Y$ についての連続性が示された．

上の例で与えた直積空間における積分では，もとになる集合に適当な位相が必要であるが，積分の構成そのものは位相の存在とは無関係に可能である．2 つの（σ 有限な）測度空間 $(X, \mathcal{B}_X, \mu_X)$, $(Y, \mathcal{B}_Y, \mu_Y)$ を用意し，それに伴う測度有限な単純関数から作られる積分系を $(L(X, \mu_X), I_X)$, $(L(Y, \mu_Y), I_Y)$ で表わす．そして

$$L(X, \mu_X) \otimes L(Y, \mu_Y) = \left\{ \sum_{j=1}^n f_j \otimes g_j \, ; \, f_j \in L(X, \mu_X), \, g_j \in L(Y, \mu_Y) \right\}$$

とおく．ここで，$f \otimes g : X \times Y \to \mathbb{C}$ は $(f \otimes g)(x, y) = f(x)g(y)$ なる関数を表わす．これは 2 つのベクトル空間 $L(X, \mu_X)$, $L(Y, \mu_Y)$ のテンソル積 *48 (tensor product) と呼ばれるもので，一般のベクトル束 L_X, L_Y についてもそのテンソル積 $L_X \otimes L_Y$ を同じく考えることができる．ただし，こちらはベクトル空間ではあってもベクトル束になるとは限らない．あとの問を見よ．

命題 4.7

(i) $L(X, \mu_X) \otimes L(Y, \mu_Y)$ は $X \times Y$ 上のベクトル束である．

(ii) $f \in L(X, \mu_X) \otimes L(Y, \mu_Y)$ とすると，すべての $x \in X$ に対して $y \mapsto$

---

*48 ベクトル（空間）に対する極めて基本的な操作で，集合の直積に相当するものであるが，その定義が直截的ではないということもあり，授業の形では取り上げられないことが多い．しかし，いつの間にか常識とされる数学概念の典型例．

$f(x, y)$ は $L(Y, \mu_Y)$ に属する関数であり，

$$I_Y(f(x, \cdot)) = \int_Y f(x, y) \, \mu_Y(dy)$$

は x の関数として $L(X, \mu_X)$ に属する．同様のことが X と Y の役割を入れ換えて成り立つ．

(iii) $f \in L(X, \mu_X) \otimes L(Y, \mu_Y)$ に対して，次が成り立つ．

$$\int_X \left(\int_Y f(x, y) \, \mu_Y(dy) \right) \mu_X(dx)$$
$$= \int_Y \left(\int_X f(x, y) \, \mu_X(dx) \right) \mu_Y(dy).$$

(iv) 上のくり返し積分の値を $I(f)$ で表わせば，$I : L(X, \mu_X) \otimes L(Y, \mu_Y) \to \mathbb{C}$ は σ 有限な積分を与える．

このようにして得られる積分の集まり I_X, I_Y を仮に**偏積分** [*49] (partial integration) と呼ぶことにする．直積空間 $X \times Y$ には，X, Y いずれへの射影を考えるかで，2 種類の偏積分が伴う．

問 4.2 上の命題を確かめよ．また $L_X \otimes L_Y$ が束演算で閉じていないベクトル束 L_X, L_Y の例を挙げよ．

■B — くり返し積分の拡張

L と M をつなぐ積分の集まり (λ_t) の他に，M 上にも σ 有限な積分 J が与えられたとし，J 測度を μ で表わす．積分の連続性をくり返すことで，Λ の後に J を施した

$$I(f) = \int_T \mu(dt) \int_S \lambda_t(ds) \, f(s)$$

が L 上の積分を定めることがわかる．これが σ 有限であることを以下では仮定する．（測度によらない扱いやすい状況設定については 7.3 節参照．）

[*49] 意味からすれば部分積分ではあるが，それは別の意味で使われていることもあり，偏微分に合わせて．

例 4.8† 　例 4.5 の球面積分に動径方向の積分 $\mu(h) = \int_0^\infty h(r)r^{d-1}\,dr$ をつなげると，補題 2.5 により $\mathbb{R}^d$ におけるリーマン積分が現れる.

こうして得られたくり返し積分 I のダニエル拡張が，くり返しのプロセスに応じて分解される様子を次に確かめよう. 積分 I に関する可測集合全体を $\mathcal{L}$ とし，$\mathcal{L}$ 上の I 測度を λ と書く. また，λ_t に関する可測集合全体を $\mathcal{L}_t$ とし，λ 有限な $\mathcal{L}$ 単純関数全体を $L(S,\lambda)$ と書く. $\mathcal{L}$ 可測な正関数 h は，$L(S,\lambda)$ における正関数の増大列 (h_n) の極限として表わされ（系 3.42），

$$\int_S h(s)\,\lambda(ds) = \lim_{n\to\infty} \int_S h_n(s)\,\lambda(ds) \in [0,\infty]$$

が意味をもち，h が可積分であることと $\int_S h(s)\,\lambda(ds) < \infty$ が同値であった（命題 3.44 と系 3.45）.

定理 4.9　Λ 積分 $(\lambda_t)_{t\in T}$ と M 上の積分 J，および J 測度 μ について，以下が成り立つ.

(i) 可積分関数 $f \in L^1$ に対して，零集合 $N \subset T$ が存在して，$t \in T \setminus N$ のとき，f は λ_t 可積分であり，

$$\int_S f(s)\lambda_t(ds)$$

は t の関数として μ 可積分となり，次が成り立つ.

$$I^1(f) = \int_T \left(\int_S f(s)\,\lambda_t(ds) \right) \mu(dt).$$

(ii) $\mathcal{L}$ 可測関数 $f : S \to [0,\infty]$ は，ほとんど全ての $t \in T$ について $\mathcal{L}_t$ 可測で，

$$\int_S f(s)\,\lambda_t(ds) \in [0,\infty]$$

は t の関数として μ 可測となり，次が成り立つ.

$$\int_S f(s)\,\lambda(ds) = \int_T \left(\int_S f(s)\,\lambda_t(ds) \right) \mu(dt).$$

> とくに，f が可積分であることとこの値が有限であることが同値.

【証明】　(i) $f \in L^1$ の L における級数表示 $f \overset{(\varphi_n)}{\simeq} \sum f_n$ を用意すると，

$$\sum_n \int_T \mu(dt) \int_S \lambda_t(ds)\varphi_n(s) = \sum_n I(\varphi_n) < \infty$$

である．以下，これをくり返し積分に即して分解していき，その後，押え込み $|f_n| \le \varphi_n$ を利用して f についての積分を下から組み上げていく．

まず定理 2.45 により，ある零集合 $N \subset T$ 以外の $t \in T$ について，$\sum_n \int_S \varphi_n(s)\,\lambda_t(ds)$ は収束級数として μ 可積分関数を定め，次を満たす．

$$\int_T \mu(dt) \sum_n \int_S \lambda_t(ds)\,\varphi_n(s) = \sum_n \int_T \mu(dt) \int_S \lambda_t(ds)\,\varphi_n(s).$$

さらに，$t \in T \setminus N$ のとき $\sum_n \int_S \varphi_n(s)\,\lambda_t(ds) < \infty$ であることから，再び定理 2.45 により $\sum \varphi_n(s) < \infty$ (λ_t-a.e. $s \in S$) であり，$\sum_n \varphi_n(s)$ は λ_t 可積分関数を定め，次が成り立つ．

$$\int_S \sum_n \varphi_n(s)\,\lambda_t(ds) = \sum_n \int_S \varphi_n(s)\,\lambda_t(ds).$$

とくに λ_t に関するほとんど全ての $s \in S$ について $\sum_n |f_n(s)| \le \sum \varphi_n(s) < \infty$ と評価され，また $f(s) = \sum_n f_n(s)$ のように表わされることから，f は λ_t 可積分となり，

$$\lambda_t^1(f) = \int_S f(s)\,\lambda_t(ds) = \sum_n \int_S f_n(s)\,\lambda_t(ds) = \sum_n \lambda_t(f_n) \quad (t \notin N)$$

が成り立つ．そこで，λ_t が σ 有限ゆえ $|f_n|$ は λ_t 可積分（定理 3.47）であり，

$$|\lambda_t(f_n)| \le \lambda_t^1(|f_n|) \le \lambda_t(\varphi_n), \quad \sum_n \int_T \lambda_t(\varphi_n)\,\mu(dt) = \sum_n I(\varphi_n) < \infty$$

および $t \mapsto \lambda_t(f_n)$ が M に属することに注意すれば，$(\lambda_t(\varphi_n))_{n \ge 1}$ を押え込み関数とする関数 $\lambda_t^1(f)$ の級数表示が $\sum_{n \ge 1} \lambda_t(f_n)$ $(t \in T \setminus N)$ で与えられることがわかる．したがって，$t \mapsto \lambda_t^1(f)$ は μ 可積分であり，

$$\int_T \mu(dt) \int_S f(s)\,\lambda_t(ds) = \int_T \mu(dt) \sum_n \int_S f_n(s)\,\lambda_t(ds)$$

$$= \sum_n \int_T \mu(dt) \int_S f_n(s)\,\lambda_t(ds) = I^1(f).$$

(ii) σ 有限性の仮定により，可積分関数の増大列 $f_n \geq 0$ により $f_n \uparrow f$ と表わされる（系 3.42）．各 f_n に対して (i) で現れる零集合を N_n とし，これらを合わせた零集合を N とおくと，$t \in T \setminus N$ のとき，f_n が λ_t 可積分かつ $f_n \uparrow f$ であることから，f は $\mathcal{L}_t$ 可測である．さらに $T \setminus N \ni t \mapsto \int f_n(s)\,\lambda_t(ds)$ が μ 可積分であり，とくに μ 可測となることから

$$\int_S f_n(s)\,\lambda_t(ds) \uparrow \int_S f(s)\,\lambda_t(ds) \in [0,\infty]$$

も μ 可測である．そこで，可測関数版単調収束定理（系 3.45）により，

$$\int_S f(s)\,\lambda(ds) = \lim_{n\to\infty} \int_S f_n(s)\,\lambda(ds) = \lim_{n\to\infty} \int_T \mu(dt) \int_S \lambda_t(ds)\,f_n(s)$$

$$= \int_T \mu(dt) \lim_{n\to\infty} \int_S \lambda_t(ds)\,f_n(s) = \int_T \mu(dt) \int_S \lambda_t(ds)f(s).$$

➤**注意 24**　可測関数 $f : S \to \mathbb{C}$ が可積分かどうかは，$|f|$ あるいはその押えに (ii) を適用して判定し，可積分なものについては (i) により $I^1(f)$ をくり返し積分（Λ と μ 積分のくり返し）により計算する，といった使い方をする．

例 **4.10**　例 4.4 の状況で，$S \subset \mathbb{R}^2$ 上のルベーグ可積分関数 f を考えると，ほとんど全ての $a < x < b$ について $f(x,y)$ は $y \in (\varphi(x), \psi(x))$ の関数としてルベーグ可積分であり，$\int_{\varphi(x)}^{\psi(x)} f(x,y)\,dy$ は x の関数としてルベーグ可積分となり，次が成り立つ．

$$\int_S f(x,y)\,dxdy = \int_a^b \left(\int_{\varphi(x)}^{\psi(x)} f(x,y)\,dy \right) dx.$$

例 **4.11**[†]　（極積分）　ルベーグ可積分関数 $f \in L^1(\mathbb{R}^n)$ に対して，ほとんど全ての $r > 0$ について $f(r\omega)$ が $\omega \in S^{n-1}$ の球面可積分関数であり，

$r^{n-1} \int_{S^{n-1}} f(r\omega) \, d\omega$ は $r > 0$ の関数としてルベーグ可積分となり,

$$\int_{\mathbb{R}^n} f(x) \, dx = \int_0^\infty dr \, r^{n-1} \int_{S^{n-1}} f(r\omega) \, d\omega.$$

例 4.3 におけるファイバー型の Λ 積分において,$S_t \subset S$ で支えられた λ_t は $\int_S f(s) \, \lambda_t(ds) = \int_{S_t} f(s) \, \lambda_t(ds)$ を満たし,同様のことが偏積分についても成り立つので,直積空間におけるくり返し積分について次がわかる.

定理 4.12(フビニの定理) σ 有限な測度空間 $(X, \mathcal{B}_X, \mu_X)$, $(Y, \mathcal{B}_Y, \mu_Y)$ に伴う測度有限単純関数の作る積分系を $(L(X, \mu_X), I_X)$, $(L(Y, \mu_Y), I_Y)$ で表わすとき,直積空間におけるベクトル束 $L = L(X, \mu_X) \otimes L(Y, \mu_Y)$ 上のくり返し積分 I(命題 4.7 よりくり返しの順序によらず定まる)について,以下が成り立つ [*50].

(i) $f \in L^1$ とすると,零集合 $N_X \subset X$ が存在し,$x \in X \setminus N_X$ に対して $f(x, \cdot) \in L^1(Y, \mu_Y)$ であり,$\displaystyle\int_Y f(x, y) \, \mu_Y(dy)$ は x の関数として $L^1(X, \mu_X)$ に属し,さらに次が成り立つ.

$$I^1(f) = \int_X \mu_X(dx) \int_Y \mu_Y(dy) f(x, y).$$

同様のことが X と Y の役割を入れかえて成り立つ.

(ii) $f : X \times Y \to [0, \infty]$ を $\mathcal{L}(I)$ 可測関数とすると,ほとんど全ての $x \in X$ に対して $f(x, y)$ は y の $\mathcal{L}(I_Y)$ 可測関数であり,$\displaystyle\int_Y f(x, y) \, \mu_Y(dy)$ は x の関数として $\mathcal{L}(I_X)$ 可測で,次が成り立つ.

$$I^1(f) = \int_X \mu_X(dx) \int_Y \mu_Y(dy) f(x, y).$$

同様のことが X と Y の役割を入れかえて成り立つ.

系 4.13(ルベーグ積分の再生性) 可積分関数 $f \in L^1(\mathbb{R}^{m+n})$ に対して,零集合 $N \subset \mathbb{R}^m$ が存在し,$x \in \mathbb{R}^m \setminus N$ ならば,$f(x, \cdot) \in L^1(\mathbb{R}^n)$ であり,

---

[*50] 主な関係者である Lebesgue, Fubini, Tonelli を代表してこのように呼ぶ慣例に従い.(i) を Fubini の定理,(ii) を Tonelli の定理と呼び分けることもある.

$$\mathbb{R}^m \setminus N \ni x \mapsto \int_{\mathbb{R}^n} f(x,y)\, dy$$

は零集合上の値を修正すれば $L^1(\mathbb{R}^m)$ に属し，次が成り立つ.

$$\int_{\mathbb{R}^{m+n}} f(x,y)\, dxdy = \int_{\mathbb{R}^m} \left(\int_{\mathbb{R}^n} f(x,y)\, dy \right) dx.$$

➤**注意 25**　くり返し積分の定式化を巡っては，様々な試みの後，外側の積分で零集合の例外を許すという Beppo Levi による示唆を経て，上記の結論（見えないところで悪さをしても全体には影響を及ぼさない）に落ち着いたものである.

例 4.14　連続関数 $e^{-(1+x^2)y}$ $((x,y) \in \mathbb{R}^2)$ の $[0,\infty)^2 \subset \mathbb{R}^2$ での積分について考えよう. これは，連続関数の $[0,\infty)^2$ への制限としてボレル可測，とくにルベーグ可測である（例 3.35）. くり返し積分

$$\int_0^\infty \int_0^\infty e^{-y} e^{-yx^2}\, dy dx = \int_0^\infty \frac{1}{x^2+1}\, dx = \frac{\pi}{2}$$

が有限であることから，この値はもう一つのくり返し積分

$$\int_0^\infty \int_0^\infty e^{-y} e^{-yx^2}\, dx dy = C \int_0^\infty e^{-y} \frac{1}{\sqrt{y}}\, dy = 2C^2$$

に一致する（$y=0$ における偏積分が発散していることに注意）. ここで，

$$C = \int_0^\infty e^{-x^2}\, dx = \frac{1}{2} \int_0^\infty e^{-y} \frac{1}{\sqrt{y}}\, dy$$

である. このことから，$C = \sqrt{\pi}/2$ がわかる.

問 4.3　正数 $u > t > 0$ をパラメータとする二重積分 $\displaystyle\int_t^u \int_0^\infty e^{-xy} \sin x\, dx dy$ にくり返し積分の公式が適用できることを確かめて，$\displaystyle\int_0^\infty e^{-tx} \frac{\sin x}{x}\, dx = \frac{\pi}{2} - \arctan t$ を導け.

問 4.4　$\displaystyle\int_{(0,1)\times(0,1)} \frac{1}{|x-y|^\alpha}\, dxdy < \infty$ であるような実数 α の範囲と，そのときの積分値を求めよ.

例 4.15　ルベーグ可積分関数 $f \in L^1(\mathbb{R}^2)$ に対して, $f(r\cos\theta, r\sin\theta)$ は, ほとんど全ての $r \geq 0$ について θ の可積分関数であり, 一方 $r\int_0^{2\pi} f(r\cos\theta, r\sin\theta)\,d\theta$ は r の関数として可積分となり,

$$\int_0^\infty dr\, r \int_0^{2\pi} f(r\cos\theta, r\sin\theta)\,d\theta = \int_{\mathbb{R}^2} f(x,y)\,dxdy.$$

同様のことは3次元極座標変換についても成り立つ.

Λ積分（とくに偏積分）のダニエル拡張においては, 3回（3つ）以上のくり返しについても, くり返し積分の結果が成り立ち, とくに偏積分はくり返しの順番によらず同一の値を与える.

例 4.16　$\mathbb{R}^d$ 上のルベーグ可積分関数 f, g に対して, $f(x-y)g(y)$ は $(u,v) \in \mathbb{R}^{2d}$ の可積分関数 $f(u)g(v)$ に一次変数変換 $(u,v) = (x-y, y)$ を施したものとして, $(x,y) \in \mathbb{R}^{2d}$ の関数としてルベーグ可積分であり（問 3.22 も参照）, このことから, ほとんど全ての $x \in \mathbb{R}^d$ について $f(x-y)g(y)$ は $y \in \mathbb{R}^d$ の関数として可積分となり, さらに

$$\int_{\mathbb{R}^d} f(x-y)g(y)\,dy$$

は, x の関数として可積分になる. この最後の関数（正確には関数の同値類）を $f*g \in L^1(\mathbb{R}^d)$ で表わし, f と g の**たたみ込み**（convolution）という. たたみ込みは f, g について線型であり, 交換法則 $f*g = g*f$ と結合法則 $(f*g)*h = f*(g*h)$ $(f,g,h \in L^1(\mathbb{R}^d))$ を満たす. さらに, フーリエ変換について, $\widehat{f*g} = \widehat{f}\widehat{g}$ が成り立つ.

問 4.5　たたみ込みの性質を確かめ, $\|f*g\|_1 \leq \|f\|_1\|g\|_1$ $(f,g \in L^1(\mathbb{R}^d))$ を示せ.

■C — 直積測度

最後に, くり返し積分の結果を測度についての情報として言い換えておこう. 集合 X, Y における σ 代数 $\mathcal{B}_X \subset 2^X$, $\mathcal{B}_Y \subset 2^Y$ に対して, 積集合の集まり

$\{A \times B\,;\, A \in \mathcal{B}_X, B \in \mathcal{B}_Y\}$ を $\mathcal{B}_X \times \mathcal{B}_Y$ と書き，これから生成された σ 代数を $\mathcal{B}_X \otimes \mathcal{B}_Y$ で表わして，$\mathcal{B}_X$ と $\mathcal{B}_Y$ の直積 [*51] と呼ぶ．これは，自然な射影 $X \times Y \to X$, $X \times Y \to Y$ を両方とも可測にする最小の σ 代数でもある．

　さらに σ 有限測度 $\mu_X : \mathcal{B}_X \to [0, \infty]$ と $\mu_Y : \mathcal{B}_Y \to [0, \infty]$ を用意し，測度空間 $(X, \mathcal{B}_X, \mu_X)$ と $(Y, \mathcal{B}_Y, \mu_Y)$ から作られた直積空間 $X \times Y$ 上のくり返し積分に伴う σ 有限測度 $\mu : \mathcal{L} \to [0, \infty]$ について考えると，可積分な $A \in \mathcal{B}_X$, $B \in \mathcal{B}_Y$ について，$A \times B \subset X \times Y$ は μ 可積分であり，$\mu(A \times B) = \mu_X(A)\mu_Y(B)$ を満たす．したがって，扱っている測度の σ 有限性により，可積分とは限らない $A \in \mathcal{B}_X$, $B \in \mathcal{B}_Y$ についても $A \times B$ は μ 可測であり，この等式が（$0 \cdot \infty = 0$ という規約の下）成り立つ．

　とくに $\mathcal{B}_X \otimes \mathcal{B}_Y \subset \mathcal{L}$ であり，μ を $\mathcal{B}_X \otimes \mathcal{B}_Y$ に制限したものは測度を与える．これを**直積測度**あるいは**積測度**（product measure）と呼び，$\mu_X \otimes \mu_Y$ と書く．測度と積分の対応関係により，μ は $\mu_X \otimes \mu_Y$ の完備化に一致するため，しばしば μ も積測度と呼ばれる．もとになった測度が σ 有限であるおかげで，$\mu_X \otimes \mu_Y$ は，$(\mu_X \otimes \mu_Y)(A \times B) = \mu_X(A)\mu_Y(B)$ を満たす $\mathcal{B}_X \otimes \mathcal{B}_Y$ 上のただ一つの測度で（定理 3.32），それ自身が σ 有限となる．

例 4.17 $\mathbb{R}^{m+n}$ におけるルベーグ測度は $\mathbb{R}^m$, $\mathbb{R}^n$ におけるそれの直積測度（の完備化）に一致する．

> **命題 4.18** $\mathcal{B}_X \otimes \mathcal{B}_Y$ 可測関数 $f : X \times Y \to [0, \infty]$ に対して，各 $x \in X$ ごとに $f(x, y)$ は $y \in Y$ の関数として $\mathcal{B}_Y$ 可測である．さらに，$\int_Y f(x, y)\,\mu_Y(dy)$ は $x \in X$ の関数として $\mathcal{B}_X$ 可測となり，$\int_X \mu_X(dx) \int_Y f(x, y)\,\mu_Y(dy)$ は f を直積測度 $\mu_X \otimes \mu_Y$ に関して積分したものに等しい．
>
> 　とくに $E \in \mathcal{B}_X \otimes \mathcal{B}_Y$ に対して，E の $x \in X$ における切り口 $E(x) = \{y \in Y\,;\,(x, y) \in E\}$ は $\mathcal{B}_Y$ に属し，$\mu_Y(E(x))$ は x の関数として $\mathcal{B}_X$ 可測

[*51] $\mathcal{B}_X \times \mathcal{B}_Y$, $\mathcal{B}_X \otimes \mathcal{B}_Y$ ともども，言葉と記号の厳密な使い方には反するが，習慣ということで．

で, $(\mu_X \otimes \mu_Y)(E) = \int_X \mu_X(dx)\mu_Y(E(x))$ が成り立つ.

【証明】 まず, 後段の前半を σ 帰納法で確かめる. これは, 集合族 $\mathcal{E} = \{E \subset X \times Y \,;\, E(x) \in \mathcal{B}_Y\}$ が $\mathcal{B}_X \times \mathcal{B}_Y$ を含み, $(X \times Y \setminus E)(x) = Y \setminus E(x)$, $(\bigcup E_n)(x) = E(x)$ および $\mathcal{B}_Y$ が σ 代数であることから $\mathcal{E}$ 自身が σ 代数となり $\mathcal{B}_X \otimes \mathcal{B}_Y$ を含むことによる.

さて, 段々近似により $f_n \uparrow f$ $(f_n \in L^+(X \times Y, \mathcal{B}_X \otimes \mathcal{B}_Y))$ と表わせば, このことから $f_n(x, \cdot) \in L(Y, \mathcal{B}_Y)$ がわかり, $f_n(x, \cdot) \uparrow f(x, \cdot)$ と合わせて, $f(x, y)$ は $y \in Y$ について $\mathcal{B}_Y$ 可測である. さらに $\int f_n(\cdot, y)\,\mu_Y(dy) \in L(X, \mathcal{B}_X)$ に単調収束定理を適用すれば, これの極限関数として $\int_X f(x, y)\,\mu_Y(dy)$ は $x \in X$ について $\mathcal{B}_X$ 可測となる. そこで再び単調収束定理により, くり返し積分 $\int_X \mu_X(dx) \int_Y f(x, y)\,\mu_Y(dy)$ は,

$$\lim_n \int_{X \times Y} f_n \, \mu_X \otimes \mu_Y = \int_{X \times Y} f \, \mu_X \otimes \mu_Y$$

と等しい.   ■

直積測度は, 2個の直積をくり返すことで有限個の場合にも (くり返す順番によらず) 定められる. 形式的に述べると, σ 有限な測度空間の集まり $(X_i, \mathcal{B}_i, \mu_i)$ $(1 \leq i \leq n)$ に対して, 直積 $\prod_{i=1}^n X_i$ において, $\{A_1 \times \cdots \times A_n \,;\, A_j \in \mathcal{B}_j\}$ から生成された σ 代数 $\mathcal{B}_1 \otimes \cdots \otimes \mathcal{B}_n$ 上の測度 μ で

$$\mu(A_1 \times \cdots \times A_n) = \mu_1(A_1)\cdots\mu_n(A_n)$$

となるものがちょうど一つ存在し, μ は σ 有限である. これが $\mu_1, \cdots, \mu_n$ の直積測度で, $\mu = \mu_1 \otimes \cdots \otimes \mu_n$ と書かれる. なお, 無限個の直積測度についてはもう一手間必要となり, 8.3 節で扱われる.

➤**注意 26**   測度の直積は自然な同一視の下, $(\lambda \otimes \mu) \otimes \nu = \lambda \otimes (\mu \otimes \nu)$ のように結合法則を満たす.

第4章 問題

4.A ルベーグ可積分関数 $f \in L^1(\mathbb{R}^2)$ のフーリエ変換 $\widehat{f}$ とラドン変換 $\lambda_{u,\theta}(f)$ について，次の等式を正当化せよ．

$$\widehat{f}(r\cos\theta, r\sin\theta) = \int_{-\infty}^{\infty} e^{-iru}\lambda_{u,\theta}(f)\,du.$$

4.B コンパクト空間 X と位相空間 Y に対して，$X \times Y$ 上の連続関数 f から導かれる写像 $Y \ni y \mapsto f(\cdot, y) \in C(X)$ は一様収束のノルムに関して連続である．

4.C 局所コンパクト空間 X, Y と $C_c(X), C_c(Y)$ 上の積分 I_X, I_Y に対して，$C_c(X \times Y)$ 上の積分 I で $I(f \otimes g) = I_X(f)I_Y(g)$ $(f \in C_c(X), g \in C_c(Y))$ となるものがちょうど一つ存在する．

4.D $\alpha \in \mathbb{R}, \beta > 0$ とするとき，次が成り立つ．

$$\int_{\mathbb{R}^n} \frac{e^{-|x|^\beta}}{|x|^\alpha}\,dx = \begin{cases} \dfrac{2\pi^{n/2}}{\beta\Gamma(n/2)}\Gamma\left(\dfrac{n-\alpha}{\beta}\right) & (\alpha < n), \\ \infty & (\alpha \geq n). \end{cases}$$

4.E 可積分関数 $f \in L^1(\mathbb{R})$ と正数 $a > 0$ に対して，

$$f_a(x) = \sqrt{\frac{a}{\pi}}\int_{-\infty}^{\infty} f(x-t)e^{-at^2}\,dt = \sqrt{\frac{a}{\pi}}\int_{-\infty}^{\infty} f(t)e^{-a(t-x)^2}\,dt$$

とおくと，f_a は可積分な連続関数で，複素平面全体にまで解析的に拡張され，次が成り立つ．

$$\lim_{a\to\infty}\int_{-\infty}^{\infty}|f_a(x) - f(x)|\,dx = 0, \quad \int_{-\infty}^{\infty}|f_a(x)|\,dx \leq \int_{-\infty}^{\infty}|f(x)|\,dx.$$

4.F 増加関数 $\Phi : \mathbb{R} \to \mathbb{R}$ に伴うスティルチェス積分とリーマン可積分関数 g の不定積分 f について，

$$\int_a^b f(t)\,d\Phi(t) = f(b)\Phi(b) - f(a)\Phi(a) - \int_a^b \Phi(t)g(t)\,dt$$

が成り立つこと（問題 2.B）をくり返し積分により示せ．ヒント：$g(y)d\Phi(x)dy$ の $[a,b] \times [a,b]$ における積分を $x \leq y$ と $x > y$ に分割して計算する．

4.G σ 有限な測度空間 $(X, \mathcal{B}, \mu)$ における $\mathcal{B}$ 可測関数 $g : X \to [0, \infty]$ に対して，その下部グラフ（hypograph）$G = \{(x, y) \in X \times \mathbb{R} \,;\, 0 \leq y \leq g(x)\}$ は $\mathcal{B} \otimes \mathcal{B}(\mathbb{R})$ に属し，μ と 1 次元ルベーグ測度との直積測度における G の値が

$$\int_X g(x)\, \mu(dx) = \int_0^\infty \mu([g \geq y])\, dy$$

に一致する．さらに，ほとんど全ての $y \in \mathbb{R}$ について，$\mu([g = y]) = 0$ である．これは，可測関数の等位集合（level set）がほとんど全てのレベルにおいて零集合であることを意味する．

4.H 関数 $f : \mathbb{R}^2 \to \mathbb{R}$ は，各 $x \in \mathbb{R}$ について $f(x, y)$ が $y \in \mathbb{R}$ の連続関数であり，各 $y \in \mathbb{R}$ について $f(x, y)$ が $x \in \mathbb{R}$ のボレル関数であるとする．このとき f は 2 変数関数としてボレル可測である．

4.I 可測空間 $(X, \mathcal{B})$ 上の σ 有限測度 μ と $\mathcal{B}(\mathbb{R})$ 上のルベーグ測度との直積測度を ν で表わすとき，関数 $g : X \to [0, \infty]$ とその下部グラフ $G \subset X \times \mathbb{R}$ に対して，G が I_ν 可測であることと g が I_μ 可測であることは同値であり，このとき $|G|_\nu = \int_X g(x)\, \mu(dx)$ が成り立つ．

4.J 2 変数関数 $e^{-xy} \sin x$ が $[0, a] \times [0, \infty)$ の上で可積分であることを示し，くり返し積分後の極限 $a \to \infty$ から $\displaystyle \int_0^\infty \frac{\sin x}{x}\, dx = \frac{\pi}{2}$ を導け．（問 4.3 と同工異曲ではあるが，極限のとり方次第で見える景色も変わる．）

5 L^p 空間

【この章の目標】

　積分（測度）から実解析・関数解析への橋渡しとして，ルベーグ空間とも称される関数バナッハ空間に触れておこう．ルベーグ空間とはいうものの，導入したのは F. Riesz[*52]であり，そこでは "Klasse $[L^p]$" と呼ばれるだけで，Lebesgue との関係は定かではない．ここでは中立的に L^p 空間と呼ぶ．

　この一連のバナッハ空間であるが，その L^p ノルム不等式の示し方については，凸関数の性質を利用するなどの洗練された形のテキストが多い．ただこれは，証明はいざ知らず，素直には思いつかない類いのものなので，ここではもっと素朴に離散ヘルダー不等式からの極限移行という方法をとろう．それはまた，L^p 空間の双対関係についての手がかりを与えてくれるものでもある．

　以下，ノルム空間 $(V, \|\cdot\|)$ において，$V_1 = \{v \in V \,;\, \|v\| \leq 1\}$ という記号を使う．

■ A — L^p 不等式

　測度空間 $(X, \mathcal{B}, \mu)$ と正数 $1 \leq p < \infty$ を用意する．$\mathcal{B}$ 可測関数 $f : X \to \mathbb{C}$ に対して，

$$\|f\|_p = \left(\int_X |f(x)|^p \, \mu(dx) \right)^{1/p} \in [0, \infty]$$

とし（$|f|^p$ が $\mathcal{B}$ 可測である（命題 3.37 (iv)）ことに注意），

$$L^p(X, \mu) = \{f \,;\, f \text{ は } \mathcal{B} \text{ 可測複素関数で } \|f\|_p < \infty \text{ を満たす}\}$$

[*52] F. Riesz, Untersuchungen über Systeme integrierbarer Funktionen, Math. Annal. 69 (1910), 449–497.

とおく.ここで右辺の積分は,$|f|^p$ が可積分でないとき定義により ∞ である.ノルム記号が示唆するように $\|\cdot\|_p$ は実際に半ノルムを与えるのであるが,すぐわかるのは $\|\overline{f}\|_p = \|f\|_p$, $\|\alpha f\|_p = |\alpha|\,\|f\|_p$ ($f \in L^p(X,\mu)$, $\alpha \in \mathbb{C}$) という等式部分.μ 有限な $\mathcal{B}$ 単純関数の作るベクトル束 $L(X,\mu)$ は $L^p(X,\mu)$ に含まれることにも注意.

問 5.1　$\mathcal{B}$ 可測関数 f,g に対して,$\|f+g\|_p^p \le 2^{p-1}(\|f\|_p^p + \|g\|_p^p)$ が成り立つ.とくに $L^p(X,\mu)$ はベクトル空間である.

以後くり返し現れるので,次の記号を用意しておく.可測関数 $f,g : X \to \mathbb{C}$ について,fg が μ 可積分関数であるとき,

$$\langle f,g\rangle_\mu = \int_X f(x)g(x)\,\mu(dx)$$

と書く.(命題 3.37 (iii) により fg は可測関数である.)

補題 5.1　$\dfrac{1}{p} + \dfrac{1}{q} = 1$ を満たす正数 $1 < p,q < \infty$ と $f,g \in L(X,\mu)$ に対して,

$$\|f\|_p = \sup\{|\langle f,\phi\rangle_\mu| \; ; \phi \in L(X,\mu),\ \|\phi\|_q = 1\}$$

であり,ノルム不等式 $\|f+g\|_p \le \|f\|_p + \|g\|_p$ が成り立つ.

【証明】　まず実ベクトル $x = (x_j) \in \mathbb{R}^n$ についての双対等式,

$$\|x\|_p = \max\left\{\sum_{j=1}^{n} x_j\xi_j \; ; \xi \in \mathbb{R}^n,\ \|\xi\|_q = 1\right\}$$

($\|x\|_p = (\sum_j |x_j|^p)^{1/p}$ などとする)を示そう.右辺は,条件 $\sum_j |\xi_j|^q = 1$ の下での ξ の関数 $\sum_j x_j\xi_j$ の最大値である.関数 $\varphi(\xi) = \sum_j |\xi_j|^q$ が微分可能で,その導関数 $\varphi'(\xi) = q(\xi_j|\xi_j|^{q-2}) \in \mathbb{R}^n$ が $\xi \in \mathbb{R}^n$ について連続[*53]かつ $\varphi'(\xi) \ne 0$ ($\xi \ne 0$) であることからラグランジュ乗数法が使え,簡単な計算の結果,$\sum x_j\xi_j$

[*53] $\dfrac{d}{dt}|t|^q = t|t|^{q-2} = \pm|t|^{q-1}$ ($\pm t \ge 0$) は $t \in \mathbb{R}$ の連続関数である.

は $(\xi_j) = \|x\|_p^{1-p}(|x_j|^p/x_j)$ で最大値 $\|x\|_p$ をとることがわかる.

次に $f, \phi \in L(X, \mu)$ を $f = \sum f_j 1_{B_j}, \phi = \sum \phi_j 1_{B_j}$ (ただし $\bigsqcup B_j$ は, $\mathcal{B}$ にお
ける測度有限な分割和) のように表わし, $x_j = |f_j|\mu(B_j)^{1/p}, \xi_j = |\phi_j|\mu(B_j)^{1/q}$
とすれば, $\|\xi\|_q = \|\phi\|_q = 1$ より,

$$|\langle f, \phi \rangle_\mu| = \left|\sum_j f_j \phi_j \mu(B_j)\right| \le \sum_j x_j \xi_j \le \|x\|_p = \|f\|_p$$

が双対等式の結果成り立つ. 一方, $\|f\|_p > 0$ のとき $\phi_j = \|f\|_p^{-p/q}|f_j|^p/f_j$ と
おいたもの [*54]が $\|\phi\|_q = 1$ および $\langle f, \phi \rangle_\mu = \|f\|_p$ を満たすので, 求める等式が
得られた.

ノルム不等式は, これから

$$\|f + g\|_p = \sup\{|\langle f + g, \phi \rangle_\mu| \,;\, \|\phi\|_q = 1\}$$
$$\le \sup\{|\langle f, \phi \rangle_\mu| \,;\, \|\phi\|_q = 1\} + \sup\{|\langle g, \phi \rangle_\mu| \,;\, \|\phi\|_q = 1\}$$
$$= \|f\|_p + \|g\|_p$$

のようにわかる. ∎

命題 5.2　可測関数 $f, g : X \to \mathbb{C}$ と $\dfrac{1}{p} + \dfrac{1}{q} = 1$ を満たす $1 < p, q < \infty$ に
対して,

$$\int_X |f(x)g(x)|\,\mu(dx) \le \|f\|_p\,\|g\|_q, \quad \|f + g\|_p \le \|f\|_p + \|g\|_p.$$

とくに, $L^p(X, \mu)$ はベクトル空間で $\|\cdot\|_p$ はその上の半ノルムを与え, $f \in$
$L^p(X, \mu), g \in L^q(X, \mu)$ に対して fg は可積分であり $|\langle f, g \rangle_\mu| \le \|f\|_p\|g\|_q$
(ヘルダー不等式という) が成り立つ.

【証明】　$\|f + g\|_p \le \||f| + |g|\|_p$ および $|\langle f, g \rangle_\mu| \le \langle |f|, |g| \rangle_\mu$ であるから, f, g
ともに正関数の場合が問題である. また, $\|f\|_p = 0$ であれば, f および fg
が零関数となるので, どちらの不等式も自明に成り立つ. そこで, $\|f\|_p > 0,$

[*54] これは $\phi_j \mu(B_j)^{1/q} = \xi_j = \|x\|_p^{-p/q}|x_j|^p/x_j$ と $x_j = f_j \mu(B_j)^{1/p}$ から逆算した.

$\|g\|_p > 0 \iff \|g\|_q > 0$ としてよい. 最初の不等式については, $\|f\|_p = \infty$ または $\|g\|_q = \infty$ のとき, ノルム不等式については, $\|f\|_p = \infty$ または $\|g\|_p = \infty$ のとき, 当然成り立つので, 「$\|f\|_p < \infty$ かつ $\|g\|_q < \infty$」あるいは「$\|f\|_p < \infty$ かつ $\|g\|_p < \infty$」の場合が問題である.

系 3.42 により, 単純正関数の増大列を $f_n \uparrow f$, $g_n \uparrow g$ ととると, $f_n^p \uparrow f^p$, $g_n^q \uparrow g^q$, $g_n^p \uparrow g^p$ となり, f^p, g^q (あるいは g^p) が可積分であることから, $f_n, g_n \in L^+(X, \mu)$ がわかる.

そこで上の補題に単調収束定理 (系 3.45) を合わせると, 求める不等式が以下のように得られる.

$$\int_X f(x)g(x)\,\mu(dx) = \lim \int_X f_n(x)g_n(x)\,\mu(dx)$$
$$\leq \lim \left(\int_X f_n(x)^p\,\mu(dx) \right)^{1/p} \left(\int_X g_n(x)^q\,\mu(dx) \right)^{1/q}$$
$$= \left(\int_X f(x)^p\,\mu(dx) \right)^{1/p} \left(\int_X g(x)^q\,\mu(dx) \right)^{1/q},$$

$$\|f + g\|_p = \left(\int_X (f(x) + g(x))^p\,\mu(dx) \right)^{1/p}$$
$$= \lim \left(\int_X (f_n(x) + g_n(x))^p\,\mu(dx) \right)^{1/p}$$
$$\leq \lim \left(\int_X f_n(x)^p\,\mu(dx) \right)^{1/p} + \lim \left(\int_X g_n(x)^p\,\mu(dx) \right)^{1/p}$$
$$= \|f\|_p + \|g\|_p. \qquad \blacksquare$$

➤**注意 27** スマートな方法 (問題 5.B) だと, 単純関数による近似を経由することなく直接 (L^1, I^1) から上記不等式にたどり着くことができる.

> **系 5.3** $1 < p, q < \infty$ は $\dfrac{1}{p} + \dfrac{1}{q} = 1$ を満たすとする. $f \in L^p(X, \mu)$ に対して,

$$\|f\|_p = \sup\left\{\left|\int_X f(x)\phi(x)\,\mu(dx)\right| ; \phi \in L^q(X,\mu),\ \|\phi\|_q \le 1\right\}.$$

【証明】 右辺を $\|f\|$ と書くと，ヘルダー不等式により $\|f\| \le \|f\|_p$ である．もし $\|f\|_p = 0$ であれば $\|f\| = 0$ となり等号が成り立つ．$\|f\|_p > 0$ であれば，f を $f/\|f\|_p$ で置き換えて，$\|f\|_p = 1$ としてよい．

ここで $|f(x)|^p = f(x)\phi(x)$ となるように可測関数 ϕ をとろう．具体的には $\phi(x) = 0$ $(f(x) = 0)$, $\phi(x) = |f(x)|^p/f(x)$ $(f(x) \ne 0)$ とおく．このとき，$|\phi(x)|^q = |f(x)|^{pq-q} = |f(x)|^p$ より $\|\phi\|_q = 1$ であり，

$$\int_X f(x)\phi(x)\,\mu(dx) = \int_X |f(x)|^p\,\mu(dx) = 1$$

となって，逆向きの不等式 $\|f\| \ge 1$ もわかる． ∎

関数 $f \in L^p(X,\mu)$ に対して，$\|f\|_p = 0 \iff f(x) = 0$ $(\mu\text{-a.e. } x \in X)$ であるから，ここでも積分論的同一視を行い，$\|\cdot\|_p$ を $L^p(X,\mu)$ 上のノルムとみなす．また μ がルベーグ測度のときは，$L^p(\mathbb{R}^d)$ と略記する．

例 5.4 $\mu : 2^X \to [0,\infty]$ を X における個数測度とすれば，$L^p(X,\mu) = \ell^p(X)$ $(p = 1, 2)$ である．ほかの p についてもこの記法を使う．

定理 5.5（Riesz–Fischer） ベクトル空間 $L^p(X,\mu)$ $(1 \le p < \infty)$ は，$\|\cdot\|_p$ をノルムとするバナッハ空間である．

【証明】 バナッハの判定法（補題 1.15）を使う．$L^p(X,\mu)$ における関数列 $(g_n)_{n\ge1}$ が，$\sum \|g_n\|_p < \infty$ を満たすとする．

$$\left(\int_X \left(\sum_{k=1}^n |g_k(x)|\right)^p \mu(dx)\right)^{1/p} = \left\|\sum_{k=1}^n |g_k|\right\|_p \le \sum_{k=1}^n \|g_k\|_p \le \sum_{k=1}^\infty \|g_k\|_p$$

で $n \to \infty$ とすると，単調収束定理（系 3.45）より

$$\int_X \left(\sum_{k=1}^\infty |g_k(x)|\right)^p \mu(dx) \le \left(\sum_{k=1}^\infty \|g_k\|_p\right)^p$$

となり，とくに

$$\sum_{k=1}^\infty |g_k(x)| < \infty \quad (\mu\text{-a.e. } x)$$

である．したがって，$g(x) = \sum_{k=1}^\infty g_k(x)$ は，ほとんど全ての $x \in X$ で絶対収束する形で可測関数を定め，

$$\int_X |g(x)|^p \mu(dx) \le \int_X \left(\sum_{k=1}^\infty |g_k(x)|\right)^p \mu(dx) \le \left(\sum_{k=1}^\infty \|g_k\|_p\right)^p$$

を満たすことから $g \in L^p(X, \mu)$ がわかる．最後に，

$$\left|g(x) - \sum_{k=1}^n g_k(x)\right| \le \sum_{k=n+1}^\infty |g_k(x)|$$

を p 乗積分して，$\sum_{k=1}^\infty$ を $\sum_{k=n+1}^\infty$ に置き換えたノルム不等式を使えば，

$$\left\|g - \sum_{k=1}^n g_k\right\|_p \le \sum_{k=n+1}^\infty \|g_k\|_p \to 0 \quad (n \to \infty)$$

となって，バナッハの判定法により $L^p(X, \mu)$ は完備である．　∎

■B — L^∞ 空間と双対関係

さて，べき指数の範囲を主に $1 < p < \infty$ に限定して考えてきたのであるが，$p = 1$ の場合はすでに何度も出てきた可積分関数空間と実質的 [*55] に同じである．一方，$p = 1$ のときの相方は $q = \infty$ となり，形式的にはその意味を失うのであるが，この場合も両者の双対関係は維持され，以下の L^∞ の定義にたどり

[*55] 実質的と呼ぶのは，もともとの半ノルム空間としての $L^1(X, \mu)$ と，上で定義した $\mathcal{B}$ 可測関数に基づくものとは，零関数の部分だけ前者が大きい空間になっていて，零関数の違いを無視するという積分論的（あるいは測度論的）同一視の結果一致する，ということによる．この辺の違いを記号も含めていちいち区別しだすと煩雑になりしかも本質から外れてしまうので，うるさくは言わないとしたものである．

着く.

可測関数 $f : X \to \mathbb{C}$ に対して,

$$\|f\|_\infty = \inf\{r > 0 \,;\, \mu([|f| \geq r]) = 0\} \in [0, \infty]$$

とおく. 定義により $\|f\|_\infty = \infty \iff \mu([|f| \geq r]) > 0 \ (r > 0)$ であり, $\|\alpha f\|_\infty = |\alpha| \|f\|_\infty \ (\alpha \in \mathbb{C})$ が即座にわかる. ここで $[|f| > \|f\|_\infty] = \bigcup_{n \geq 1}[|f| \geq \|f\|_\infty + 1/n]$ が零集合であること, すなわち $|f(x)| \leq \|f\|_\infty \ (\mu\text{-a.e. } x \in X)$ に注意.

さらに, ノルム不等式 $\|f + g\|_\infty \leq \|f\|_\infty + \|g\|_\infty$ が成り立つ. これは $\|f\|_\infty < \infty$ かつ $\|g\|_\infty < \infty$ のときが問題である. その場合は, 複素数 z, w と正数 r, s についての, $|z + w| \geq r + s$ ならば「$|z| \geq r$ または $|w| \geq s$」である, という関係から, どのような $\epsilon > 0$ についても

$$[|f + g| \geq \|f\|_\infty + \|g\|_\infty + 2\epsilon] \subset [|f| \geq \|f\|_\infty + \epsilon] \cup [|g| \geq \|g\|_\infty + \epsilon]$$

となり $\mu([|f + g| \geq \|f\|_\infty + \|g\|_\infty + 2\epsilon]) = 0$ が成り立つからである.

ここでも先ほどまでと同じく $\|f\|_\infty = 0$ と f が零関数であることが同値となるので, 零関数の違いを無視した $\|f\|_\infty < \infty$ となる可測関数 f の同値類はノルム空間 $L^\infty(X, \mu)$ を形成する.

定理 5.6 $L^\infty(X, \mu)$ はノルム $\|\cdot\|_\infty$ に関してバナッハ空間である.

問 5.2 $L^\infty(X, \mu)$ のノルム $\|\cdot\|_\infty$ が完備であることを確かめよ.

命題 5.7 測度空間 $(X, \mathcal{B}, \mu)$ において, 次が成り立つ.

(i) $g \in L^1(X, \mu)$ は $\|g\|_1 = \sup\{|\int_X f(x)g(x)\,\mu(dx)| \,;\, f \in L^\infty(X, \mu)_1\}$ を満たす.

(ii) μ が半有限 (とくに σ 有限) であれば, $f \in L^\infty(X, \mu)$ は $\|f\|_\infty = \sup\{|\int_X f(x)g(x)\,\mu(dx)| \,;\, g \in L^1(X, \mu)_1\}$ を満たす.

問 5.3 上の命題を確かめよ.

[例 5.8] $\ell^\infty(X)$ と $\ell^1(X)$ とは双対関係にあり，互いのノルムを規定し合う．

[問 5.4] $1 \leq p < \infty$ について $\ell(X)$ は $\ell^p(X)$ の密部分空間であることを確か
め，$\ell(X)$ の $\ell^\infty(X)$ における閉包を記述せよ．

■ C — 密部分空間

[命題 5.9] $L^1(X, \mu) \cap L^\infty(X, \mu) \subset L^p(X, \mu)$ $(1 \leq p < \infty)$ であり，
$L^1(X, \mu) \cap L^\infty(X, \mu)$ は L^p ノルムに関して密になっている．

【証明】   まず $L^1 \cap L^\infty$ がベクトル束になっているので，$0 \leq f \in L^1 \cap L^\infty$ が
L^p（これもベクトル束）に属することを確かめればよい．$\|f\|_\infty \neq 0$ とすれば，
$0 \leq f/\|f\|_\infty \leq 1$ より $0 \leq (f/\|f\|_\infty)^p \leq f/\|f\|_\infty$ が従うので，$f \in L^1$ と合わ
せて $f \in L^p$ がわかる．

逆に $0 \leq f \in L^p$ とすると，$\mu([f^p \geq 1/n]) < \infty$ より $f_n = (n \wedge f)1_{[f^p \geq 1/n]}$
は $L^1 \cap L^\infty$ に属し，$f_n \uparrow f$ かつ $|f - f_n|^p \leq f^p$ となることから，最後は押え
込み収束定理により

$$\lim_{n \to \infty} \int |f_n - f|^p \, \mu(dx) = \int \lim_{n \to \infty} |f_n - f|^p \, \mu(dx) = 0. \qquad \blacksquare$$

[問 5.5] $\ell^p(X)$ については，$\ell^1(X)$ が一番小さく，p が大きくなるにつれて空
間も大きくなり，$\ell^\infty(X)$ が最大である．また，有界測度 μ の場合の $L^p(X, \mu)$
については，$L^\infty(X, \mu)$ が一番小さく，p が小さくなるにつれて空間は大きくな
り，$L^1(X, \mu)$ が最大である．

一般の積分系 (X, L, I) に付随した I 測度空間 $(X, \mathcal{L}(I), \mu)$ から作られる L^p 空
間を $L^p(X, I)$ と書くことにすれば，$L^1(X, I)$ は μ 可積分関数全体と一致し（命
題 3.44），L が切り落とし条件を満たせば I^1_μ は I^1 の拡張（とくに $L \subset L^1(X, I)$）
となるのであった（定理 3.47）．このときでも，$L \subset L^\infty(X, I)$ は一般には保証
されないが，有界関数からなる部分ベクトル束 L_b（L の有界部分 bounded part）
については，$L_b \subset L^1(X, I) \cap L^\infty(X, I)$ であり，L_b が $L^p(X, I)$ $(1 \leq p < \infty)$

のノルム位相で密なことが期待される. 実際, 次が成り立つ.

> **命題 5.10** L が切り落とし条件 $1 \wedge f \in L^+$ $(f \in L^+)$ を満たす積分系 (X, L, I) において, 有界部分 $L_b \subset L$ は $L^p(X, I)$ $(1 \leq p < \infty)$ の中でノルム位相に関して密である. とくに, $C_c(\mathbb{R}^d)$ は $L^p(\mathbb{R}^d)$ で密となる.

【証明】   まず, 切り落とし条件と $(n \wedge f) \uparrow f$ から $L_b^1 = L^1$ である (命題 2.21) ことに注意する. 上で確かめたようにベクトル束 $L^1 \cap L^\infty$ は L^p で密なので, $0 \leq f \in L^1 \cap L^\infty$ が L_b^+ の元でノルム近似されればよい.

これを見るために $f \in L^1 = L_b^1$ の L_b における実級数表示 $f \overset{(\varphi_n)}{\simeq} \sum f_n$ を用いて, $g_n = f_1 + \cdots + f_n$ および $\varphi = \sum \varphi_n$ とすれば, $|g_n| \leq \varphi$ かつ $f(x) = \lim g_n(x)$ $(\varphi(x) < \infty)$ となる. そこで, $\|f\|_\infty < \infty$ であることに注意し $h_n = (0 \vee g_n) \wedge \|f\|_\infty \in L_b$ とおけば, $[\varphi = \infty]$ も $[f > \|f\|_\infty]$ も零集合であることから, $f(x) = \lim h_n(x)$ $(\mu\text{-a.e. } x \in X)$ となる. さらにまた $h_n \leq |g_n| \wedge \|f\|_\infty \leq \varphi \wedge \|f\|_\infty \in L^1 \cap L^\infty$ であることに注意して, $|f - h_n|^p \leq (f + \varphi \wedge \|f\|_\infty)^p \in L^1$ $(L^1 \cap L^\infty \subset L^p)$ に押え込み収束定理を使えば,

$$\lim_{n \to \infty} \int_X |f(x) - h_n(x)|^p \, \mu(dx) = \int_X \lim_{n \to \infty} |f(x) - h_n(x)|^p \, \mu(dx) = 0$$

となって, f は $h_n \in L_b$ によりノルム近似される.   ∎

問 5.6   単純関数のなすベクトル束 $L(X)$ は $L^\infty(X, \mu)$ でノルム位相に関して密である. 測度有限な部分 $L(X, \mu)$ についてはどうか.

■ D — L^2 内積とフーリエ展開

$L^2(X, \mu)$ は色々な意味で特別であり, 自己双対的になっている. とりわけ内積の存在が大きい. ここでは, 物理との整合性 [*56] から内積は第二変数について線型であるものとし, $L^2(X, \mu)$ における内積を

[*56] 数学的観点からも, 第二変数について線型であることが整合的. もし第一変数を線型にとるのであれば, 線型写像はベクトルに右から作用させるのが記法の一貫性というもの.

$$(f|g) = \int_X \overline{f(x)} g(x)\, \mu(dx)$$

で定めると, L^2 ノルムは内積により $\|f\|_2 = \sqrt{(f|f)}$ と書かれる. この意味で, $L^2(X, \mu)$ は完備内積空間 (いわゆるヒルベルト空間) の構造をもつことになる. ヒルベルト空間の基本的な性質については, 内積の不等式も含めて次章で扱う.

例 5.11 ベクトル空間 $\ell^2(X)$ は, 内積

$$(f|g) = \sum_{x \in X} \overline{f(x)} g(x)$$

によりヒルベルト空間である.

　最後にフーリエ解析との関連を少しだけ匂わしておこう. 有限集合で支えられた関数 $f \in \ell(\mathbb{Z})$ に対して, 連続周期関数 $F \in L^2(\mathbb{R}/\mathbb{Z})$ をフーリエ級数

$$F(t) = \sum_{n \in \mathbb{Z}} f(n) e^{2\pi i n t}$$

で定める. 対応 $f \mapsto F$ は線型であり, 内積を保つことが簡単な計算でわかる. とくにノルムを保つことから, $\ell^2(\mathbb{Z})$ から $L^2(\mathbb{R}/\mathbb{Z})$ への等長線型写像に拡張される. 一方, $\ell(\mathbb{Z})$ におけるたたみ込みがフーリエ級数により積にうつされることとストーン・ワイエルシュトラスの近似定理 (定理 B.24) により, $\ell(\mathbb{Z})$ の $L^2(\mathbb{R}/\mathbb{Z})$ における像は, 一様収束に関して $C(\mathbb{R}/\mathbb{Z})$ の中で密であり, $C(\mathbb{R}/\mathbb{Z})$ は L^2 ノルムに関して $L^2(\mathbb{R}/\mathbb{Z})$ の密部分空間であることから, 等長拡大 $\ell^2(\mathbb{Z}) \to L^2(\mathbb{R}/\mathbb{Z})$ は全射となる. すなわち, $\ell^2(\mathbb{Z}) \to L^2(\mathbb{R}/\mathbb{Z})$ はユニタリー写像となる.

　この逆の対応は積分により記述できる. まず, $L^2(\mathbb{R}/\mathbb{Z}) \subset L^1(\mathbb{R}/\mathbb{Z})$ および $\|F\|_1 \le \|F\|_2$ $(F \in L^2(\mathbb{R}/\mathbb{Z}))$ であることに注意する. これは, 内積の不等式

$$\int_{[0,1]} |F(t)|\, dt \le \sqrt{\int_{[0,1]} |F(t)|^2\, dt} \sqrt{\int_{[0,1]} 1\, dt}$$

からわかる. そこで, $F \in L^2(\mathbb{R}/\mathbb{Z})$ に対して積分

$$\int_{[0,1]} F(t) e^{-2\pi i n t}\, dt \qquad (n \in \mathbb{Z})$$

が意味をもち，とくに F が $f \in \ell(X)$ で表わされているときは，この積分値（F のフーリエ係数という）が $f(n)$ に一致することから，これが逆の対応を与えるものであるとわかる.

　リーマン積分に留まっていてはこういう世界が見えてこないことに思いを馳せるべき．一方，具体的な計算では原始関数に基づく Newton–Leibniz 方式が基本的かつ強力であり続けることに変わりはない．不易流行であるか.

問 5.7　もう一つの周期関数 $G \in L^2(\mathbb{R}/\mathbb{Z})$ のフーリエ係数を $g(n)$ $(n \in \mathbb{Z})$ とするとき，

$$\int_{\mathbb{R}} \overline{F(t)} G(t)\, dt = \sum_{n \in \mathbb{Z}} \overline{f(n)} g(n)$$

である．とくに $F(t) = G(t) = t$ $(0 \le t < 1)$ からどのような等式が得られるか.

第 5 章　問題

5.A　測度空間 $(X, \mathcal{B}, \mu)$ における $\mathcal{B}$ 可測関数列 (f_n) と $\mathcal{B}$ 可測関数 f について，以下が成り立つ.

(i) $\lim \|f_n - f\|_p = 0$ となる $1 \le p \le \infty$ があれば，(f_n) は f に**測度収束** (convergence in measure) する．すなわち，どの $\epsilon > 0$ についても $\displaystyle\lim_{n \to \infty} \mu([|f_n - f| \ge \epsilon]) = 0$ である.

(ii) (f_n) が f に測度収束すれば，$\displaystyle\lim_{k \to \infty} f_{n_k}(x) = f(x)$ $(\mu\text{-a.e. } x \in X)$ となるような部分列 $(n_k)_{k \ge 1}$ が存在する.

(iii) $\mu(X) < \infty$ とする．このとき，$f_n \to f$ $(\mu\text{-a.e.})$ であれば，(f_n) は f に測度収束する．さらに，$\forall \epsilon > 0$, $\mu(B) \ge \mu(X) - \epsilon$ なる $B \in \mathcal{B}$ で，(f_n) が f に B 上一様収束するようなものがとれる（Egorov）.

5.B　$f, g \ge 0$ に対して，指数関数の凸性からわかる不等式

$$f(x)g(x) = e^{\log f(x) + \log g(x)} \le \frac{1}{p} e^{p \log f(x)} + \frac{1}{q} e^{q \log g(x)} = \frac{1}{p} f(x)^p + \frac{1}{q} g(x)^q$$

を利用してヘルダー不等式を導け．また，$|f+g|^p \le |f||f+g|^{p-1} + |g||f+g|^{p-1}$ の積分にヘルダー不等式を適用してノルム不等式を導け．

5.C $1 \le p' < p < p'' \le \infty$ について，$L^{p'}(X,\mu) \cap L^{p''}(X,\mu) \subset L^p(X,\mu)$ である．

5.D（Mazur[*57]） $1 < p < \infty$ について，$\Phi_p : L^p(X,\mu) \ni f \mapsto |f|^{p-1}f \in L^1(X,\mu)$ は全単射を与え，不等式

$$2^{1-p}\|f-g\|_p^p \le \|\Phi_p(f) - \Phi_p(g)\|_1 \le p\|f-g\|_p(\|f\|_p^{p-1} + \|g\|_p^{p-1})$$

を満たす．とくに Φ_p は同相写像である．

5.E 有界開区間 $U \subset \mathbb{R}$ について，$L^p(U) \cdot L^q(U) \subset L^1(U)$ となる $p \ge 1, q \ge 1$ の範囲を求めよ．

[*57] Mazur の不等式が複素素関数でも成り立つことは，Stone [33, II] の指摘による．

6 密度定理と双対性

【この章の目標】

これまでのところ，一部例外はあるものの，扱う積分（測度）はベクトル束（σ代数）ごとに一つであった．ここでは，与えられたベクトル束（σ代数）における複数の積分（測度）の相互関係について調べる．その結果は利用価値の高い密度表示をもたらし，L^p 空間の貼り合わせを可能にし，測度の選び方によらない一連のバナッハ空間の構成につながると同時にこれら相互の双対関係が明らかになる．その双対性において最も重要なものが $p = 2$ の場合で，これはさらに完備内積空間＝ヒルベルト空間の中で論じておくべき類いのものであり，また積分の密度表示のための準備となることもあり，最初に必要な基本事項（初歩の関数解析でもある）をまとめ置いた．

6.1 内積の幾何学

■A — 内積空間

複素ベクトル空間 L に対して，$L \times L$ 上で定義された複素数値関数 $L \times L \ni (v, w) \mapsto (v|w) \in \mathbb{C}$ で，w について線型，v について共役線型であるものを**両線型形式**[*58]（sesquilinear form）という．さらに条件 $\overline{(v|w)} = (w|v)$ を満たすものを**エルミート形式**（hermitian form），エルミート形式で $(v|v) > 0 \ (v \neq 0)$ となるものを**内積**（inner product）という．内積が指定されたベクトル空間を**内積空間**（inner product space）と呼ぶ．

内積空間のベクトル $v, w \in L$ が**直交**する（orthogonal）とは，$(v|w) = 0$ で

[*58] sesqui $= 1 + 1/2$ ということであるが，両親，両手の如く，相い対する2つという意味で両の字をあててみた．

あることを意味し，この条件が成り立つことを $v \perp w$ とも書く．したがって，ゼロベクトル 0 はすべてのベクトルと直交することになる．直交する2つのベクトル v, w については，「ピタゴラスの定理」$(v+w|v+w) = (v|v) + (w|w)$ が成り立つ．

内積空間の部分集合 $S \subset L$ に対して，

$$S^\perp = \{v \in L \,;\, (v|w) = 0, \ \forall w \in S\}$$

とおく．集合 $S^\perp$ は L の部分空間である．

> **命題 6.1**（内積不等式 [*59]） 内積空間 L のベクトル v, w に対して，
>
> $$|(v|w)|^2 \le (v|v)\,(w|w).$$

【証明】 問題は $v \neq 0$ の場合である．複素数パラメータ λ を含む不等式

$$0 \le (\lambda v + w|\lambda v + w) = |\lambda|^2 (v|v) + \overline{\lambda}(v|w) + \lambda(w|v) + (w|w)$$

において $\lambda = -(v|w)/(v|v)$ を代入すると，右辺から内積不等式の形が出現する． ∎

内積不等式はまた，$\|v\| = \sqrt{(v|v)}$ がノルムを与えることを意味するので，とくに断らない限り，内積空間の距離位相はこのノルムについてのものを考える．この意味で完備な内積空間を**ヒルベルト空間**（Hilbert space）と呼ぶ．

例 6.2 関数空間 $L^2(X, \mu)$ が典型的なヒルベルト空間になっていて，その特別な場合として，数列空間 $\ell^2 = \ell^2(\mathbb{N})$ や $L^2(\mathbb{R}^d)$, $L^2(\mathbb{R}/\mathbb{Z})$, $L^2(S^d)$ などがある．

問 6.1 ヒルベルト空間 ℓ^2, $L^2([a,b])$ の密部分空間をできるだけたくさん挙げよ．

問 6.2 内積は，内積に伴うノルムに関して連続である．

[*59] コーシー・シュワルツの不等式として有名なれど，ここでは中立的に．

■B ── 射影定理

ベクトル空間 V の部分集合 C で

$$v, w \in C \implies tv + (1-t)w \in C \quad (0 \le t \le 1)$$

という条件を満たすものを**凸集合**（convex set）という.

例 6.3

(i) ベクトル空間の部分空間およびそれを平行移動したものは凸集合.

(ii) ノルム空間における閉球, 開球は凸集合.

(iii) ユークリッド平面 $\mathbb{R}^2$ において,

$$\{(x,y)\,;\,x^2 + y^2 < 1\} \subset C \subset \{(x,y)\,;\,x^2 + y^2 \le 1\}$$

である集合 C は凸集合.

補題 6.4（中線定理）　内積空間のベクトル v, w に対して,

$$\|v + w\|^2 + \|v - w\|^2 = 2(\|v\|^2 + \|w\|^2).$$

【証明】　左辺を内積で表わして展開するだけ. ■

定理 6.5（最短距離定理）　ヒルベルト空間 $\mathcal{H}$ の凸閉集合 C と $v \in \mathcal{H}$ に対して, C 上の関数 $C \ni w \mapsto \|v - w\|$ を最小にする $v_C \in C$ がちょうど一つ存在する.

【証明】　$r = \inf\{\|v - w\|\,;\,w \in C\}$ とし, C 内の点列 $(w_n)_{n \ge 1}$ で $\lim_{n \to \infty}\|v - w_n\| = r$ となるものを用意すると, (w_n) は $\mathcal{H}$ のコーシー列である. というのは, 中線定理と $(w_m + w_n)/2 \in C$ により

$$\|w_m - w_n\|^2 = \|(w_m - v) - (w_n - v)\|^2$$

$$= 2\|w_m - v\|^2 + 2\|w_n - v\|^2 - 4\left\|\frac{w_m + w_n}{2} - v\right\|^2$$

$$\le 2\|w_m - v\|^2 + 2\|w_n - v\|^2 - 4r^2 \to 0 \quad (m, n \to \infty)$$

となるから．したがって，ヒルベルト空間の完備性により $w_\infty = \lim_{n \to \infty} w_n$ が存在する．

一方，C は閉集合であったから $w_\infty \in C$ であり，

$$\|w_\infty - v\| = \lim_{n \to \infty} \|w_n - v\| = r$$

となって，最小点の存在がわかる．

一つしかないことは，仮に別の最小点 $w \in C$ があったとすると，再び中線定理を使って

$$\|w_\infty - w\|^2 = 2\|w_\infty - v\|^2 + 2\|w - v\|^2 - 4\left\|\frac{w_\infty + w}{2} - v\right\|^2$$
$$\leq 2r^2 + 2r^2 - 4r^2 = 0$$

となるからである． ∎

定理 6.6（直交分解定理）　ヒルベルト空間 $\mathcal{H}$ の閉部分空間 E に対して，すべての $v \in \mathcal{H}$ は

$$v = w + w_\perp, \quad w \in E, \, w_\perp \in E^\perp$$

とただ一通りに分解される．

【証明】　分解の唯一性は $E \cap E^\perp = \{0\}$ からわかるので，存在を示す．E 上の関数

$$E \ni w' \mapsto \|w' - v\|^2$$

が $w \in E$ で最小値になったとする．このとき，$u = v - w \in E^\perp$ である．

実際，任意のベクトル $e \in E$ に対して，$w' = w + te$ と思うと，2次関数 $\mathbb{R} \ni t \mapsto \|w + te - v\|^2$ は $t = 0$ で最小でなければならないので，

$$(e|v - w) + (v - w|e) = 0$$

となる．ここで e を ie で置き換えたものを合わせると $(e|v - w) = 0$ が得られ，

これがすべての $e \in E$ で成り立つから $v - w \in E^{\perp}$ である. ∎

系 6.7 ヒルベルト空間の線型部分空間 E に対して，$(E^{\perp})^{\perp} = \overline{E}$ である. ここで，$\overline{E}$ は E の閉包を表わす.

【証明】 $E^{\perp} = (\overline{E})^{\perp}$ に注意して，直交分解 $\mathcal{H} = \overline{E} + E^{\perp}$ を解釈し直すだけである. ∎

■ C —— 有界汎関数

ノルム空間 V 上の線型汎関数 φ に対して，

$$\|\varphi\| = \sup\{|\varphi(v)| \,;\, v \in V_1\} \in [0, \infty], \quad V_1 = \{v \in V \,;\, \|v\| \le 1\}$$

とおくと，$|\varphi(v)| \le \|\varphi\| \|v\|$ であり，

$$\|\lambda\varphi\| = |\lambda| \|\varphi\|,$$
$$\|\varphi + \psi\| \le \|\varphi\| + \|\psi\|$$

（φ, ψ は線型汎関数，λ はスカラー）

が成り立つ．とくに $\|\varphi\| < \infty$ となる線型汎関数（**有界汎関数** [*60]という）全体 V^* は，各点ごとの演算でベクトル空間となり，$\|\cdot\|$ を V^* に限定したものはノルムを定める．これを V の **双対空間**（dual space）という.

問 6.3　以上を確かめよ.

問 6.4　ノルム空間上の線型汎関数 φ が有界であることと連続であることは同値.

次は基本的な事実であり，証明も基本的ゆえ演習（問題 6.A）とする.

命題 6.8　双対空間 V^* は，ノルム $\|\varphi\|$ によりバナッハ空間となる.

➤**注意 28**　関数解析における基本定理の一つであるハーン・バナッハの定理を使えば，

[*60] φ の V_1 への制限が有界（bounded）という意味である.

有界汎関数は，どのような $v \in V$ についても $\sup\{|\varphi(v)| \,;\, \varphi \in V^*, \|\varphi\| \leq 1\} = \|v\|$ を成り立たせるほどたくさんあることがわかる.

例 6.9　内積空間のベクトル $v \in V$ に対して，V 上の線型汎関数 v^* を $v^*(v') = (v|v')$ $(v' \in V)$ で定めると，$v^* \in V^*$ であり，共役線型な対応 $V \ni v \mapsto v^* \in V^*$ は $\|v^*\| = \|v\|$ を満たす.

問 6.5　ノルムの等式 $\|v^*\| = \|v\|$ $(v \in V)$ を確かめよ.

定理 6.10（F. Riesz）　ヒルベルト空間 $\mathcal{H}$ 上の有界汎関数 $\varphi : \mathcal{H} \to \mathbb{C}$ は v^* の形であり，φ と v が対応し合う.

【証明】　$E = \{w \in \mathcal{H} \,;\, \varphi(w) = 0\}$ は $\mathcal{H}$ の閉部分空間である. $E = \mathcal{H}$ のときは $v = 0$ ととればよいので，$E \neq \mathcal{H}$ とすると，直交分解定理 $\mathcal{H} = E + E^\perp$ において，$E^\perp \neq \{0\}$ である. このとき $0 \neq a \in E^\perp$ は $\varphi(a) \neq 0$ を満たすので，定数倍を調整して $\varphi(a) = 1$ とすると，$u - \varphi(u)a \in E$ $(u \in \mathcal{H})$ であり，これが $a \in E^\perp$ と直交することから

$$(a|u) = (a|\varphi(u)a) = (a|a)\varphi(u)$$

がすべての $u \in \mathcal{H}$ で成り立つ. したがって $v = a/(a|a)$ とおけば，$\varphi = v^*$ である.

このような v が一つしかないことは，$v' \in \mathcal{H}$ も同じ性質をもつとすると，$(v - v'|u) = \varphi(u) - \varphi(u) = 0$ で $u = v - v'$ とおけば $v - v' = 0$ となるから. ■

6.2　積分の比較と直交分解

■ A ― 積分の順序と密度

集合 X におけるベクトル束 L に対して，L 上の積分全体を $\mathcal{I}$ で表わすと，$\mathcal{I}$ は線型汎関数に対する演算により凸錐となる. すなわち，和と正数倍が意味を

もち，結合法則と分配法則を満たす．さらにこの代数演算と整合する順序 $J \leq I$ が $J(f) \leq I(f)$ $(f \in L^+)$ によって定められる．以下，複数の積分を比較する都合上，$I \in \mathcal{I}$ に伴う可積分関数全体，可測集合全体，零集合全体をそれぞれ $L^1(I)$, $\mathcal{L}(I)$, $\mathcal{N}(I)$ と書くことにする．正数 $r > 0$ に対して，$L^1(rI) = L^1(I)$, $\mathcal{L}(rI) = \mathcal{L}(I)$, $\mathcal{N}(rI) = \mathcal{N}(I)$ および $(rI)^1 = rI^1$ であることに注意.

2つの積分 $I, J \in \mathcal{I}$ について，I, J の定める最小測度をそれぞれ μ, ν と書こう．σ 有限な I については，測積対応の項 (3.4 節 A) で見たように $L^1(I) = L^1(X, \mu)$ である．

補題 6.11　積分 $I, J \in \mathcal{I}$ が $J \leq I$ を満たすとする．このとき

(i) $L^1(I) \subset L^1(J)$ であり，$J^1(h) \leq I^1(h)$ $(0 \leq h \in L^1(I))$ が成り立つ．とくに，$\mathcal{N}(I) \subset \mathcal{N}(J)$ である．

(ii) さらに I が σ 有限であれば，J も σ 有限で，$\mathcal{L}(I) \subset \mathcal{L}(J)$ が成り立つ．

【証明】　(i) $f \in L^1(I)$ の L における I 級数表示 $f \overset{(\varphi_n)}{\simeq} \sum f_n$ は，$J(\varphi_n) \leq I(\varphi_n)$ より J 級数表示でもあり，したがって $f \in L^1(J)$ かつ $J^1(f) = \sum J(f_n)$ となる．そこで f, f_n が実関数のとき $h = |f|$ とすれば，補題 2.15 により

$$J^1(h) = \lim J(|f_1 + \cdots + f_n|) \leq \lim I(|f_1 + \cdots + f_n|) = I^1(h).$$

(ii) I が σ 有限すなわち $X_n \uparrow X$ $(X_n$ は I 可積分$)$ であれば，X_n が J 可積分であることから J も σ 有限であり，可測集合 $A \in \mathcal{L}(I)$ は J 可積分集合の増大列 $A_n = A \cap X_n$ を使って $A_n \uparrow A$ と表わされるので，A は J 可測でもある．　∎

系 6.12　$I \in \mathcal{I}$ が σ 有限であるとき，$J \leq I$ であることと $\nu(A) \leq \mu(A)$ $(A$ は I 可積分$)$ となることが同値.

【証明】　これは押し上げ表示 (補題 3.14) と段々近似 (命題 3.44) による．押し

上げ表示では $L^1(I)$ が切り落とし条件を満たすこと（問 3.9）に注意する. ■

例 6.13 ベクトル束 L 上の積分 I で $L^1(I)$ が切り落とし条件を満たすものと $\mathcal{L}(I)$ 可測関数 h で $0 \le h \le 1$ となるものに対して，$hL^1(I) \subset L^1(I)$ であり，$J(f) = I^1(hf)$ $(f \in L)$ は，$J \le I$ なる積分を定める.

というのは，$0 \le f \in L^1(I)$ が定理 3.47 により $\mathcal{L}(I)$ 可測であり，系 3.42 により $f_n \uparrow f, h_n \uparrow h$ となる $f_n, h_n \in L^+(X)$ が存在する. そこで，$h_n f_n \uparrow hf \le f$ において，f が I 可積分であることから従う $h_n f_n \in L^+(X, \mu)$ に注意して単調収束定理を適用すれば，$hf \in L^1(I)$ となるからである.

補題 6.14 X は I 可積分 $(\mu(X) < \infty)$ とする. $L^\infty(X, \mu) \subset L^2(X, \mu) \subset L^1(X, \mu) = L^1(I)$ に注意（問 5.5）. このとき，2 乗可積分関数 $g \in L^2(X, \mu)$ が $0 \le I^1(gf) \le I^1(f)$ $(0 \le f \in L^2(X, \mu))$ を満たせば，$0 \le g(x) \le 1$ (μ-a.e. $x \in X$) である.

【証明】 $f = \operatorname{Im} g$ に対して $I^1(gf_\pm) \ge 0$ $(f_\pm = 0 \vee (\pm f))$ より，

$$I^1((\operatorname{Re} g)(\operatorname{Im} g)) + iI^1(|\operatorname{Im} g|^2) = I^1(gf) = I^1(gf_+) - I^1(gf_-) \in \mathbb{R}$$

となるので，$|\operatorname{Im} g|^2$ は零関数，すなわち $g(x) \in \mathbb{R}$ (μ-a.e. $x \in X$) である.

次に $0 \le g \le 1$ を示そう. $f = 1_{[g<0]} \in L^\infty(X, \mu)$ とすると，

$$0 \le I^1(g1_{[g<0]}) = \int_{[g<0]} g(x)\, \mu(dx) \le 0$$

より $\mu([g < 0]) = 0$ である. また，$f = 1_{[g>1]} \in L^\infty(X, \mu)$ とすると，

$$0 \le I^1(f) - I^1(gf) = \int_{[g>1]} (1 - g(x))\, \mu(dx) \le 0$$

より $\mu([g > 1]) = 0$ がわかる. ■

定理 6.15（von Neumann） ベクトル束 L 上の σ 有限な 2 つの積分 I, J

が $J \le I$ を満たすとする. このとき, $\mathcal{L}(I)$ 可測関数 $h : X \to [0,1]$ で, $J(f) = I^1(hf)$ $(f \in L)$ を満たすものが零関数の違いを除いてちょうど一つ存在する.

【証明】 $X = \bigsqcup X_n$ ($X_n \in \mathcal{L}(I)$ は I 可積分) と分割しておくと, $f \in L^2(X_n, \mu)$ が $\mathcal{L}(I)$ 可測であることから $\mathcal{L}(J)$ 可測でもある (補題 6.11). そこで, $|f|^2 \in L^1(X_n, \mu) \subset L^1(X_n, \nu)$ に注意して内積の不等式

$$\int_{X_n} |f(x)| \, \nu(dx) \le \sqrt{\nu(X_n)} \sqrt{\int_{X_n} |f(x)|^2 \, \nu(dx)}$$

$$\le \sqrt{\mu(X_n)} \sqrt{\int_{X_n} |f(x)|^2 \, \mu(dx)}$$

を考えると, ヒルベルト空間 $L^2(X_n, \mu)$ 上の線型汎関数

$$L^2(X_n, \mu) \ni f \mapsto \int_{X_n} f(x) \, \nu(dx)$$

が意味をもち有界であるとわかる. したがって, ヒルベルト空間の自己双対性 (リースの定理 6.10) により, 関数 $h_n \in L^2(X_n, \mu)$ を使って

$$\int_{X_n} f(x) \, \nu(dx) = \int_{X_n} h_n(x) f(x) \, \mu(dx)$$

$$(f \in L^2(X_n, \mu) \subset L^1(X_n, \mu) \subset L^1(X_n, \nu))$$

のように表わされる. 上の補題からわかる $0 \le h_n \le 1$ に注意して, $h = \sum 1_{X_n} h_n$ とおくと, これが求める密度関数である. というのは, 各 X_n において, $0 \le f_n \in L^1(X_n, \mu)$ を $(r 1_{X_n}) \wedge f_n \in L^2(X_n, \mu)$ $(r > 0)$ によって下から近似すれば, 単調収束定理により, 上の積分等式が $f_n \in L^1(X_n, \mu)$ でも正しいことがわかり, $f \in L^1(X, \mu)$ については $f_n = f|_{X_n} \in L^1(X_n, \mu)$ より,

$$\int_X f(x) \, \nu(dx) = \sum \int_{X_n} f_n(x) \, \nu(dx)$$

$$= \sum \int_{X_n} h(x) f_n(x) \, \mu(dx) = \int_X h(x) f(x) \, \mu(dx)$$

となるからである.

最後に, 上の等式をすべての $f \in L$ で成り立たせる $\mathcal{L}(I)$ 可測関数 $h \in L^\infty(X, \mu)$ が一つしかないことを確かめる. まず $L \subset L^1(X, \mu)$ が $\|\cdot\|_1$ ノルムで密であることから, 積分等式は $g \in L^1(X, \mu)$ についても成り立つことがわかる. そこで, $g \in L^1(X, \mu)$ の L における級数表示 $g \overset{(\psi_n)}{\simeq} \sum g_n$ を考えると, $hg \overset{(\psi_n)}{\simeq} \sum hg_n$ という $L^1(X, \mu)$ における級数表示が得られるので, 定理 2.17 により,

$$\int_X g(x)\,\nu(dx) = \sum_n \int_X g_n(x)\,\nu(dx)$$
$$= \sum_n \int_X g_n(x)h(x)\,\mu(dx) = \int_X h(x)g(x)\,\mu(dx)$$

が成り立つ. したがって, 双対関係 $L^\infty(X, \mu) \subset L^1(X, \mu)^*$ (命題 5.7 (ii)) により, h が $L^\infty(X, \mu)$ の元として一意的に定まる. ∎

➤**注意 29**　関数 h の住まうところは, 本来, 積分 I のとり方によらないものである. これは後の連鎖律を見れば推察できることではあるが, 詳しくは 7 章 (命題 7.30) で.

次に測度の比較について考えよう. ここからは可測空間 $(X, \mathcal{B})$ を一つ固定し, その上の測度を扱う. 最初に, $\mathcal{B}$ 上の測度全体が $\mathcal{I}$ と同様に和と正数倍の演算を許容することに注意する. すなわち, 測度 $\mu, \nu : \mathcal{B} \to [0, \infty]$ と $r > 0$ に対して, $(\mu + \nu)(B) = \mu(B) + \nu(B)$ および $(r\mu)(B) = r\mu(B)$ $(B \in \mathcal{B})$ が測度を定め, 結合法則と分配法則を満たす.

さて, 段々近似のところで見たように, 可積分でなくても可測な正関数の積分が意味をもった (定義 3.46). そこで, 可測関数 $\rho : X \to [0, \infty)$ を利用して, 測度 μ から集合関数 $\nu : \mathcal{B} \to [0, \infty]$ を $\nu(A) = \int_A \rho(x)\,\mu(dx)$ で定めると, これは系 3.45 (ii) により測度を与える. さらに, ν は, $\mu(A) = 0 \Longrightarrow \nu(A) = 0$ $(A \in \mathcal{B})$ が成り立つという意味の連続性を有し, μ が σ 有限であれば ν も σ 有限である. 以下では ν を $\rho\mu$ と書くことにする. 単調収束定理 (系 3.45 (ii)) により, 測度 $\rho\mu$ は $\langle h \rangle_{\rho\mu} = \langle h\rho \rangle_\mu$ を満たし, したがって $(h\rho)\mu = h(\rho\mu)$ $(h : X \to [0, \infty)$ は $\mathcal{B}$ 可測関数) であることに注意.

問 6.6 「さらに」以下を確かめよ. また, σ 有限な μ と可測関数 $f, g : X \to [0, \infty)$ について, $f\mu = g\mu \Longleftrightarrow f(x) = g(x)$ (μ-a.e. $x \in X$) を示せ.

一般に上の意味の連続性をもつ測度 ν は測度 μ に関して**絶対連続** (absolutely continuous) であるといい, このことを $\nu \prec \mu$ という記号[*61]で表わす. これは測度全体の集合における (弱い意味での) 順序関係となっている. また, $\nu \prec \mu$ かつ $\mu \prec \nu$ であるとき, μ と ν は**同値** (equivalent) であるといい, $\mu \sim \nu$ と書く.

定義 6.16 可測空間 $(X, \mathcal{B})$ における 2 つの測度 μ, ν が**直交する** (orthogonal) とは, $X = A \sqcup B$ かつ $\mu(B) = 0 = \nu(A)$ となる $A, B \in \mathcal{B}$ が存在することであり, このとき $\mu \perp \nu$ と書く. また測度 ω の直交分解とは, $\mu \perp \nu$ である測度により $\omega = \mu + \nu$ と表わすことをいう.

定理 6.17 (ラドン・ニコディムの密度定理) 可測空間 $(X, \mathcal{B})$ における 2 つの σ 有限測度 μ, ν は, 互いに直交する部分と同値な部分に直交分解される. すなわち, $\mathcal{B}$ 可測集合による分割和 $X = B_0 \sqcup B \sqcup B_1$ で, μ は $B \sqcup B_1$ により, ν は $B_0 \sqcup B$ により支えられ, かつ $\mu|_B \sim \nu|_B$ となるものが存在する. またこのような分解を与える分割和は $\mu + \nu$ に関する零集合の違いを除いて一意的である. これを**ルベーグ分解** (Lebesgue decomposition) という.

さらに $\nu \prec \mu$ であれば, $\mathcal{B}$ 可測関数 $\rho : X \to [0, \infty)$ で $\nu = \rho\mu$ となるものが存在する. このような ρ は μ 零関数の違いを除いて定まり, ν の μ に関する**密度 (関数)**[*62] (density) と呼ばれ, $\dfrac{d\nu}{d\mu}$ あるいは $\dfrac{\nu}{\mu}$ と書かれる[*63].

【証明】 まず, σ 有限測度の和 $\omega = \mu + \nu$ も σ 有限である. というのは, $X =$

[*61] $\nu \ll \mu$ と書く人が多いようではあるが, ν は μ と比べて小さいわけではない, ということもあり.

[*62] 密度のほかに, ラドン・ニコディム微分あるいは導関数 (derivative) ともいう.

[*63] 集合関数としての商 $A \mapsto \nu(A)/\mu(A)$ と紛れることはないだろうということで.

$\bigcup E_n = \bigcup F_n,\ E_n, F_n \in \mathcal{B},\ \mu(E_n) < \infty,\ \nu(F_n) < \infty$ と表わすとき，$X = \bigcup_{m,n} E_m \cap F_n$ であり $\omega(E_m \cap F_n) \le \mu(E_m) + \nu(F_n) < \infty$ となるから．

そこで，$L(X, \omega) \subset L(X, \mu) \cap L(X, \nu)$ に注意して，$L = L(X, \omega)$, $I = I_\omega$, $J = I_\mu|_L$ としたものに定理 6.15 を適用し，$\mathcal{L}$ 可測関数が零関数の違いを除いて $\mathcal{B}$ 可測関数で表わされること（定理 3.50）を使えば，$\mathcal{B}$ 可測関数 $h : X \to [0,1]$ で

$$\int_X f(x)\,\mu(dx) = \int_X h(x) f(x)\,\omega(dx)$$
$$\Longleftrightarrow \int_X f(x)\,\nu(dx) = \int_X (1 - h(x)) f(x)\,\omega(dx) \quad (f \in L^1)$$

を満たすものが存在する．そして測度についての等式 $\mu = h\omega,\ \nu = (1-h)\omega$ が成り立つ．（ω が σ 有限であることに注意して，定理 3.50 により $A \in \mathcal{B}$ を I 可積分集合列 $A_n \in \mathcal{B}$ で内から近似する．）

さて，$\mathcal{B}$ 可測集合を $B = [0 < h < 1]$, $B_0 = [h = 0]$, $B_1 = [h = 1]$ で定め，$X = B_0 \sqcup B \sqcup B_1$ と分割すると，$\mu = h\omega,\ \nu = (1-h)\omega$ という表示により，$\mu(B_0) = \nu(B_1) = 0$ であり，$\mu|_B \sim \nu|_B$ が成り立つ．最後の同値性は，$\mu(C) = 0$ となる B の部分集合 $C \in \mathcal{B}$ に対して，$1_C h$ が ω に関する零関数であり，したがって $C = [1_C h \ne 0]$ は零集合となり，$\omega(C) = 0$ を満たす．その結果，$\nu(C) = \omega(C) - \mu(C) = 0$ となる．同様に，$\nu(C) = 0$ から $\mu(C) = 0$ が得られるからである．

逆にこのような分割は，零関数による h の不定性から生じる違いしかないから，零集合の違いを除いて一意的である．

とくに，$\nu \prec \mu$ であれば，$\nu(B_0) = 0$ となるので，$\omega(B_0) = 0$ となり，初めから $B_0 = \emptyset$ すなわち $h > 0$ としておいてよい．最後に，可測関数 $\rho : X \to [0, \infty)$ を $\rho = (1-h)/h$ で定めると，$\rho\mu = \rho h\omega = (1-h)\omega = \nu$ が成り立つ．逆に，このような表示があれば，$h = 1/(1+\rho)$ でなければならないので，そのような ρ は零関数の違いを除いて一つしかないこともわかる．∎

系 6.18（連鎖律）　さらに，μ がもう一つの σ 有限測度 λ に関して絶対連続であれば，次が成り立つ．

$$\frac{d\nu}{d\lambda}(x) = \frac{d\nu}{d\mu}(x)\frac{d\mu}{d\lambda}(x) \quad (\lambda\text{-a.e. } x \in X).$$

問 6.7 密度定理における分解の一意性のところを詳しく述べよ.

➤**注意 30** 上で与えたルベーグ分解では,μ, ν 双方に σ 有限性の仮定が必要(問題 6.F).一方で,弱い意味での分解 $\nu = \nu_1 + \nu_2$($\nu_1 \prec \mu, \nu_2 \perp \mu$)の存在と一意性は,$\nu$ の σ 有限性だけで成り立つ(例えば,[6, 定理 5.3]).

■ B — 普遍 L^p 空間(von Neumann–Kakutani [*64])

さて,$\nu \prec \mu$ のとき,バナッハ空間の等長埋め込み $L^p(X, \nu) \to L^p(X, \mu)$($1 \le p < \infty$)を $f \mapsto f(d\nu/d\mu)^{1/p}$ で与えることができる.この対応関係を見やすくするために,$f \in L^p(X, \nu)$ に $\nu^{1/p}$ という飾り記号をつけて,ついでに $d\nu/d\mu$ も ν/μ と略記すれば,上の埋め込みは $f\nu^{1/p} \mapsto f(\nu/\mu)^{1/p}\mu^{1/p}$ と表わされる.(ν が有限測度のとき,可積分定数関数 1_X の表わす元 $1_X\nu^{1/p}$ は $\nu^{1/p}$ と略記される.)

そこでバナッハ空間の形式的な和 $\sum_\mu L^p(X, \mu)\mu^{1/p}$($\mu$ は σ 有限測度)を考え,$\nu \prec \mu$ であるものについて,$f\nu^{1/p} = f(\nu/\mu)^{1/p}\mu^{1/p}$ という同一視を行えば,すべての $L^p(X, \mu)$ を $L^p(X, \nu) \subset L^p(X, \mu)$($\nu \prec \mu$)となる形で含むベクトル空間 $L^p(X, \mathcal{B})$ が得られ [*65],その上のノルムを $\|f\mu^{1/p}\|_p = (\int_X |f(x)|^p \mu(dx))^{1/p}$ によって与えることができる.代数的な言い方をすると,$L^p(X, \mathcal{B})$ は $L^p(X, \mu)$ の帰納極限ということになるので,埋め込み $L^p(X, \nu) \subset L^p(X, \mu)$($\nu \prec \mu$)と対形式 $L^p(X, \mu) \times L^q(X, \mu) \to \mathbb{C}$ が整合的であることから,それを拡張する形で,双線型形式 $L^p(X, \mathcal{B}) \times L^q(X, \mathcal{B}) \to \mathbb{C}$ が定められる.

[*64] 角谷の原論文 [23] には,von Neumann による形式であることが最大の謝辞とともに述べてある.ただ,von Neumann の見方をこういう形で引き出せたのは角谷の結果があればこそということで,両雄を並べ称えるべく.

[*65] 補足すると,$\nu \prec \mu \prec \lambda$ のとき,埋め込み $L^p(X, \nu) \to L^p(X, \mu)$ と埋め込み $L^p(X, \mu) \to L^p(X, \lambda)$ の合成が連鎖律により埋め込み $L^p(X, \nu) \to L^p(X, \lambda)$ に一致するので,$L^p(X, \mathcal{B})$ は,バナッハ空間 $L^p(X, \mu)$ の増大極限(正確には,σ 有限測度全体を有向集合とする帰納極限)として意味をもつということである.

問 6.8 対形式（pairing）と埋め込みの整合性を確かめよ.

問 6.9 ボレル可測空間 $(\mathbb{R}, \mathcal{B}(\mathbb{R}))$ において，一点 $s \in \mathbb{R}$ で支えられたディラック測度を μ_s とするとき，$\|\mu_s^{1/p} - \mu_t^{1/p}\|_p$ を求めよ.

➤**注意 31** 上の問から実感できるように $L^p(X, \mathcal{B})$ は，一般に可分からは程遠い巨大なバナッハ空間である. 例 8.32 と例 8.33 も参照.

解析的な性質については，もとの $L^p(X, \mu)$ が反映され，次が成り立つ.

定理 6.19 $L^p(X, \mathcal{B})$ $(1 \leq p < \infty)$ はバナッハ空間であり，$L^2(X, \mathcal{B})$ はヒルベルト空間となる.

【証明】 $L^p(X, \mathcal{B})$ における列 $(f_n \mu_n^{1/p})$ において，各 μ_n を同値な確率測度でとり直し，さらに確率測度を $\mu = \sum_{n \geq 1} \frac{1}{2^n} \mu_n$ と定めれば，$\mu_n \prec \mu$ $(n \geq 1)$ であり，$f_n (\mu_n/\mu)^{1/p}$ を改めて f_n と書くことで，$(f_n \mu^{1/p})$ という表示を得る.

そこでこれがコーシー列であれば，$L^p(X, \mu)$ がバナッハ空間であることから，$f \in L^p(X, \mu)$ で，$\lim \|f_n \mu^{1/p} - f \mu^{1/p}\|_p = 0$ となるものが存在し，$L^p(X, \mathcal{B})$ は完備である. ∎

系 6.20 有限測度 μ, ν について，以下は同値.

(i) $\mu \perp \nu$ である.

(ii) $\|\mu - \nu\|_1 = \mu(X) + \nu(X)$ である.

(iii) $\mu^{1/2} \perp \nu^{1/2}$ である.

【証明】 $f = \mu/(\mu + \nu)$, $g = \nu/(\mu + \nu)$ とすれば，$L^1(X, \mu + \nu)$ において，(i) は $X = A \sqcup B$, $\mu(B) = 0 = \nu(A)$ と分解することで，$fg = 0$ $((\mu+\nu)\text{-a.e.})$ と表わされ，(ii) は $f + g - |f - g| = 2(f \wedge g)$ より $f \wedge g = 0$ $((\mu+\nu)\text{-a.e.})$, (iii) は $f^{1/2} g^{1/2} = 0$ $((\mu+\nu)\text{-a.e.})$ となり，いずれも $[f > 0] \cap [g > 0]$ が零集合であると言い換えられるので，同値である. ∎

例 6.21 正数 $a > 0$ をパラメータとする $\mathbb{R}$ 上の確率ボレル測度（1 次元ガウ

ス測度）

$$\nu_a(A) = \frac{1}{\sqrt{2\pi a^2}} \int_A e^{-t^2/2a^2}\, dt$$

について,

$$(\nu_a^{1/2}|\nu_b^{1/2}) = \int_{-\infty}^{\infty} \sqrt{\frac{1}{\sqrt{2\pi a^2}} e^{-t^2/2a^2} \frac{1}{\sqrt{2\pi b^2}} e^{-t^2/2b^2}}\, dt = \sqrt{\frac{2ab}{a^2+b^2}}.$$

L^p の双対性は次節で扱うので手順前後ではあるが, ついでに述べておくと次が成り立つ.

定理 6.22　$L^p(X, \mathcal{B})^* = L^q(X, \mathcal{B})$ $(1 < p < \infty)$ である.

6.3 複素測度

■ A —— 変動と極分解

可測空間 $(X, \mathcal{B})$ における測度 μ に関する可積分関数 $w : X \to \mathbb{C}$ に対して, σ 代数 $\mathcal{B}$ 上の集合関数 $\lambda : \mathcal{B} \to \mathbb{C}$ を $\lambda(A) = \int_A w(x)\, \mu(dx)$ で定めると, λ （これを $w\mu$ とも書く）は, $\mathcal{B}$ における可算分割和 $A = \bigsqcup A_n$ に対して,

$$\lambda(A) = \sum \lambda(A_n) \qquad \text{（絶対収束）}$$

が成り立つ, という性質をもつ. 一般に, この性質をもつ集合関数を $(X, \mathcal{B})$ における**複素測度**（complex measure）と呼び, とくに $\lambda(A) \in \mathbb{R}$ $(A \in \mathcal{B})$ のときは**実測度**（real measure）あるいは**符号つき測度**（signed measure）という. $\mathcal{B}$ の上で定義された複素測度全体を $L^1(\mathcal{B})$ と書くと, $L^1(\mathcal{B})$ は, とる値ごとの演算で＊ベクトル空間をなす. とくに, 複素測度 $\lambda(A)$ は, その実部 $\mathrm{Re}\, \lambda(A)$ と虚部 $\mathrm{Im}\, \lambda(A)$ に分けることで, 実測度 $\mathrm{Re}\, \lambda, \mathrm{Im}\, \lambda$ を使って $\lambda = (\mathrm{Re}\, \lambda) + i(\mathrm{Im}\, \lambda)$ と表わされる.

記号が示唆するように, $L^1(\mathcal{B})$ は前節で導入した普遍 L^1 空間に一致する. こ

のことを複素測度の極分解という形で確かめよう.

　複素測度 λ に対して,

$$|\lambda|(A) = \sup\left\{\sum|\lambda(A_n)|\; ; \; A = \bigsqcup A_n \text{ は } \mathcal{B} \text{ における可算分割和}\right\}$$

で定められる集合関数 $|\lambda| : \mathcal{B} \to [0, \infty]$ を λ の**変動** [*66] (variation) と呼び, $|\lambda|(X)$ を λ の**全変動** (total variation) と称し $\|\lambda\|$ のようにも書く. 変動は, 定義の仕方から不等式 $|\lambda + \lambda'| \le |\lambda| + |\lambda'|$ と等式 $|\alpha\lambda| = |\alpha||\lambda|$ $(\lambda, \lambda' \in L^1(\mathcal{B}),$ $\alpha \in \mathbb{C})$ を満たす. とくに, 全変動は $L^1(\mathcal{B})$ の半ノルムを与え, それが実際にノルムであることは, $|\lambda(A)| + |\lambda(X \setminus A)| \le |\lambda|(X)$ $(A \in \mathcal{B})$ からわかる.

➤**注意 32**　(i) 通常の測度が ∞ を値として許す一方で, 実測度で通常の測度でもあるものは有界測度ということになる.

　(ii) 変動を表わす記号 $|\lambda|$ を集合関数 $|\lambda(A)|$ $(A \in \mathcal{B})$ と混同しないように. $|\lambda(A)| \le |\lambda|(A)$ であるが, 等号は特別な状況においてのみ成り立つ.

例 6.23　$\lambda = w\mu$ については, $|\lambda| = |w|\mu$ である. $|\lambda| \le |w|\mu$ は当然で, $|w|\mu \le |\lambda|$ を示すには, w の値域を細かく分けて下から評価すればよい. 詳しくは演習 (問題 6.D) とする.

> **補題 6.24**　実測度 λ と $B \in \mathcal{B}$ に対して,
> $$|\lambda|(B) \le 2\sup\{|\lambda(A)|\; ; \; A \subset B, \; A \in \mathcal{B}\}.$$

【証明】　これは, $|\lambda|(B)$ の値を下から近似する $\sum_k|\lambda(B_k)|$ を正負で組分けして得られる

$$\sum_k|\lambda(B_k)| = {\sum_k}'\lambda(B_k) - {\sum_k}''\lambda(B_k)$$

$$\le 2\left({\sum_k}'\lambda(B_k)\right) \vee \left(-{\sum_k}''\lambda(B_k)\right)$$

[*66] variation を変分と変動に訳し分ける芸の細かさかな. 音楽方面だとこれに変奏が加わる. 原語はいろいろ変わることの意であるから, ひとまとめに変化 (へんげ) とか.

という不等式で $A = \bigsqcup_k' B_k$ または $A = \bigsqcup_k'' B_k$ とおき，右辺・左辺の順に上限をとればわかる． ∎

> **定理 6.25** 複素測度 λ の変動 $|\lambda|$ は有界測度である．

【証明】 最初に，$\|\lambda\| < \infty$ を絞り出し論法で示す．$\|\lambda\| \le \|\mathrm{Re}(\lambda)\| + \|\mathrm{Im}(\lambda)\|$ であるから，実測度 λ の場合に $\|\lambda\| < \infty$ をいえば十分．ここで，定義からすぐわかる劣加法性 $|\lambda|(A \sqcup B) \le |\lambda|(A) + |\lambda|(B)$ に注意しておく．

さて仮に $|\lambda|(X) = \infty$ とする．このとき $B = X$ に上の補題を適用することで，$|\lambda(A)| \ge 1 + |\lambda(X)|$ となる $A \in \mathcal{B}$ が存在し，$C = X \setminus A$ は $|\lambda(C)| = |\lambda(A) - \lambda(X)| \ge |\lambda(A)| - |\lambda(X)| \ge 1$ を満たす．一方 $|\lambda|(X) \le |\lambda|(A) + |\lambda|(C)$ より，$|\lambda|(A)$ か $|\lambda|(C)$ のいずれか一つは ∞ なので，それを X_1 とおくと，$|\lambda|(X_1) = \infty$ かつ $|\lambda(X \setminus X_1)| \ge 1$ が成り立つ．

以下，$B = X_1$ に同じ論法をくり返すことで，減少列 $X_n \in \mathcal{B}$ が $|\lambda|(X_n) = \infty$ かつ $|\lambda(X_n \setminus X_{n+1})| \ge 1$ となるようにとれる．これは

$$\lambda\Big(\bigsqcup_{n \ge 1}(X_n \setminus X_{n+1})\Big) = \sum_{n=1}^{\infty} \lambda(X_n \setminus X_{n+1})$$

の右辺が収束級数であることに反する．

次に $|\lambda|$ が測度であることを示す．$\mathcal{B}$ における分割和 $A = \bigsqcup A_j$ を考える．A の勝手な分割和 $A = \bigsqcup B_k$ に対して，$B_k = \bigsqcup_j (A_j \cap B_k)$ と細分割されるので，

$$\sum_k |\lambda(B_k)| = \sum_k \Big| \sum_j \lambda(A_j \cap B_k) \Big| \le \sum_{j,k} |\lambda(A_j \cap B_k)| \le \sum_j |\lambda|(A_j)$$

となり，$|\lambda|(A) \le \sum_j |\lambda|(A_j)$ がわかる．

逆向きの不等式を示すために，$|\lambda|(A_j) < \infty$ ののりしろ $\epsilon_j > 0$ に対して，A_j の分割和 $A_j = \bigsqcup_k A_{j,k}$ で $\sum_k |\lambda(A_{j,k})| \ge |\lambda|(A_j) - \epsilon_j$ となるものを用意しておくと，$A = \bigsqcup A_{j,k}$ であることから，$\sum_j (|\lambda|(A_j) - \epsilon_j) \le \sum |\lambda(A_{j,k})| \le |\lambda|(A)$ となり，これから $\sum_j |\lambda|(A_j) \le |\lambda|(A)$ がわかる． ∎

問 6.10　複素測度 λ の変動 $|\lambda|$ は，次のように有限和でも近似される．

$$|\lambda|(A) = \sup\left\{\sum_{j=1}^{n}|\lambda(A_j)| \,;\, A = \bigsqcup_{1 \le j \le n} A_j\right\}.$$

定理 6.26（極分解）　可測空間 $(X, \mathcal{B})$ における複素測度 λ に対して，$\mathcal{B}$ 可測な有界複素関数 $u : X \to \mathbb{C}$ で，$\lambda = u|\lambda|$ となるものが $|\lambda|$ に関する零関数の違いを除いてちょうど一つ存在し，$|u(x)| = 1$ ($|\lambda|$-a.e. $x \in X$) を満たす．

【証明】　このような $u \in L^\infty(X, |\lambda|)$ が一つしかないのは，定理 6.15 の証明と同様に $L^\infty(X, \mu) \subset L^1(X, \mu)^* = L(X, \mu)^*$ からわかる．

λ の実部を ν で表せば，$|\nu| \le |\lambda|$ であることから，$|\lambda| \pm \nu$ は有界測度を与え，$|\lambda| \pm \nu \le 2|\lambda|$ を満たす．したがって，定理 6.17 と定理 6.15 により，$|\lambda| \pm \nu = 2v_\pm|\lambda|$ なる $\mathcal{B}$ 可測関数 $v_\pm : X \to [0,1]$ が存在する．そこで，$v = v_+ - v_-$ とおくと，$\nu = v|\lambda|$ と表わされる．同様に λ の虚部は $\mathcal{B}$ 可測関数 $w : X \to [-1, 1]$ を使って $w|\lambda|$ と表わされ，有界可測関数 $u = v + iw$ は $\lambda = u|\lambda|$ を満たす．

最後に，例 6.23 から $|\lambda| = |u||\lambda|$ となるので，密度関数の一意性により $|u(x)| = 1$ ($|\lambda|$-a.e. $x \in X$) である．　∎

系 6.27（ジョルダン分解）　実測度 λ に対しては，正測度 $\lambda_\pm = \frac{1}{2}(|\lambda| \pm \lambda)$ が互いに直交し，$\lambda = \lambda_+ - \lambda_-$, $|\lambda| = \lambda_+ + \lambda_-$ を満たす．

問 6.11（ハーン分解）　実測度 λ に対して，可測集合 $S \in \mathcal{B}$ で，$\lambda_+(A) = \lambda(A \cap S)$, $\lambda_-(A) = -\lambda(A \setminus S)$ ($A \in \mathcal{B}$) となるものが $|\lambda|$ に関する零集合の違いを除いてちょうど一つ存在する．

ここで，先に予告した $L^1(\mathcal{B}) = L^1(X, \mathcal{B})$ を確かめよう．有界 $\mathcal{B}$ 可測関数 $w : X \to \mathbb{C}$ と有界測度 $\mu : \mathcal{B} \to [0, \infty)$ から作られる複素測度 $w\mu \in L^1(\mathcal{B})$ を区別するために，$w \in L^1(X, \mu)$ の $L^1(X, \mathcal{B})$ における像を $w\mu^1$ と書くことに

する.

さて,複素測度 $\lambda = w\mu$ は,$\lambda(A) = \int_A w(x)\,\mu(dx)$ という形と埋め込み $L^1(X, \mu) \to L^1(X, \mathcal{B})$ の定義の仕方から $w\mu^1 \in L^1(X, \mathcal{B})$ のみに依存するので,対応 $w\mu^1 \mapsto w\mu$ が意味をもち,線型写像 $L^1(X, \mathcal{B}) \to L^1(\mathcal{B})$ を定める.さらに,$\|\lambda\| = |w\mu|(X) = \|w\mu^1\|_1$ であることからノルムを保ち,こうして得られた等長写像は極分解により全射である.

最後に,複素測度 λ に関する積分を与えておこう.とはいっても,極分解 $\lambda = u|\lambda|$ を用いて,$|\lambda|$ 可積分関数 f に対して,

$$\int_X f(x)\,\lambda(dx) = \int_X f(x)u(x)\,|\lambda|(dx)$$

とおくだけである.これは後に有界線型汎関数の複素測度表示で必要となる.他に,正規作用素(あるいは可換 C* 環)のスペクトル分解を構成する過程で自然に現れることも指摘しておく.

■B — L^p 双対性

次に L^p 空間の双対性を,こちらは密度定理の応用として与えよう.最初に有界測度の場合を示す.これがある意味,本質的である.

> **補題 6.28** 有界測度空間 (X, μ) に伴う L^p 空間について,$L^p(X, \mu)^* = L^q(X, \mu)$ $(1 \le p < \infty, q = p/(p-1))$ が成り立つ.

【証明】 $\phi : L^p(X, \mu) \to \mathbb{C}$ を有界線型汎関数とする(定数倍の調整により $\|\phi\| = 1$ も仮定する)とき,$\phi(f) = \int f(x)g(x)\,\mu(dx)$ $(f \in L^p(X, \mu))$ なる関数 $g \in L^q(X, \mu)$ の存在が問題である.

集合関数 $\lambda : \mathcal{B} \to \mathbb{C}$ を $\lambda(A) = \phi(1_A)$ で定める($1_A \in L^p(X, \mu)$ に注意)と,$\|\phi\| = 1$ という仮定から $|\lambda(A)| \le \|1_A\|_p = \mu(A)^{1/p}$ である.また分割和 $A = \bigsqcup A_n$ $(A_n \in \mathcal{B})$ に対して,

$$\left\| 1_A - \sum_{j \in J} 1_{A_j} \right\|_p^p = \mu(A) - \sum_{j \in J} \mu(A_j) \to 0 \quad (J \subset \mathbb{N} \text{ は有限集合で } J \uparrow \mathbb{N})$$

に ϕ の連続性を合わせると，$(\lambda(A_n))_{n\geq 1}$ は総和可能で，$\lambda(A) = \sum_n \lambda(A_n)$ （絶対収束）がわかる．すなわち λ は複素測度である．のみならず，その変動 $|\lambda|$ が μ に関して絶対連続であることが $|\lambda| \leq |\mathrm{Re}\,\lambda| + |\mathrm{Im}\,\lambda|$ および $|\mathrm{Re}\,\lambda(A)| \vee |\mathrm{Im}\,\lambda(A)| \leq |\lambda(A)| \leq \mu(A)^{1/p}$ と補題 6.24 からわかる．

ここで密度定理を使い，$\mathcal{B}$ 可測関数 $\rho : X \to [0, \infty)$ により $|\lambda| = \rho\mu$ と表わすと，極分解 $\lambda = u|\lambda|$ と合わせて，$\lambda = u\rho\mu$ となる．そこで $g = u\rho$ とおくと，$\int_X \rho(x)\,\mu(dx) = |\lambda|(X) < \infty$ より $\rho \in L^1(X, \mu)$ であり，したがって $g \in L^1(X, \mu)$ でもある．その結果，

$$\phi(f) = \int_X f(x)g(x)\,\mu(dx), \qquad f \in L^\infty(X, \mu)$$

が成り立つ．実際，単純関数 $f \in L(X, \mathcal{B})$ については λ の表示式から正しく，一般の有界な $\mathcal{B}$ 可測関数（$L^\infty(X, \mu)$ との違いは零関数のみ）については，単純関数による一様近似が可能であり，ϕ および右辺の積分の一様収束に関する連続性からわかる．

次に $g \in L^q(X, \mu)$ を確かめる．$p = 1$ のときは簡単で，$|\lambda| \leq \mu$ より，$|g| = \rho \leq 1$ となるからである．$1 < p < \infty$ $(1 < q < \infty)$ の場合は，

$$\|g\|_q^q = \int_X |g(x)|^q\,\mu(dx) = \sup\left\{ \int h(x)\,\mu(dx)\,;\, h \in L(X),\ 0 \leq h \leq |g|^q \right\}$$

と表示するとき，右辺の上からの評価が問題である．有界な $\mathcal{B}$ 単純関数 h で $0 \leq h \leq |g|^q$ となるものに対して，$f = \bar{u}h^{1/p} \in L^\infty(X, \mu)$ が $fg = |g|h^{1/p} \geq h^{1/q}h^{1/p} = h$ を満たすことに注意すると，ϕ の積分表示からわかる不等式

$$\int h\,d\mu \leq \int fg\,d\mu = \phi(f) \leq \|f\|_p = \left(\int h\,d\mu \right)^{1/p}$$

は $\int h\,d\mu \leq 1$ を意味する．すなわち $\|g\|_q \leq 1$ であり，$L(X, \mu)$ が $L^p(X, \mu)$ で密であることから，$g \in L^q(X, \mu)$ により ϕ が実現される． ∎

定理 6.29 測度空間 (X, μ) に伴う L^p 空間について，$L^p(X, \mu)^* = L^q(X, \mu)$ $(1 < p < \infty)$ であり，μ が σ 有限のときは $L^1(X, \mu)^* = L^\infty(X, \mu)$ でもある．

【証明】　$1 \leq p < \infty$ とする．有界線型汎関数 $\phi : L^p(X, \mu) \to \mathbb{C}$ に対して，測度有限集合 $A \in \mathcal{B}$ ごとに ϕ の $L^p(A, \mu) \subset L^p(X, \mu)$ への制限を ϕ_A で表わすと，上の補題により，A で支えられた可測関数 $g_A \in L^q(X, \mu)$ を

$$\phi(f) = \int f g_A \, d\mu \qquad (f \in L^q(A, \mu) \subset L^q(X, \mu))$$

となるように選ぶことができ，$A \subset B$ のとき $g_A = g_B 1_A$ （μ-a.e.）であり，$\|\phi_A\| = \|g_A\|_q$ を満たす（系 5.3，命題 5.7）．

次に

$$\|\phi\|_0 = \sup\{\|\phi_A\| \, ; \, A \in \mathcal{B}, \ \mu(A) < \infty\} \leq \|\phi\| < \infty$$

を考えると，測度有限な増大列 A_n で $\|\phi_{A_n}\| \uparrow \|\phi\|_0$ となるものがとれる．そこで $A = \bigcup A_n$ とおけば，$f \in L^p(X \setminus A, \mu)$ に対して $\phi(f) = 0$ でなければならない．もし $\phi(f) \neq 0$ となる $f \in L^p(X \setminus A, \mu)$ があれば，f を 4 つの正関数の一次結合で表わすことで，$\phi(h) \neq 0$ となる $0 \leq h \in L^p(X \setminus A, \mu)$ があることになり，h を段々近似することで，$\phi(1_B) \neq 0$ となる測度有限な $\mathcal{B}$ 可測集合 $B \subset X \setminus A$ の存在がわかり，$\phi_B \neq 0$ である．一方

$$\|\phi\|_0 \geq \|\phi_{A_n \sqcup B}\| = \|g_{A_n \sqcup B}\|_q = (\|g_{A_n}\|_q^q + \|g_B\|_q^q)^{1/q}$$

$$= (\|\phi_{A_n}\|^q + \|\phi_B\|^q)^{1/q}$$

で極限 $n \to \infty$ をとれば，$\|\phi\|_0 \geq (\|\phi\|_0^q + \|\phi_B\|^q)^{1/q}$ となって矛盾である．

かくして ϕ は $\phi_A : L^p(A, \mu) \to \mathbb{C}$ で支えられるので，A_n の差分を使って $A = \bigsqcup C_n$ （$\mu(C_n) < \infty$）と表わし，$\sum g_{C_n}$ が $L^q(X, \mu)$ で総和可能であることに注意し（問 6.12），その総和を $g \in L^q(X, \mu)$ で表わせば，$\phi(f)$ が fg を μ で積分したものであることがわかる．

最後に，μ が σ 有限であれば，$X = \bigsqcup X_n$ （$\mu(X_n) < \infty$）と表示されるので，$p = 1$ においても $C_n = X_n$ ととることができ，$g = \sum g_{C_n} \in L^\infty(X, \mu)$ によって ϕ が積分表示される． ∎

➤注意 33　$\ell^1(X)^* = \ell^\infty(X)$ のように，$L^1(X, \mu)^* = L^\infty(X, \mu)$ であるために

μ の σ 有限性は必要ではない．一方で，半有限性は必要ではあるが十分でない
（Fremlin [21] 243G）．

問 6.12 $1 < q < \infty$ とする．分割和 $\bigsqcup C_n$ $(C_n \in \mathcal{B})$ によって $g_n = 1_{C_n} g_n$ と
支えられた関数列 $g_n \in L^q(X, \mu)$ が $\sum \|g_n\|_q^q < \infty$ を満たすならば，(g_n) は総
和可能で，その総和は可測関数 $g = \sum_n g_n$ によって与えられる．

第 6 章　問題

6.A ノルム空間 V の双対空間 V^* がバナッハ空間であることを示せ．

6.B 有界である測度 ν の測度 μ に関する絶対連続性は，見かけ上強い次の条
件と同値である．$\forall \epsilon > 0, \exists \delta > 0, \forall A \in \mathcal{B}, \mu(A) \leq \delta \Longrightarrow \nu(A) \leq \epsilon.$

6.C $L^p(X, \mu)$ についての双対性（定理 6.29）を読みかえることで，定理 6.22
を確かめよ．

6.D 例 6.23 における等式 $|w\mu| = |w|\mu$ の証明を詳しく述べよ．

6.E 複素測度あるいは測度よりも弱いものとして，X におけるブール代数 $\mathcal{B}$
上の加法的集合関数は半測度（semi-measure）と呼ばれる．複素半測度 λ に対
して，その変動 $|\lambda|_0 : \mathcal{B} \to [0, \infty]$ を

$$|\lambda|_0(A) = \sup \left\{ \sum_{j=1}^n |\lambda(A_j)| \, ; \, A = \bigsqcup_{j=1}^n A_j \right\}$$

で定めるとき，以下を示せ．

(i) $|\lambda|_0$ も半測度である．

(ii) $|\lambda|_0$ は，$B \in \mathcal{B}$ について次の不等式を満たす．

$$\sup\{|\lambda(A)| \, ; \, A \subset B, \, A \in \mathcal{B}\} \leq |\lambda|_0(B) \leq \pi \sup\{|\lambda(A)| \, ; \, A \subset B, \, A \in \mathcal{B}\}.$$

6.F $\mathbb{R}$ における個数測度をボレル集合族 $\mathcal{B}(\mathbb{R})$ に制限した測度 μ と，$\mathbb{R}$ にお

けるルベーグ測度を $\mathcal{B}(\mathbb{R})$ に制限した測度 ν について，以下を確かめ，ルベーグ分解が存在しないことを示せ．

(i) μ を支えるボレル集合は $\mathbb{R}^d$ しかない．

(ii) $\nu \prec r\mu$ かつ $r\mu + \nu = r\mu$ $(r > 0)$ である．とくに $\mu \perp \nu$ ではない．

(iii) $\mu|_B \sim \nu|_B$ となるボレル集合 B は空集合だけである．

7

❶CHAPTER

単調族と可測性

【この章の目標】

　これまでも見てきたように，関数列の極限の存在において，零集合での例外を許すことが積分論を展開する上で極めて有用である．一方でまたこの零集合なる概念は，列極限から離れた異質なものをその部分集合として含み得るため，ときに思わぬ悪さもする．ここでは，列に関する極限のみにこだわったより限定的な関数の集団に基づく可測性と測度を，Loomis [25] の一変化として学ぶ．

7.1　単調完備化

■ A ── 単 調 包

　関数列の極限を順序構造の観点から調べるために，次の概念を導入する．

定義 7.1　集合 X の上で定義された実関数の集まり $M \subset \mathbb{R}^X$ が**単調族**（monotone class）であるとは，単調列極限に関して閉じていること．すなわち，M に属する関数からなる増加列 $f_n \uparrow$ および減少列 $g_n \downarrow$ に対して，極限関数 $f(x) = \lim_n f_n(x)$, $g(x) = \lim_n g_n(x)$ が有限値に留まるならば，$f, g \in M$ となること．

命題 7.2　実関数の集まり $H \subset \mathbb{R}^X$ に対して，次の性質をもつ単調族 $M \supset H$ がちょうど一つ存在する．

$$H \text{ を含む単調族 } M' \text{ は常に } M \text{ を含む．}$$

これを **H によって生成された単調族**（the monotone class generated by H）といい，$M(H)$ という記号で表わす．

【証明】 H を含む単調族全体の共通部分をとればよい．単調族の集団の共通部分が再び単調族であることに注意．同じ論法は 3.1 節でも利用した．∎

定理 7.3 集合 X 上のベクトル束 L に対して，その実部 $\mathrm{Re}\,L$ から生成された単調族 $M(\mathrm{Re}\,L)$ は実ベクトル束であり，さらに，各点ごとの列収束（単純列収束）に関して閉じている．

【証明】 例えば $f, g \in M(\mathrm{Re}\,L) \Longrightarrow f + g \in M(\mathrm{Re}\,L)$ を示そう．2 段階に分けて上の命題を使う．

(i) $\mathrm{Re}\,L + M(\mathrm{Re}\,L) \subset M(\mathrm{Re}\,L)$　$f \in \mathrm{Re}\,L$ に対して，$\{g \in M(\mathrm{Re}\,L) ; f + g \in M(\mathrm{Re}\,L)\}$ は $\mathrm{Re}\,L$ を含む単調族であることから $M(\mathrm{Re}\,L)$ に一致する．

(ii) $M(\mathrm{Re}\,L) + M(\mathrm{Re}\,L) \subset M(\mathrm{Re}\,L)$　$g \in M(\mathrm{Re}\,L)$ に対して，$\{f \in M(\mathrm{Re}\,L) ; f + g \in M(\mathrm{Re}\,L)\}$ は，上のステップから $\mathrm{Re}\,L$ を含み，単調族をなす．したがって $M(\mathrm{Re}\,L)$ に一致する．

他の性質も同様の論法（σ 帰納法）で示される．

ベクトル束において，各点収束列の極限関数が上極限（増加極限と減少極限のくり返し）として実現されることから，最後の主張もわかる．∎

問 7.1 スカラー倍，束演算について確かめよ．

以下，（複素）ベクトル束 $M(\mathrm{Re}\,L) + iM(\mathrm{Re}\,L)$ を $M(L)$ と書き，L の**単調包**（monotone envelope）と呼ぶ．

系 7.4

(i) ベクトル束 L に対して，$M(L)$ は L を含み，関数列の各点収束で閉じた最小の関数集団である．

(ii) L 上の積分 I に対して，$L^1 \cap M(L)$ もベクトル束であり，$I^1 : L^1 \to \mathbb{C}$ を制限することで積分系を得る．

例 7.5　可測空間 $(X, \mathcal{B})$ 上の $\mathcal{B}$ 単純関数全体からなるベクトル束 $L(\mathcal{B})$ について，$\mathcal{B}$ 可測関数全体は，その実部・虚部に段々近似を施せばわかるように，$M(L(\mathcal{B}))$ に他ならない.

問 7.2　X 上のベクトル束 L と X' 上のベクトル束 L' に対して，写像 $\phi : X \to X'$ が $L' \circ \phi \subset L$ を満たすならば，$M(L') \circ \phi \subset M(L)$ である.

定義 7.6　単調収束定理が成立する積分系を**単調完備**（monotone-complete）であると呼ぶ. すなわち，関数 $f : X \to \mathbb{R}$ に対して，$f_n \in \mathrm{Re}\, L,\ f_n \uparrow f$ かつ $\lim_n I(f_n) < \infty$ ならば，$f \in L$ であり $I(f_n) \uparrow I(f)$ が成り立つものをいう. 積分系 $L^1 \cap M(L)$ は単調完備であり，これを L の（積分 $I : L \to \mathbb{C}$ に関する）**単調完備化**（monotone completion）という.

➤注意 34　上で「単調完備」と言っているものは，厳密には「単調列完備」とすべきであろうが，そうすると，「単調収束定理」も「単調列収束定理」と言い換えなければならず煩わしいので，「列」を省略する習慣に従っておく.

■ B — 積分の単調拡大

単調族 $M(L)$ の全体像を見ることは容易ではないが，積分の収束定理を適用する上で必要となる押え込み関数に限ると，それは L からの単調列極限でまかなうことができる. この一段階の単調極限について，素直にわかることを確かめておこう.

定義 7.7　集合 X 上のベクトル束 L に対して，

$$L_\uparrow = \{ f : X \to (-\infty, \infty] \,;\, f_n \uparrow f \text{ となる列 } f_n \in \mathrm{Re}\, L \text{ がある} \},$$

$$L_\downarrow = \{ f : X \to [-\infty, \infty) \,;\, f_n \downarrow f \text{ となる列 } f_n \in \mathrm{Re}\, L \text{ がある} \}$$

とおく. また，$L_\uparrow^+ = \{ f \in L_\uparrow \,;\, f \geq 0 \}$ という記号も使う.

命題 7.8　$L_\updownarrow$（$L_\uparrow$ または $L_\downarrow$）について，次が成り立つ.
(i) $L_\downarrow = -L_\uparrow$ かつ $\mathrm{Re}\, L \subset L_\uparrow \cap L_\downarrow$.

(ii) $\alpha, \beta \in \mathbb{R}_+, f, g \in L_\uparrow \Longrightarrow \alpha f + \beta g, f \vee g, f \wedge g \in L_\uparrow.$

(iii) $\alpha, \beta \in \mathbb{R}_+, f, g \in L_\downarrow \Longrightarrow \alpha f + \beta g, f \vee g, f \wedge g \in L_\downarrow.$

問 7.3 上の命題を確かめよ.

問 7.4 関数 $f(x) = x/(x^2 + 1)$ は $C_c(\mathbb{R})_\uparrow$ にも $C_c(\mathbb{R})_\downarrow$ にも属さない.

例 7.9 $L = C_c(\mathbb{R}^d)$ のとき,

$$L_\uparrow = \{f : \mathbb{R}^d \to (-\infty, \infty] \, ; f \text{ は下半連続かつ } [f < 0] \text{ は有界集合}\}$$

である. とくに部分集合 $A \subset \mathbb{R}^d$ について, $1_A \in L_\uparrow \iff A$ は開集合であり, $1_A \in L_\downarrow \iff A$ は有界閉集合となる.

問 7.5 上の例で与えた $L_\uparrow$ の記述を確かめよ.

定義 7.10 ベクトル束 L 上の積分 I に対して, 汎関数 $I_\uparrow : L_\uparrow \to (-\infty, \infty]$ を

$$I_\uparrow(f) = \lim_{n \to \infty} I(f_n), \quad f_n \uparrow f, \, f_n \in L$$

で定める. 同様に, $I_\downarrow : L_\downarrow \to [-\infty, \infty)$ を

$$I_\downarrow(f) = \lim_{n \to \infty} I(f_n), \quad f_n \downarrow f, \, f_n \in L$$

で定める. 補題 2.10 により以上が意味をもつこと, また $I^1_\updownarrow$ が $I_\updownarrow$ の拡張であることに注意.

例 7.11 $L = C_c(\mathbb{R}^d)$ における通常の積分 I を考えるとき,

$$I_\uparrow(1_{(a,b)}) = (b_1 - a_1) \cdots (b_d - a_d) = I_\downarrow(1_{[a,b]}).$$

命題 7.12 $I_\updownarrow$ ($I_\uparrow$ または $I_\downarrow$) について, 次が成り立つ.

(i) $I_\downarrow(-f) = -I_\uparrow(f)$ ($f \in L_\uparrow$) である. $-L_\uparrow = L_\downarrow$ に注意.

(ii) 汎関数 $I_\uparrow$, $I_\downarrow$ は $I|_{\mathrm{Re}\,L}$ の拡張になっている. すなわち, $f \in \mathrm{Re}\,L$ に対して $I_\uparrow(f) = I(f) = I_\downarrow(f)$.

(iii) 汎関数 $I_\updownarrow$ は半線型である. すなわち, $\alpha, \beta \in \mathbb{R}_+$, $f, g \in L_\updownarrow$ に対して, $I_\updownarrow(\alpha f + \beta g) = \alpha I_\updownarrow(f) + \beta I_\updownarrow(g)$.

(iv) $f, g \in L_\updownarrow$, $f \le g$ ならば $I_\updownarrow(f) \le I_\updownarrow(g)$.

【証明】 (i)–(iii) は定義から素直にわかる. (iv) は $I_\uparrow$ であれば, $f_n \uparrow f$, $g_n \uparrow g$ のとき $f_n \vee g_n \uparrow f \vee g = g$ に注意すればよい. ∎

補題 7.13

(i) $L_\uparrow$ における増加列 f_n に対して, その極限関数 f も $L_\uparrow$ に属し $I_\uparrow(f_n) \uparrow I_\uparrow(f)$ が成り立つ.

(ii) $L_\downarrow$ における減少列 f_n に対して, その極限関数 f も $L_\downarrow$ に属し $I_\downarrow(f_n) \downarrow I_\downarrow(f)$ が成り立つ.

【証明】 (i) のみ示す. 各 $f_n \in L_\uparrow$ に対して, $(f_{n,m})_{m \ge 1}$ を $f_{n,m} \uparrow f_n$ ととる. これだけでは $(f_{n,m})_{n \ge 1}$ の単調性が保証されないので, 次のように押し上げる.

$$g_{n,m} = f_{1,m} \vee f_{2,m} \vee \cdots \vee f_{n,m}.$$

作り方から $g_{n,m}$ は n について単調増加であり, $f_{n,m}$ は m について単調増加に選んであるので, $g_{n,m}$ は m についても単調増加. のみならず,

$$f_{n,m} \le g_{n,m} \le f_1 \vee f_2 \vee \cdots \vee f_n = f_n$$

であるから, 各 n に対して, $g_{n,m} \uparrow f_n$ である.

これだけの下ごしらえをしておいて, 対角線 $(g_{n,n})_{n \ge 1}$ を考えると, $g_{n,n} \in L$ かつ $g_{n,n} \uparrow$ であり, 不等式 $f_{n,m} \le g_{n,m} \le g_{m,m} \le f_m$ $(m \ge n)$ において極限 $m \to \infty$ をとると,

$$f_n \le \lim_{m \to \infty} g_{m,m} \le f$$

となるので，さらに極限 $n \to \infty$ をとって，

$$f = \lim_{m \to \infty} g_{m,m} \in L_\uparrow$$

がわかる.

また，積分を施した $I(f_{n,m}) \leq I(g_{m,m}) \leq I_\uparrow(f_m)$ $(m \geq n)$ において極限 $m \to \infty$ をとると，

$$I_\uparrow(f_n) \leq I_\uparrow(f) \leq \lim_{m \to \infty} I_\uparrow(f_m)$$

が導かれ，さらに極限 $n \to \infty$ をとると，

$$\lim_{n \to \infty} I_\uparrow(f_n) = I_\uparrow(f)$$

もわかる. ∎

■ C —— 単調切り取り

次は単調族の順序切り取りに関する性質であるが，これが見た目以上に役立つ. 補題という名の定理と言うべく.

補題 7.14 関数 $f \in L_\downarrow, g \in L_\uparrow$ に対して，$[f,g] = \{h : X \to \overline{\mathbb{R}} \, ; f \leq h \leq g\}$ とおく. このとき以下が成り立つ.

(i) $M(L) \cap [f,g] = M(L \cap [f,g])$ である.

(ii) 積分系 (L, I) が単調完備であれば，$f, g \in \mathrm{Re}\, L$ に対して，$M(L) \cap [f,g] = L \cap [f,g]$ となる.

(iii) $M(\mathrm{Re}\, L) = \displaystyle\bigcup_{f \in L_\downarrow, \, g \in L_\uparrow} [f,g] \cap M(L)$ である. すなわち，$h \in M(\mathrm{Re}\, L)$ に対して，$f \leq h \leq g$ となる $f \in L_\downarrow, \, g \in L_\uparrow$ が存在する. とくに $M(L)^+ = M(L^+)$ である.

【証明】 実質的に意味があるのは $f \leq g$ の場合ゆえ，そのように仮定し，$f_n \downarrow f$, $g_n \uparrow g$ $(f_n, g_n \in \mathrm{Re}\, L)$ と表示しておく. そうして「単調族論法」(σ 帰納法) を適用する.

(i) $M(L) \cap [f, g] \supset M(L \cap [f, g])$ は, $M(L)$ と $[f, g]$ が $L \cap [f, g]$ を含む単調族であることからわかる. 逆を示すために, $(f \vee h) \wedge g = f \vee (h \wedge g)$ が h の上下を g, f により切り落としたものであることに注意して,

$$M = \{ h \in M(\mathrm{Re}\, L)\, ;\, (f \vee h) \wedge g \in M([f, g] \cap L) \}$$

とおいたものはその形から単調族である. さらに $h \in \mathrm{Re}\, L$ のとき,

$$(f \vee h) \wedge g = \lim_{n \to \infty} \lim_{m \to \infty} (f_m \vee h) \wedge g_n \in ([f, g] \cap L)_{\downarrow\uparrow}$$

より $\mathrm{Re}\, L \subset M$ である. したがって $M = M(\mathrm{Re}\, L)$ がわかり, さらに $f \le h \le g$ である $h \in M$ に対しては, $h = (f \vee h) \wedge g \in M([f, g] \cap L)$ となる. すなわち, $M(L) \cap [f, g] \subset M(L \cap [f, g])$ である.

(ii) 単調完備性により $L \cap [f, g]$ は単調族となるので, (i) より

$$M(L) \cap [f, g] = M(L \cap [f, g]) = L \cap [f, g].$$

(iii) 条件

$$h \in M(\mathrm{Re}\, L), \quad \exists f \in L_{\downarrow}, \ \exists g \in L_{\uparrow}, \ f \le h \le g$$

を満たす関数 h 全体 H は, 下で見るように単調族であり, $\mathrm{Re}\, L$ を含むので, $M(\mathrm{Re}\, L)$ に一致する. とくに, $h \in M(L)^+$ に対して, $h \le g$ となる $g \in L_{\uparrow}$ が存在する. そこで (i) を適用すれば,

$$h \in M(L) \cap [0, g] = M(L \cap [0, g]) \subset M(L^+)$$

となる. 逆の包含関係 $M(L^+) \subset M(L)^+$ は, $M(L)^+$ が L^+ を含む単調族であることからわかる.

最後に H が単調族であること. 実際 $h_n \in [f_n, g_n]$ ($f_n \in L_{\downarrow}, g_n \in L_{\uparrow}$) が単調減少であれば, $\lim_n h_n \le g_1$ であり, 一方 $f_1 \wedge \cdots \wedge f_n \in L_{\downarrow}$ も下から h_n を支えるので $f_n \downarrow$ であるとしてよい. そうすると, 補題 7.13 (ii) から $f = \lim_n f_n \in L_{\downarrow}$ がわかるので, $\lim_n h_n$ は f によって下から支えられる. h_n が単調増加の場合も同様. ∎

系 7.15 L が切り落とし条件を満たせば，$M(L)$ も満たす.

【証明】 $\{f \in M(L)^+ \,;\, 1 \wedge f \in M(L)^+\}$ が L^+ を含む単調族であるから，$M(L^+) = M(L)^+$ に一致する. ∎

問 7.6 $1_X \in L_\uparrow^+$ のとき，$M(L)^+ = M(L^+)$ は (i) の特別な場合である.

定理 7.16   単調完備な積分系 (L, I) において，$M(L)_\uparrow^+ = L_\uparrow^+$ であり $L^1 \cap M(L) = L$ が成り立つ.

【証明】 $f \in M(L)_\uparrow^+$ とすると，$f_n \uparrow f \, (f_n \in M(L)^+)$ と書ける. 補題 7.14 (iii) により $f_n \leq g_n$ となる $g_n \in L_\uparrow$ が存在する. $L_\uparrow$ が増加列極限について閉じている（補題 7.13）ことから

$$h \equiv \sup_{n \geq 1} g_n = \lim_{n \to \infty} g_1 \vee \cdots \vee g_n$$

は $L_\uparrow$ に属し，$f \leq h$ を満たす. そこで，$h_n \uparrow h$ となる $h_n \in L^+$ をとってきて $\phi_n = f_n \wedge h_n$ とおくと，補題 7.14 (ii) より $\phi_n \in M(L) \cap [0, h_n] = L \cap [0, h_n] \subset L^+$ であり，$\phi_n \uparrow f$ となる. すなわち $f \in L_\uparrow^+$ である.

次に $f \in \mathrm{Re}(L^1 \cap M(L))$ とする. すでに確かめたように $(\pm f) \vee 0$ は $L^1 \cap M(L)^+ \subset L_\uparrow^+$ の元であるから，$g_n, h_n \in L^+$ を

$$g_n \uparrow (f \vee 0), \qquad h_n \uparrow ((-f) \vee 0)$$

となるようにとることができる. 一方

$$I(g_n) \leq I^1(f \vee 0) < \infty, \qquad I(h_n) \leq I^1((-f) \vee 0) < \infty$$

であることから，単調完備性により

$$f \vee 0 = \lim_{n \to \infty} g_n, \qquad (-f) \vee 0 = \lim_{n \to \infty} h_n$$

は L^+ の元であり，したがって $f = f \vee 0 - (-f) \vee 0 \in L$ となる. ∎

系 7.17　一般の積分系 (L, I) において，$I^1|_{L^1 \cap M(L)}$ の単調拡張を $I_\uparrow^1$ と書くとき，$I_\uparrow^1$ は $I_\uparrow$ の拡張であり，次が成り立つ.

(i) $M(L)_\uparrow^+ = (L^1 \cap M(L))_\uparrow^+$ である. とくに $f \in M(L)_\uparrow^+$ に対して，$f_n \uparrow f$ なる $f_n \in L^1 \cap M(L)^+$ が存在し，$I_\uparrow^1(f) \in [0, \infty]$ が意味をもつ. そして，このような増加列 f_n に対して $I^1(f_n) \uparrow I_\uparrow^1(f)$ である.

(ii) $g \in M(L)_\uparrow^+$ が $I_\uparrow^1(g) < \infty$ を満たせば，$[g = \infty]$ は零集合であり，$M(L) \cap [0, g] \subset L^1$ となる.

【証明】　(i) 包含関係 $\supset$ は当然. 逆向きは $L^1 \cap M(L)$ が単調完備であることから定理が使えて，$(L^1 \cap M(L))_\uparrow^+ = M(L^1 \cap M(L))_\uparrow^+ \supset M(L)_\uparrow^+$ となることによる. 後半は定義内容を確認するだけ.

(ii) $g_n \uparrow g$ $(g_n \in L^1 \cap M(L)^+)$ のように表わし，(g_n) の階差 (φ_n) を使って $g = \sum \varphi_n$ と表示すれば，$\sum I^1(\varphi_n) = I_\uparrow^1(g) < \infty$ となるので，例 2.36 により $[g = \infty]$ は零集合である.

次に $h \in M(L) \cap [0, g]$ とする. g の $[g = \infty]$ での値を h のそれで置き換えた関数を g' で表せば，$g' \in L^1$ であり，不等式 $0 \leq h \leq g'$ を満たす. そこで $\{f \in M(\operatorname{Re} L) ; (0 \vee f) \wedge g' \in L^1\}$ を考えると，これは $\operatorname{Re} L$ を含み，g' を押えとする収束定理により単調族であることから $M(\operatorname{Re} L)$ に一致する. とくに $h = (0 \vee h) \wedge g' \in L^1$ である. ∎

問 7.7　等式 $M(L)_\uparrow = (L^1 \cap M(L))_\uparrow$ は成り立たない. 何故か.

命題 7.18　2 つのベクトル束 $L^1 \cap M(L)$, L^1 の違いは零関数の部分だけである. すなわち，$f \in L^1$ に対して，$g \in L^1 \cap M(L)$ で $I^1(|f - g|) = 0$ となるものがとれる.

【証明】　以下は実質的に 3.4 節 B のくり返しになるが，可積分関数 $f \in L^1$ の L における級数表示 $f \overset{(\varphi_n)}{\simeq} \sum f_n$ において，零集合を $N = [\sum \varphi_n = \infty]$ で定め，$g = f - 1_N f$ とおけば，$g \in L^1$ および $I(|f - g|) = 0$ である.

次に $1_N h \in M(L)$ $(h \in M(L))$ を示す. これは $h \in M(L)^+$ について確かめ
ればよく, $h \wedge \frac{\varphi_1 + \cdots + \varphi_n}{m} \in M(L)^+$ であることと $h \wedge \frac{\varphi_1 + \cdots + \varphi_n}{m} \uparrow h \wedge \frac{\sum \varphi_n}{m}$ か
ら $h \wedge \frac{\sum \varphi_n}{m} \in M(L)$ がまずわかり, さらに $h \wedge \frac{\sum \varphi_n}{m} \downarrow 1_N h$ より $1_N h \in M(L)$
となるからである.

最後に, $g = \sum (1 - 1_N) f_n = \sum (f_n - 1_N f_n)$ という表示において, 上で示した
ことから $\sum_{k=1}^{n} (f_k - 1_N f_k) \in M(L)$ であり, これの極限関数として $g \in M(L)$
もわかる. ∎

7.2 可測集合と可測関数

■ A ── 単調包と可測性

ベクトル束 $M(L)$ に付随した可測集合の概念を導入しよう. 具体的には, 指
示関数によるものとレベル集合によるものが考えられ, 前者が狭く後者が広い.
そうして, 切り落とし条件を満たす L については概ね一致する.

定義 7.19 集合 X 上のベクトル束 L について,

(i) 部分集合 $A \subset X$ で $1_A \in M(L)$ となるものを **L 可測** (*L*-measurable)
と呼び, L 可測集合全体を $\mathcal{M}(L)$ で表わす.

(ii) $X \in \mathcal{M}(L)$ すなわち $1_X \in M(L)$ であるような L を **σ 有限** (σ-finite)
と呼ぶ.

> **補題 7.20** $\mathcal{M}(L)$ は σ 環であり, $\mathcal{M}(L)$ から生成された σ 代数は
>
> $$\widetilde{\mathcal{M}}(L) = \{ A \subset X \,;\, A \text{ または } X \setminus A \text{ が } \mathcal{M}(L) \text{ に属する} \}$$
>
> で与えられる. とくに $\mathcal{M}(L)$ が σ 代数であることとベクトル束 L が σ 有
> 限であることは同値.

【証明】 $\mathcal{M}(L)$ が集合環であることは, $M(L)$ がベクトル束であることを指示関
数により集合算に読みかえることでわかる. 可算和で閉じていることは $M(L)$

が単調族であることによる．$\widetilde{\mathcal{M}}(L)$ は定義により補集合をとる操作で閉じていて，さらに $\mathcal{M}(L)$ における集合列 (A_n), (B_n) に対して，$A = \bigcap A_n \in \mathcal{M}(L)$，$B = \bigcup B_n \in \mathcal{M}(L)$, $A \setminus B \in \mathcal{M}(L)$ であり，

$$\bigcup (X \setminus A_n) = X \setminus A, \quad B \cup (X \setminus A) = (A \cap B^c)^c = X \setminus (A \setminus B)$$

がいずれも $\widetilde{\mathcal{M}}(L)$ に属することから，$\widetilde{\mathcal{M}}(L)$ は可算和でも閉じている．したがって σ 代数である．また，作り方から $\mathcal{M}(L)$ を含む σ 代数は $\widetilde{\mathcal{M}}(L)$ を含むことになるので，$\widetilde{\mathcal{M}}(L)$ は $\mathcal{M}(L)$ から生成された σ 代数に一致する． ∎

命題7.21 ベクトル束 L の単調包 $M(L)$ が切り落とし条件を満たすとき，以下が成り立つ．

(i) 関数 $h : X \to [0, \infty]$ が $M(L)_\uparrow^+$ に属すための必要十分条件は $[h \geq r] \in \mathcal{M}(L)$ $(r > 0)$ となること．

(ii) 複素関数 $f : X \to \mathbb{C}$ が $\widetilde{\mathcal{M}}(L)$ 可測であるための必要十分条件は $f \in \mathbb{C}1_X + M(L)$ となること．

(iii) $\widetilde{\mathcal{M}}(L)$ は L に含まれるすべての関数を可測関数とする最小の σ 代数である．

【証明】 (i) 十分性は，段々近似（補題 3.41）$h_{\varrho_n} \uparrow h$ $(\varrho_n \uparrow, |\varrho_n| \to 0)$ による．必要性は，$h \in M(L)_\uparrow^+$ とすると，切り落とし条件から $h \wedge r \in M(L)$ がわかり，したがって $-h \wedge r \in M(L) \subset M(L)_\uparrow$ と $h \in M(L)_\uparrow$ の和として，$0 \leq n(h - h \wedge r) \in M(L)_\uparrow$ （命題7.8）となるので，$\theta_k \in M(L)^+$ により $\theta_k \uparrow n(h - h \wedge r)$ と表示される．そこで切り落とし条件 $1 \wedge \theta_k \in M(L)^+$ により，まず $1 \wedge \theta_k \uparrow 1 \wedge n(h - h \wedge r) \in M(L)$ となり，さらに押し上げ表示を使うと $1 \wedge n(h - h \wedge r) \uparrow 1_{[h>r]} \in M(L)$，すなわち $[h > r] \in \mathcal{M}(L)$ であり，したがって $[h \geq r] = \bigcap_{n \geq 1} [h > r - 1/n] \in \mathcal{M}(L)$ がわかる．

(ii) は実関数 f について示せばよい．$f = \alpha 1_X + g$ $(g \in M(\mathrm{Re}\,L), \alpha \in \mathbb{R})$ とし，$g_\pm = (\pm g) \vee 0$ とおく．このとき，$[f \geq \beta] = [g \geq \beta - \alpha]$ において，$\beta - \alpha > 0$ であれば，(i) より

$$[g \geq \beta - \alpha] = [g_+ \geq \beta - \alpha] \in \mathcal{M}(L)$$

となり，$\beta - \alpha \leq 0$ であれば，同じく (i) より

$$X \setminus [g \geq \beta - \alpha] = [g < \beta - \alpha] = [g_- > \alpha - \beta] = \bigcup_{n \geq 1} [g_- \geq \alpha - \beta + 1/n]$$

が $\mathcal{M}(L)$ に属し，f は $\widetilde{\mathcal{M}}(L)$ 可測である．

逆に f が $\widetilde{\mathcal{M}}(L)$ 可測であれば，$f_\pm = (\pm f) \vee 0$ も $\widetilde{\mathcal{M}}(L)$ 可測であり，$f = f_+ - f_-$ と表わされるので，関数 $h : X \to [0, \infty)$ が $[h \geq r] \in \widetilde{\mathcal{M}}(L)$ $(r > 0)$ を満たすとき，$h \in \mathbb{R}1_X + M(\operatorname{Re} L)$ を示そう．

仮定から，分点集合 $\varrho = \{r_1 < r_2 < \cdots < r_n\} \subset (0, \infty)$ に対して，$[r_j \leq h < r_{j+1}] \in \widetilde{\mathcal{M}}(L)$ である．$X \in \mathcal{M}(L)$ すなわち $\widetilde{\mathcal{M}}(L) = \mathcal{M}(L)$ であるときは，$h_\varrho \in M(L)$ となるので，$h = \lim_{|\varrho| \to 0} h_\varrho \in M(L)$ である．

$X \notin \mathcal{M}(L)$ のとき，$\mathcal{M}(L)' = \{X \setminus A \,;\, A \in \mathcal{M}(L)\}$ とおくと，$\widetilde{\mathcal{M}}(L) = \mathcal{M}(L) \sqcup \mathcal{M}(L)'$ であり，$(X \setminus A) \cap (X \setminus B) \neq \emptyset$ $(A, B \in \mathcal{M}(L))$ となるので，

$$[h \geq r_1] = \bigsqcup_{j=1}^n [r_j \leq h < r_{j+1}] \qquad (r_{n+1} = \infty)$$

という分割和表示で，$\mathcal{M}(L)'$ に属する集合が現れるのはせいぜい一箇所であり，したがって ϱ の細分により絞り出せば，一点 $r' \in (0, \infty)$ のみに集中し，残りの部分は $\mathcal{M}(L)$ に属している．かくして $h_\varrho = r' 1_{X \setminus A} + h'_\varrho$ $(A = [h \neq r'] \in \mathcal{M}(L)$, $h'_\varrho \in M(L))$ と表わされるので，

$$h' = \lim_{|\varrho| \to 0} (h_\varrho - r' 1_{X \setminus A}) = \lim_{|\varrho| \to 0} h'_\varrho$$

とおくと，$h' \in M(L)$ であり，$h = r' 1_{X \setminus A} + h' = r' 1_X + (h' - r' 1_A) \in \mathbb{R}1_X + M(\operatorname{Re} L)$ がわかる．

(iii) 最小の σ 代数を $\mathcal{M}$ とすると，$\mathcal{M}$ は $\{[h \geq r] \,;\, h \in L^+, r > 0\}$ から生成される σ 代数となるので，(i) と補題 7.20 より $\mathcal{M} \subset \widetilde{\mathcal{M}}(L)$ である．逆に $\mathcal{M}$ 可測関数全体 M は，L を含む単調族であることから $M(L) \subset M$ となる．とくに，1_A $(A \in \mathcal{M}(L))$ は $\mathcal{M}$ 可測となるので，$A \in \mathcal{M}$ であり，$\mathcal{M}$ が補集合をと

る操作で閉じていることから $\widetilde{\mathcal{M}}(L) \subset \mathcal{M}$ がわかる. ∎

系 7.22 $M(L)$ が切り落とし条件を満たすとき, $f \in M(L)$ と $\alpha > 0$ に対して $|f|^\alpha \in M(L)^+$ であり, ベクトル束 $M(L)$ は関数の積に関して閉じている.

問 7.8 上の系を確かめよ.

問 7.9 可測空間 $(X_j, \mathcal{B}_j)$ $(1 \le j \le n)$ の直積について, $\mathcal{M}(L(\mathcal{B}_1) \otimes \cdots \otimes L(\mathcal{B}_n)) = \mathcal{B}_1 \otimes \cdots \otimes \mathcal{B}_n$ である. (左辺のテンソル積はベクトル空間についての代数的なものであるのに対して, 右辺のテンソル積は $\mathcal{B}_1 \times \cdots \times \mathcal{B}_n$ から生成された σ 代数を表わすことに注意.)

次は命題 3.17 の L 可測版である.

命題 7.23 局所コンパクト距離空間 X 上のベクトル束 $C_c(X)$ について, 以下が成り立つ.

  (i) X のコンパクト部分集合は $C_c(X)$ 可測である.

  (ii) $C_c(X)$ が σ 有限であるための必要十分条件は, X が σ コンパクトであること.

【証明】 (i) コンパクト集合 $K \subset X$ に対して, 自然数 $n \ge 1$ を十分大きくとると, $K_{1/n} = [d_K \le 1/n]$ はコンパクトであり (補題 1.19), 連続関数 $1 - 1 \wedge (nd_K)$ の支えを含むので, $1 - 1 \wedge (nd_K) \in C_c(X)$ である. さらに $1_K = \lim_{n \to \infty}(1 - 1 \wedge (nd_K)) \in M(C_c(X))$ であるから, K は $C_c(X)$ 可測.

  (ii) 十分条件であることは (i) と $1_X = \lim \bigvee_{k=1}^n 1_{X_k} \in M(C_c(X))$ からわかるので, 必要条件であることを示せばよい.

$$M = \left\{ f \in M(C_c(X))^+ \, ; \, [f \ne 0] \subset \bigcup_{n \ge 1} K_n \right\}$$

とおく. ここで, (K_n) は f に依存して存在するコンパクト集合の列を表わ

す. すると, M は $C_c(X)^+$ を含む単調族となるので, 補題 7.14 (iii) により $M = M(C_c(X)^+) = M(C_c(X))^+$ である. したがって, $1_X \in M(C_c(X))^+$ であれば, $X = [1_X \neq 0] = \bigcup_{n \geq 1} K_n$ のように表わされる. ∎

例 7.24 ベクトル束 $C_c(\mathbb{R}^d)$ は σ 有限であり, $C_c(\mathbb{R}^d)$ 可測集合は $\mathbb{R}^d$ のボレル集合に他ならない.

■ B — 単調包と測度

積分 I との関連で, $L^1 \cap M(L)$ と L^1 とが零関数による違いしかないことを命題 7.18 で見た. ここでは, これに相当する事実を可測集合について確かめておく.

> **命題 7.25** 積分系 (L, I) において, $M(L)$ が切り落とし条件を満たすとする. このとき L 可測集合は σ 可積分であり, さらに $|A|_I < \infty$ ならば I 可積分となる. とくに $\widetilde{M}(L) \subset \mathcal{L}(I)$ である. 逆に σ 可積分集合は, 零集合の違いを除いて L 可測集合に一致する.

【証明】 $A \in \mathcal{M}(L)$ とすると, 系 7.17 (i) により $f_n \uparrow 1_A$ ($f_n \in L^1 \cap M(L)^+$) と表わされ, 命題 7.21 (i) を適用することで, $A_n = [f_n \geq 1/n] \in \mathcal{M}(L)$ が可積分かつ $A_n \uparrow A$ を満たすことがわかるので, A は σ 可積分である. さらにもし $|A|_I < \infty$ であれば, 単調収束定理を $I^1(1_{A_n}) = |A_n|_I \leq |A|_I < \infty$ に適用することで 1_A が可積分であるとわかる.

逆に, 可積分集合 Q に対して, 命題 7.18 により $1_Q - f$ が零関数となる $f \in M(L)^+$ がとれ, 命題 7.21 (i) により $A = [f > 0]$ は L 可測であり, A と Q は零集合だけしか違わない. よって, A は可積分である. 一般の σ 可積分集合は $B = \bigcup Q_n$ (Q_n は可積分) の形であるので, Q_n ごとに $A_n \in \mathcal{M}(L)$ をその差分 (対称差) が零集合であるように選べば, $A = \bigcup A_n \in \mathcal{M}(L)$ と B との差分は

$$(A \setminus B) \cup (B \setminus A) \subset \bigcup \big((A_n \setminus Q_n) \cup (Q_n \setminus A_n)\big)$$

のように評価され，零集合である． ∎

> **補題 7.26** ベクトル束 L で $M(L)$ が切り落とし条件を満たすものについて，L 上の積分 I に関する零集合 N に対しては，可積分集合 $Q \in \mathcal{M}(L)$ で $N \subset Q$ かつ $|Q|_I = 0$ となるものが存在する．

【証明】 1_N が零関数であることから補題 2.16 により，どのように小さい $\epsilon > 0$ についても，L における級数表示 $1_N \overset{(\varphi_n)}{\simeq} \sum f_n$ で $\sum I(\varphi_n) \le \epsilon$ となるものが存在する．ここで $h = \sum \varphi_n \in L_\uparrow^+$ とおけば，$1_N \le h$ および $I_\uparrow(h) \le \epsilon$ が成り立つ．そこで $\epsilon = 1/m$ に対する関数を $h_m \in L_\uparrow^+$ で表わし，$[h_m \ge 1] \in \mathcal{M}(L)$（命題 7.21）および $\mathcal{M}(L)$ が σ 環であること（補題 7.20）に注意して，$Q = \bigcap[h_m \ge 1] \in \mathcal{M}(L)$ とおけば，$N \subset Q$ である．さらに不等式 $1_Q \le 1_{[h_m \ge 1]} \le h_m$ により，Q は可積分であり（系 7.17 (ii)），$|Q|_I \le |[h_m \ge 1]|_I \le I_\uparrow^1(h_m) \le 1/m$ $(m \ge 1)$ と評価されるので，I に関する零集合でもある． ∎

> **命題 7.27** ベクトル束 L が σ 有限な積分 I をもち，$M(L)$ が切り落とし条件を満たせば，L は σ 有限である．
> 逆に，σ 有限なベクトル束 L 上の積分 I は σ 有限であり，I 測度を $\widetilde{\mathcal{M}}(L) = \mathcal{M}(L)$ に制限した測度 μ も σ 有限である．

【証明】 $M(L)$ が切り落とし条件を満たすような L 上の σ 有限な積分 I があるとすると，σ 可積分である X に命題 7.25 を適用することで，L 可測集合 $A \in \mathcal{M}(L)$ で $X \setminus A$ が零集合であるようなものがとれる．一方，上の補題から L 可測集合 $Q \in \mathcal{M}(L)$ で $X \setminus A \subset Q$ となるものがあるので，$X = A \cup Q \in \mathcal{M}(L)$ となり L は σ 有限である．

逆に，L は σ 有限であるとする．補題 7.14 (iii) と σ 有限性 $1_X \in M(L)$ により $1_X \le g$ となる $g \in L_\uparrow^+$ があるので，$g_n \uparrow g$ $(g_n \in L^+)$ と表わせば，$g_n \wedge 1_X \uparrow 1_X$ である．ここで $g_n \wedge 1_X \in M(L)$ に注意して系 7.17 (ii) を使えば，$g_n \wedge 1_X \in M(L) \cap [0, g_n] \subset L^1$ がわかるので，命題 3.19 により I は σ 有限である．測

度についての主張は，$X_n = [g_n \wedge 1_X \geq 1/n] \in \mathcal{M}(L)$ が $|X_n|_I \leq nI(g_n)$ と
$X_n \uparrow X$ を満たすことによる． ∎

問 7.10　σ 有限な L が切り落とし条件を満たせば，$1_X \in L_\uparrow$ である．

ここで I 測度と単調完備化との関係を以下の 2 つにまとめておこう．

命題 7.28　$\mathcal{M}(L)$ が切り落とし条件を満たすとき，I 可測集合 $B \in \mathcal{L}(I)$ に対して，次が成り立つ．

$$|B|_I = \sup\{|Q|_I \,;\, Q \subset B,\, 1_Q \in L^1 \cap \mathcal{M}(L)\}.$$

【証明】　I 測度の定義 $|B|_I = \sup\{I^1(1_{Q_1}) \,;\, Q_1 \subset B,\, 1_{Q_1} \in L^1\}$ において，命題 7.25 により $Q_0 \in \mathcal{M}(L)$ で $Q_1 \triangle Q_0$（対称差）が零集合であるものが存在する．さらに補題 7.26 により $Q_1 \triangle Q_0 \subset N$ となる零集合 $N \in \mathcal{M}(L)$ がとれるので，可積分集合 $Q = Q_0 \setminus N \in \mathcal{M}(L)$ は $Q \subset Q_1$ と $|Q|_I = |Q_1|_I = I^1(1_{Q_1})$ を満たし，B を下から近似する． ∎

定理 7.29　σ 有限なベクトル束 L 上の積分 I に対して，I 測度を $\mathcal{M}(L)$ に制限した測度を μ で，$\mathcal{M}(L)$ 単純関数全体を $L(X)$，それの μ 有限な部分を $L(X, \mu)$ で表わすとき，以下が成り立つ．とくに，(L, I) の単調完備化と $(L(X, \mu), I_\mu)$ の単調完備化は一致する．

  (i) $M(L(X, \mu)) = M(L(X)) = M(L)$ である．

  (ii) I 測度は μ の完備化に等しい．とくに $\mathcal{L}(I) = \mathcal{M}(L)_\mu$ である．

  (iii) $L^1(I) = L^1(X, \mu)$ である．

【証明】　(i) $\mathcal{M}(L)$ が切り落とし条件を満たすことから，段々近似により $L \subset M(L(X, \mu))$ となり，$M(L) \subset M(L(X, \mu)) \subset M(L(X))$ がわかる．一方，命題 7.21 (ii) により $L(X) \subset M(L)$ であるから，逆の包含 $M(L(X)) \subset M(L)$ も成り立つ．

  (ii) 命題 7.27 と命題 3.19 により，$\mathcal{L}(I)$ は σ 可積分集合全体であり，一方 σ

可積分集合は，L 可測集合と I 零集合の和に他ならない（命題 7.25）ので，上の補題 7.26 を合わせると主張がわかる.

(iii) (ii) より $\mu(A) < \infty$ となる $A \in \mathcal{M}(L)$ は I 可積分であることから，$L(X,\mu) \subset L^1(I)$ が成り立つ. 一方，段々近似により $L \subset L^1(X,\mu)$ となるので，定理 2.17 により逆の包含 $L^1(I) \subset L^1(X,\mu)$ も成り立つ. ∎

以前，密度定理のところで注意しておいたことを，ここに明記しておこう. 結果自体は，上掲定理 (ii) に注意して定理 6.17 を $\mathcal{B} = \mathcal{M}(L)$ に適用するだけではあるが.

> **命題 7.30**　σ 有限なベクトル束 L 上の積分 I, J に伴う測度を μ, ν で表すとき，$\nu \prec \mu$ ならば，その密度関数 $\rho = \frac{d\nu}{d\mu}$ として $\mathcal{M}(L)$ 可測なものをとることができる.

■ C —— "本家" ダニエル積分

次は，ダニエルが与えたもともとの拡張と級数表示による拡張が同じ結果となることを示すもので，ラドン測度の正則性を導く上でも重宝する.

> **定理 7.31**　実関数 $f : X \to \mathbb{R}$ が可積分であるための必要十分条件は，$g_n \le f \le h_n$ なる増加列 $g_n \in L_\downarrow$ と減少列 $h_n \in L_\uparrow$ で $\lim_n I_\uparrow(h_n - g_n) = 0$ を満たすものが存在すること. そしてこのとき，$\displaystyle\lim_{n\to\infty} I_\uparrow(h_n) = \lim_{n\to\infty} I_\downarrow(g_n)$ は有限の値で $I^1(f)$ に一致する.

【証明】　可積分実関数 f の L における実級数表示 $f \overset{(\varphi_n)}{\simeq} \sum f_n$ を用意する. 部分和 $s_n = f_1 + \cdots + f_n \in \mathrm{Re}\, L$ が $f(x) = \lim_n s_n(x)$ $(\sum \varphi_n(x) < \infty)$ を満たすことに注意して，

$$g_n = \bigwedge_{k \ge n} s_k - \frac{1}{n} \sum_{k=1}^\infty \varphi_k, \qquad h_n = \bigvee_{k \ge n} s_k + \frac{1}{n} \sum_{k=1}^\infty \varphi_k$$

とおけば，$\bigwedge_{k \ge n} s_k \in L_\downarrow$, $\bigvee_{k \ge n} s_k \in L_\uparrow$, $\sum \varphi_k \in L_\uparrow^+$ より $g_n \in L_\downarrow$, $h_n \in L_\uparrow$

であり，また作り方から g_n は増加列で h_n は減少列である．

さらに，$\sum \varphi_k(x) = \infty$ のとき，$g_n(x) = -\infty$，$h_n(x) = \infty$ であり，一方，$\sum \varphi_k(x) < \infty$ であれば，

$$-\sum_{k \geq 1} \varphi_k(x) - \frac{1}{n} \sum_{k \geq 1} \varphi_k(x) \leq g_n(x) \leq s_n(x)$$

$$\leq h_n(x) \leq \sum_{k \geq 1} \varphi_k(x) + \frac{1}{n} \sum_{k \geq 1} \varphi_k(x)$$

および

$$\lim_{n \to \infty} g_n(x) = \liminf_{n \to \infty} s_n(x) = f(x) = \limsup_{n \to \infty} s_n(x) = \lim_{n \to \infty} h_n(x)$$

となる．

以上のことから，g_n, h_n は，その絶対値が $2\sum \varphi_k$ で押えられた（ほとんど至るところ有限の値をとる）可積分関数であり，g_n, h_n の値を零集合 $[\sum_k \varphi_k = \infty] \in \mathcal{M}(L)$ の上で修正した $g_n' = 1_{[\sum \varphi_k < \infty]} g_n$，$h_n' = 1_{[\sum \varphi_k < \infty]} h_n$ が $\lim g_n' = \lim h_n' = f$ (a.e.) を満たすので，押え込み収束定理により，

$$\lim_n I_\downarrow(g_n) = \lim_n I^1(g_n') = I^1(f) = \lim_n I^1(h_n') = \lim_n I_\uparrow(h_n)$$

が成り立つ（系 7.17 から $I_\uparrow(h_n) = I_\uparrow^1(h_n) = I^1(h_n')$ などに注意）．

逆に，このような $g_n \in L_\downarrow$，$h_n \in L_\uparrow$ が存在したとすると，$I_\uparrow(h_n) - I_\downarrow(g_n) = I_\uparrow(h_n - g_n) \downarrow 0$ から $I_\uparrow(h_m) - I_\downarrow(g_m) < \infty$ となる $m \geq 1$ があるので，$I_\uparrow(h_m) \in (-\infty, \infty]$，$I_\downarrow(g_n) \in [-\infty, \infty)$ に注意すれば，$I_\uparrow(h_m) < \infty$ かつ $I_\downarrow(g_m) > -\infty$ がわかる．そうすると，$[h_m = \infty]$ と $[g_m = -\infty]$ は零集合であり（例 2.36），$N = [h_m = \infty] \cup [g_m = -\infty]$ での値を 0 に置き換えた関数を g_n', h_n' で表わせば，g_n', h_n' $(n \geq m)$ は可積分な実関数で，$g_n' \uparrow$，$h_n' \downarrow$ かつ $g_k' \leq h_l'$ $(k, l \geq m)$ となる．

そこで単調収束定理を使うと，$g_\infty' = \lim g_n'$ と $h_\infty' = \lim h_n'$ も可積分で，$g_\infty'(x) \leq f(x) \leq h_\infty'(x)$ $(x \notin N)$ を満たし，

$$I^1(h_\infty') - I^1(g_\infty') = \lim I^1(h_n' - g_n') = \lim I_\uparrow(h_n - g_n) = 0$$

となることから, $f = h'_\infty = g'_\infty$ (a.e.) であり, f は可積分かつ $I^1(f) = I^1(h'_\infty) = \lim I_\uparrow(h_n)$ がわかる. ∎

7.3 くり返し積分再び

集合 S, T 上の σ 有限なベクトル束 L, M を考える. Λ 積分 $(\lambda_t)_{t \in T}$ $(\Lambda : L \to M)$ と M 上の積分 J (J 測度 μ) に伴う L 上のくり返し積分を I で表わす. 4章では積分 (測度) が σ 有限であるという仮定の下, I のダニエル拡張を扱ったのであるが, ここでは, ベクトル束に関する σ 有限性の仮定の下, 単調族として拡張した場合の結果を与えよう.

まずは, 系 7.17 により

$$M(L)^+_\uparrow = (L^1(I) \cap M(L))^+_\uparrow, \quad M(M)^+_\uparrow = (L^1(J) \cap M(M))^+_\uparrow$$

であり [*67], $M(L)^+_\uparrow$ は $\mathcal{M}(L)$ 可測な関数 $f : S \to [0, \infty]$ 全体に等しく (命題 7.21 (i)), そのような関数 f の λ_t に関する積分が意味をもつ (定義 3.46) ことに注意する.

定理 7.32 上で述べた状況の下, 以下が成り立つ.

(i) $f \in M(L)^+_\uparrow$ に対して, $\int_S f(s)\,\lambda_t(ds)$ は $t \in T$ の関数として $M(M)^+_\uparrow$ に属し, 次が成り立つ.

$$I^1_\uparrow(f) = \int_T \left(\int_S f(s)\,\lambda_t(ds) \right) \mu(dt).$$

(ii) 可積分関数 $f \in L^1(I) \cap M(L)$ に対して, 零集合 $N \in \mathcal{M}(M)$ が存在し, $f \in L^1(\lambda_t)$ $(t \in T \setminus N)$ であり, $\int_S f(s)\,\lambda_t(ds)$ を N 上では 0 とみなしたものは $t \in T$ の関数として $L^1(J) \cap M(M)$ に属し, 次が成り立つ.

[*67] 文字が重なってしまったが, $M(M)$ はベクトル束 M の単調包を表わす.

$$I^1(f) = \int_T \left(\int_S f(s)\, \lambda_t(ds) \right) \mu(dt).$$

【証明】 (i) まず $f \leq \varphi$ となる $\varphi \in L_\uparrow^+$ が存在する（補題 7.14 (iii)）ので, $\varphi_n \uparrow \varphi$ ($\varphi_n \in L^+$) と表わし, 主張の結論部分を満たす実関数 $f \in M(L) \cap [0, \varphi_n]$ 全体を M_n とすると, M_n は $L \cap [0, \varphi_n]$ を含む. さらに, $\psi_n \in M^+$ を $\psi_n(t) = \int_S \varphi_n(s)\, \lambda_t(ds)$ $(t \in T)$ で定め, $M(M)_\uparrow^+ \cap [0, \psi_n] = M(M)^+ \cap [0, \psi_n]$ に注意して単調収束定理（系 3.45）を当てれば, M_n が単調族であるとわかる. したがって, 補題 7.14 により $M_n \supset M(L \cap [0, \varphi_n]) = M(L) \cap [0, \varphi_n]$, すなわち $M_n = M(L) \cap [0, \varphi_n]$ である.

その結果, $f \in M(L)_\uparrow^+$ に対して, $f_n = f \wedge \varphi_n \in M(L) \cap [0, \varphi_n]$ は

$$\left(\int_S f_n(s)\, \lambda_t(ds) \right) \in M(M)^+ \cap L^1(J),$$

$$\int_T \mu(dt) \int_S f_n(s)\, \lambda_t(ds) = I^1(f_n)$$

という形で (i) の結論の性質を満たし, さらに $f_n \uparrow f$ であることから単調収束定理（補題 7.13）をくり返すことにより, f も同じ性質をもち続ける.

(ii) $L^1(I) \cap M(L)$ がベクトル束であるから, 実部・虚部と正負に分解することで $f \in L^1(I) \cap M(L)^+$ の場合に帰着される（零集合は合併をとる）. この場合は (i) の一部である

$$\int_T \left(\int_S f(s)\, \lambda_t(ds) \right) \mu(dt) = I^1(f) < \infty$$

と系 7.17 (ii) から $N = \{ t \in T \,;\, \int_S f(s)\, \lambda_t(ds) = \infty \} \in \mathcal{M}(M)$ が零集合となり, $t \in T \setminus N$ では f の λ_t 積分が有限となるので (i) の結果と合わせて, 主張の正しいことがわかる. ∎

系 7.33 σ 有限なベクトル束 $L_X \subset \mathbb{C}^X$, $L_Y \subset \mathbb{C}^Y$ 上の積分系 (X, L_X, μ_X), (Y, L_Y, μ_Y) について, μ_X 有限な $\mathcal{M}(L_X)$ 単純関数全体からなるべ

クトル束を S_X で表わし，S_Y についても同様とし，$L = S_X \otimes S_Y$ 上のくり返し積分を I とする．ただし，積分に伴う σ 有限測度と積分を同じ記号で表わした．このとき，以下が成り立つ．

(i) $M(L_X) \otimes M(L_Y) = M(S_X) \otimes M(S_Y) \subset M(L)$ である．

(ii) $f \in M(L)^+_\uparrow$ とすると，$x \in X$ に対して $f(x, \cdot) \in M(L_Y)^+_\uparrow$ であり，$\displaystyle\int_Y f(x, y)\,\mu_Y(dy)$ は x の関数として $M(L_X)^+_\uparrow$ に属し，さらに次が成り立つ．

$$I^1_\uparrow(f) = \int_X \mu_X(dx) \int_Y \mu_Y(dy)\, f(x, y).$$

同様のことが X と Y の役割を換えて成り立つ．

(iii) $f \in L^1(I) \cap M(L)$ とすると，μ_X 零集合 $N \subset X$ が存在し，$x \in X \setminus N$ に対して，$f(x, \cdot) \in L^1(\mu_Y) \cap M(L_Y)$ であり，$\displaystyle\int_Y f(x, y)\,\mu_Y(dy)$ を N 上では 0 とみなしたものは x の関数として $L^1(\mu_X) \cap M(L_X)$ に属し，さらに次が成り立つ．

$$I^1(f) = \int_X \mu_X(dx) \int_Y \mu_Y(dy)\, f(x, y).$$

同様のことが X と Y の役割を換えて成り立つ．

【証明】 (i) $M(L_X) = M(S_X)$ 等は定理 7.29 (i) による．後半部分は実関数の場合に示せばよい．まず $f \in \mathrm{Re}\,S_X$ について，$\{g \in M(\mathrm{Re}\,S_Y)\,;\,f \otimes g \in M(L)\}$ が $\mathrm{Re}\,S_Y$ を含む単調族であることから，$M(\mathrm{Re}\,S_Y)$ に一致し，$f \otimes M(\mathrm{Re}\,S_Y) \subset M(L)$ が成り立つ．次に，$\{f \in M(\mathrm{Re}\,S_X)\,;\,f \otimes M(\mathrm{Re}\,S_Y) \subset M(L)\}$ が $\mathrm{Re}\,S_X$ を含む単調族であることから $M(\mathrm{Re}\,S_X)$ に一致する．かくして $M(S_X) \otimes M(S_Y) \subset M(L)$ が示された．

(ii) 最初の部分の主張は，$\{f \in M(L)^+\,;\,f(x, \cdot) \in M(S_Y)^+\}$ が L^+ を含む単調族であることから，$M(L)^+$ に一致するので，それからの増加列極限として正しい．これ以外の部分と (iii) は，定理の特別な場合として成り立つ． ∎

第 7 章　問題

7.A　X が位相空間で，L が連続関数からなるとき，$L_\uparrow \cap L_\downarrow \subset C(X)$ であることを確かめよ．とくに X が局所コンパクト空間で $L = C_c(X)$ のとき，$L_\uparrow \cap L_\downarrow = \mathrm{Re}\, L$ である．

7.B　可測空間 $(X, \mathcal{B})$ において，単純複素関数全体を $L(\mathcal{B})$ で表わすとき，$L(\mathcal{B})_\uparrow$ は $\mathcal{B}$ 可測関数 $f : X \to (-\infty, \infty]$ で下に有界であるもの全体であり，$M(L(\mathcal{B}))$ は $\mathcal{B}$ 可測複素関数全体に一致し，$\mathcal{B} = \mathcal{M}(L(\mathcal{B}))$ となる．

7.C　ベクトル束 $L = \ell(X)$ について，$L_\uparrow$, $M(L)$, $\mathcal{M}(L)$ を記述せよ．

7.D　$\mathbb{R}$ 上のルベーグ可測な実関数 f とボレル可測な実関数 g で，合成関数 $f \circ g$ がルベーグ可測でないものを作れ．

7.E　可測空間 $(X, \mathcal{B})$ における関数 $g : X \to [0, \infty]$ とその下部グラフ G について，$G \in \mathcal{B} \otimes \mathcal{B}(\mathbb{R})$ であることと g の $\mathcal{B}$ 可測性が同値である．

7.F　σ 環 $\mathcal{B} \subset 2^X$ と，切り落とし条件を満たすベクトル束 $M \subset \mathbb{C}^X$ で単調族をなすものとは，$\mathcal{B}$ 単純関数全体 $L(\mathcal{B})$ の単調包 $M = M(L(\mathcal{B}))$ あるいは M 可測集合の総体 $\mathcal{B} = \mathcal{M}(M)$ をとる操作により互いに対応し合う．

7.G　集合環 $\mathcal{A}$ に対して，すべての $\mathcal{A}$ 単純関数からなるベクトル束 $L(\mathcal{A})$ に関する可測集合全体 $\mathcal{M}(L(\mathcal{A}))$ は，$\mathcal{A}$ から生成された σ 環に一致する．

8 ラドン測度

【この章の目標】

　連続関数空間上の線型汎関数を積分として捉えるというアイデアは Hadamard に端を発するようであるが，測度論に連なる最初の成果は F. Riesz によってもたらされ，その後 Radon, Banach, Markov (Jr.), Alexandroff, Kakutani らの手を経て整備されていったもので，得られた測度には Radon の名を冠し，結果自体は Riesz–Markov–Kakutani の定理と呼びならわされている．そのラドン測度であるが，連続関数に由来する可測集合こそがふさわしい生息場所である．関数の定義域がユークリッド空間の場合は，例 7.24 にあるように，直方体あるいは開集合によって生成された σ 代数（ボレル集合族）に一致することを例 3.3 で見た．

　こういった一連の結果を一般の局所コンパクト（ハウスドルフ）空間にまで拡張する際に問題となるのが，連続関数に基づく可測性（ベール可測性）と開集合に基づく可測性（ボレル可測性）が一致しないという点である．以下では，ベール可測性に基づく形でラドン測度の記述を与えよう．（ボレル測度としての記述 *68 は [6] [15] [22] [27] [29] にあるが，とりわけ Pedersen [27] がここでの扱いに近い．）

| 8.1　ベール測度

■ A ── ベール集合とベール関数

　最初に記号・用語の復習と補充をしておく．局所コンパクト空間 X に対して，その上の連続な複素関数で支えがコンパクトであるもの全体 $C_c(X)$ は，積

---

*68 ディニの定理はネットについても成り立つので，列近似を超えた形で積分の拡張を行う．

をとる操作で閉じたベクトル束をなし，さらに $|f| \in C_c(X)$ $(f \in C_c(X))$ を満たす．言い換えると，$C_c(X)$ は絶対値関数をとる操作で閉じた $*$ 環になっている．その結果，$C_c(X)$ から生成された単調族であるベクトル束 $M(C_c(X))$ も同じ性質をもつ $*$ 環である．一般に，これら $*$ 環は積の単位元 1_X を含まず，とくに $1_X \in M(C_c(X))$ となるベクトル束 $C_c(X)$ を σ 有限というのであった．

以下，$M(X) = M(C_c(X))$, $B_a(X) = \mathbb{C}1_X + M(X)$ と記し，$B_a(X)$ に属する関数を**ベール関数**（Baire function）と呼ぶ．次に X における σ 環を $\mathcal{M}(X) = \mathcal{M}(C_c(X)) = \{A \subset X \,;\, 1_A \in M(X)\}$ で定め，$\mathcal{M}(X)$ から生成された σ 代数を $\mathcal{B}_a(X)$ とし，$\mathcal{B}_a(X)$ に属する集合を**ベール集合**（Baire set）という．$\mathcal{M}(X)$ が σ 環であることおよび $\mathcal{B}_a(X) = \mathcal{M}(X) \cup \mathcal{M}(X)'$ となることは，補題 7.20 による．ここで，$\mathcal{M}(X)' = \{X \setminus A \,;\, A \in \mathcal{M}(X)\}$ である．命題 7.25 により，$\mathcal{M}(X)$ に属する集合は，$C_c(X)$ 上のどのような積分についても σ 可積分である．一方，X のすべての開集合から生成された σ 代数を $\mathcal{B}(X)$ で，$\mathcal{B}(X)$ 可測な複素関数全体を $B_o(X)$ で表わし，それぞれの元を**ボレル集合**（Borel set），**ボレル関数**（Borel function）と呼ぶ．また σ 代数 $\mathcal{B}_a(X)$, $\mathcal{B}(X)$ に関する可測性をそれぞれ**ベール可測・ボレル可測**と称する．命題 7.21 により，$\mathcal{B}_a(X)$ はすべての $f \in C_c(X)$ を可測にする最小の σ 代数であり，ベール関数はベール可測な複素関数に他ならない．

この 2 種類のベクトル束・集合族の性質と関係についてまず調べよう．

例 8.1　集合 X に離散位相を与えると，$C_c(X) = \ell(X)$ であり，$\mathcal{M}(X)$ は X の可算部分集合全体，$\mathcal{B}_a(X)$ はそれにすべての余可算集合を付け加えたもの，そして $\mathcal{B}(X) = 2^X$ となる．また，二点集合 $\{0,1\}$ の非可算直積集合 X は直積位相によりコンパクト空間であるが，X の一点集合は $\mathcal{B}(X)$ に属す一方で $\mathcal{B}_a(X)$ には属さない．

問 8.1　定理 B.17（Tychonoff）と定理 B.24（Stone–Weierstrass）を参考に，例 8.1 の後半部分を確かめよ．

定義 8.2　位相空間において，可算個の開集合の共通部分として表わされる部

分集合を **G_δ 集合**, 可算個の閉集合の和集合として表わされる部分集合を F_σ 集合と呼ぶ [*69].

補題 8.3 $h \in C_c(X)^+$ に対して $[h \geq r]$ $(r > 0)$ はコンパクト G_δ 集合である. 一方, コンパクトな G_δ 集合 C に対して, 実関数列 $h_n \in C_c(X)$ で, $1_C \leq h_n \leq 1$ および $h_n \downarrow 1_C$ を満たすものが存在する. とくに C は $\mathcal{M}(X)$ に属し, $C_c(X)$ 上のあらゆる積分に関して可積分である.

【証明】 最初の主張は $[h \geq r] = \bigcap_{n \geq 1}[h > r - 1/n]$ からわかる.

コンパクト集合 C を, 可算個の開集合の共通部分として $C = U_1 \cap U_2 \cap \cdots$ のように表わすと, 定理 B.13 により $f_n \in C_c(X)$ で $1_C \leq f_n \leq 1_{U_n}$ となるものがとれるので, $h_n = f_1 \wedge \cdots \wedge f_n$ が求める関数列である. ∎

次は, 距離空間について述べた命題 3.17 (ii) と命題 7.23 (ii) の精密化になっている.

命題 8.4

(i) $\mathcal{M}(X)$ は, コンパクト G_δ 集合全体から生成された σ 環と一致する. とくに, $\mathcal{B}_a(X) \subset \mathcal{B}(X)$ および $B_a(X) \subset B_o(X)$ が成り立つ.

(ii) $C_c(X)$ が σ 有限であることと X が σ コンパクトであることは同値である.

【証明】 (i) コンパクト G_δ 集合全体から生成された σ 環を $\mathcal{B}$ とすると, 上の補題からコンパクト G_δ 集合は $\mathcal{M}(X)$ に属し, $\mathcal{M}(X)$ が σ 環であることと合わせて, $\mathcal{B} \subset \mathcal{M}(X)$ がわかる.

逆を示すために, $M = \{h : X \to [0, \infty) ; [h > r] \in \mathcal{B} \ (r > 0)\}$ を考えると, 同じく上の補題により $C_c(X)^+ \subset M$ であり, $h_n \uparrow h \ (h_n \in M)$ のとき, $[h > r] = \bigcup_{n \geq 1}[h_n > r] \in \mathcal{B}$ より $h \in M$ がわかる. また, $[h > r] \in \mathcal{B} \ (\forall r > 0)$ $\iff [h \geq r] \in \mathcal{B} \ (\forall r > 0)$ に注意すれば, $h_n \downarrow h \ (h_n \in M)$ のとき, $[h \geq r] =$

[*69] 独語 Gebiet ＋ Durchschnitt と仏語 fermé ＋ somme に由来. 独仏習合であるか.

$\bigcap_{n \geq 1}[h_n \geq r] \in \mathcal{B}$ より $h \in M$ もわかる. したがって, M は $C_c(X)^+$ を含む単調族として, $M \supset M(C_c(X)^+) = M(X)^+$ である. とくに $A \in \mathcal{M}(X)$ ($1_A \in M(X)^+$) に対して, $A = [1_A > 0] \in \mathcal{B}$ となり, 逆の包含も示された.

(ii) X が σ コンパクトであれば, 定理 B.13 と上の補題により, $X = \bigcup_n X_n$ (X_n はコンパクト G_δ 集合) と表わされるので, $X \in \mathcal{M}(X)$ である. 逆は命題 7.23 (ii) の必要条件の証明がそのまま使える. ∎

命題 8.5 局所コンパクト空間 X が可算個の「開集合の素」をもてば (すなわち第二可算性を満たせば), X は σ コンパクトであり, X のどの閉集合も G_δ 集合である.

【証明】 開集合列 (O_n) が「開集合の素」であるとする. 局所コンパクト性により, $\overline{U}$ がコンパクトである開集合 U 全体が「開集合の素」となるので, そのような U に含まれる O_n のみを考えることで, 初めから $\overline{O_n}$ はコンパクトであるとしてよい. そうすると, $X = \bigcup \overline{O_n}$ であり, これは X が σ コンパクトであることを意味する.

次に閉集合 F について考える. 各 $x \in X \setminus F$ に対して, x の開近傍 U_x で $\overline{U_x} \subset X \setminus F$ となるものがとれ, U_x が (O_n) の部分列の和集合で表わされることから, $x \in O_{n(x)} \subset U_x$ となる $n(x) \geq 1$ が存在し, $F \subset X \setminus \overline{O_{n(x)}}$ を満たす. そこで, $\mathbb{N}' = \{n(x) \, ; x \in X \setminus F\} \subset \mathbb{N}$ とすれば, $F \subset \bigcap_{n' \in \mathbb{N}'}(X \setminus \overline{O_{n'}})$ および $\bigcap_{n' \in \mathbb{N}'}(X \setminus \overline{O_{n'}}) \cap (\bigcup_{m' \in \mathbb{N}'} O_{m'}) = \emptyset$ が成り立つ. ここで $X \setminus F \subset \bigcup_{m' \in \mathbb{N}'} O_{m'}$ に注意すれば, 最後の等式は $\bigcap_{n' \in \mathbb{N}'}(X \setminus \overline{O_{n'}}) \subset F$ を意味し, $F = \bigcap_{n' \in \mathbb{N}'}(X \setminus \overline{O_{n'}})$ と表わされる. よって F は G_δ 集合である. ∎

系 8.6 命題と同じ仮定の下, $\mathcal{B}_a(X) = \mathcal{B}(X)$ である. とくに $\mathcal{B}_a(\mathbb{R}^d) = \mathcal{B}(\mathbb{R}^d)$ となる.

【証明】 閉集合 F に対して, コンパクト G_δ 集合 $F \cap \overline{O_n}$ の和集合として $F \in \mathcal{M}(X)$ である. したがって $\mathcal{M}(X)$ と $\mathcal{B}(X)$ が一致する. ∎

問 8.2　局所コンパクト空間の間の連続写像 $\phi : X \to Y$ について，X が σ コンパクトであれば，$\phi^{-1}(\mathcal{M}(Y)) \subset \mathcal{M}(X)$ であり，$B_a(Y) \circ \phi \subset B_a(X)$ を満たす（問 3.15 も参照）.

➤**注意 35**　コンパクトなベール集合は G_δ 集合である（Halmos [22, §51 Theorem D]）.

■ B —— 正汎関数とベール測度

定義 8.7　ベール集合族上で定義された測度を**ベール測度**（Baire measure）と呼ぶ.

ベクトル束 $C_c(X)$ 上の積分 I に関する可測集合からなる σ 代数 $\mathcal{L}(I)$ は，コンパクト G_δ 集合を可積分集合として含む（補題 8.3）ので，命題 8.4 によりベール集合全体 $\mathcal{B}_a(X)$ を含む. したがって，I 測度を $\mathcal{B}_a(X)$ に制限することでベール測度 μ が得られる. このようなベール測度の特徴づけを与えよう.

まず，μ はコンパクト G_δ 集合の上で有限の値をとるという意味で**局所有限**（locally finite）である. さらに，次の位相的正則性（近似可能性）が成り立つ.

> **命題 8.8**　ベール集合 A が I 可積分であれば，どのように小さい $\epsilon > 0$ に対しても，$K \subset A \subset U$ かつ $|U \setminus K|_I \leq \epsilon$ を満たすようにコンパクト G_δ 集合 K と I 可積分な開集合 U で $\mathcal{M}(X)$ に属するものがとれる.

【証明】　$1_A \in L^1$ であるから，定理 7.31 により $0 \leq g \leq 1_A \leq h$ かつ $I_\uparrow(h - g) \leq \epsilon$ を満たす $g \in L_\downarrow$ と $h \in L_\uparrow$ が存在する. そこで，$g_n \downarrow g$, $h_n \uparrow h$ $(g_n, h_n \in L^+)$ と表示し，$m \geq 2$ に対して，$K_m = [g \geq 1/m] = \bigcap [g_n \geq 1/m]$, $U_m = [h > 1 - 1/m] = \bigcup [h_n > 1 - 1/m]$ とおけば，K_m はコンパクト G_δ 集合で，したがって $1_{K_m} \in L_\downarrow \cap M(L)$（補題 8.3）となり，開集合 U_m は押し上げ表示（補題 3.14）と補題 7.13 (i) により $1_{U_m} \in L_\uparrow \cap M(L)$ であり，

$$g - \frac{1}{m}h \leq g - \frac{1}{m}1_A \leq 1_{K_m} \leq 1_A \leq 1_{U_m} \leq \frac{m}{m-1}h$$

を満たす. さらに $I_\uparrow^1(1_{U_m}) \leq \frac{m}{m-1}I_\uparrow^1(h) = \frac{m}{m-1}I_\uparrow(h) < \infty$ より U_m は I 可積

分であり（系 7.17 (ii)），

$$|U_m \setminus K_m|_I = I^1_\uparrow(1_{U_m} - 1_{K_m}) \leq I^1_\uparrow \left(\frac{m}{m-1}h + \frac{1}{m}h - g \right)$$

$$= I_\uparrow \left(\frac{m}{m-1}h + \frac{1}{m}h - g \right)$$

$$= \frac{2m-1}{m(m-1)} I_\uparrow(h) + I_\uparrow(h - g)$$

$$\leq \frac{2m-1}{m(m-1)} I_\uparrow(h) + \epsilon \to \epsilon \quad (m \to \infty)$$

となることから，命題の主張が示された．　∎

命題 7.28 に上の命題を合わせると，I 測度に由来するベール測度 μ は，

$$\mu(B) = \sup\{\mu(C) \, ; \, C \text{ は } B \text{ に含まれるコンパクト } G_\delta \text{ 集合 }\}$$

という性質をもつことがわかる．ここでは，この条件を満たす局所有限なベール測度を**正則**（regular）であると呼び，正則なベール測度を**ラドン測度**（Radon measure）と称する．

ベール測度の正則性は，遠方 $(\mathcal{B}_a(X) \setminus \mathcal{M}(X))$ での測度の振る舞いを規制するためもので，実際，局所コンパクトかつ σ コンパクトな空間 X における局所有限なベール測度はすべて正則である．というのはこの場合，$X_n \uparrow X$ となるコンパクト G_δ 集合の増大列 X_n がとれ，$B \cap X_n \in \mathcal{M}(X)$ は系 7.17 (ii) により可積分となり，命題 8.8 を使うと $B \cap X_n$ での値がコンパクト G_δ 集合で下から近似されるからである．

> **定理 8.9** 局所コンパクト空間 X において，ベクトル束 $C_c(X)$ 上の積分と X における正則なベール測度（ラドン測度）とが対応し合う．

【証明】 積分から正則なベール測度が定まることはすでに見た．逆に局所有限なベール測度 μ から出発して，μ 有限な $\mathcal{B}_a(X)$ 単純関数の作るベクトル束 $L(X, \mu)$ 上の単純積分 I_μ とそのダニエル拡張 $I^1_\mu : L^1(X, \mu) \to \mathbb{C}$ を考えると，段々近似により $C_c(X) \subset L^1(X, \mu)$ となる．そこで，I^1_μ を制限することにより $C_c(X)$

上の積分 I が定まる．定理 2.17 により I^1 は $I_\mu^1 = L^1(I) \subset L^1(X, \mu)$ に制限したものである．とくに，コンパクト G_δ 集合に対する I 測度と μ の値が一致する．したがって，正則な μ については，I 測度の $\mathcal{B}_a(X)$ への制限が μ に等しい．かくして，局所有限なベール測度は $C_c(X)$ 上の積分に由来するものに限り，I と μ は一対一に対応し合う．　■

8.2　有界測度

　ここでは，局所コンパクト空間 X における有界測度を X の一点コンパクト化における測度とみなし，複素測度も含めて扱う．目標は，この意味での複素ベール測度と線型汎関数との対応づけである．

■ A ── 一点コンパクト化

　最初に，一様ノルムに関連した用語と記号を補っておく．X の上で定義された有界かつ連続な複素関数全体 $C_b(X)$ は，一様ノルム $\|f\|_\infty = \sup\{|f(x)|\,;\,x \in X\}$ に関してバナッハ空間である．ベクトル束 $C_c(X)$ は $C_b(X)$ の部分空間であるが，閉集合とは限らない．$C_c(X)$ の $C_b(X)$ における閉包を $C_0(X)$ という記号で表わせば，これは $C_c(X)$ を含むベクトル束で，$C_c(X)$ と同じく ∗ 環になっていて，絶対値関数をとる操作に関して閉じている．$C_0(X)$ に属する連続関数 f は，次の性質（無限遠で消えるという）で特徴づけられる：どのように小さい $\epsilon > 0$ に対しても，コンパクト集合 $K \subset X$ を大きくとれば，$|f(x)| \leq \epsilon$ $(x \in X \setminus K)$ とできる．

問 8.3　$C_0(X)$ の特徴づけを確かめよ．

　コンパクトでない X については，X に仮想的な点 ∞（無限遠点と呼ぶ）を付け加えた集合 $\widetilde{X} = X \sqcup \{\infty\}$ を考え，$\widetilde{X}$ における位相を，X の開集合の他に，$(X \setminus K) \sqcup \{\infty\}$（$K \subset X$ はコンパクト）も開集合となるように定める．そうすると，$\widetilde{X}$ がコンパクト空間で X を密な開集合として含むものであることが簡

単にわかる. これを X の**一点コンパクト化** (one-point compactification [*70]) と呼ぶ. 一般に, 位相空間 X を密な開集合として含むコンパクト空間 $\overline{X}$ を X のコンパクト化と称する.

例 8.10 拡大実数 $\overline{\mathbb{R}}$ は $\mathbb{R}$ の二点コンパクト化であり, 球面 S^d は, ユークリッド空間 $\mathbb{R}^d$ の一点コンパクト化 (に同相) である.

とくに, 複素平面 $\mathbb{C}$ の一点コンパクト化 $\mathbb{C} \sqcup \{\infty\}$ はリーマン球と呼ばれ, 複素解析方面で多用される.

➤**注意 36** Stone–Čech compactification と呼ばれるコンパクト化 $\overline{X}$ は $C_b(X) = C(\overline{X})$ を満たす.

さて, 無限遠で消える連続関数 $f \in C_0(X)$ は, $\widetilde{f}(\infty) = 0$ とおくことで $\widetilde{X}$ 上の連続関数に拡張され, 逆に $\widetilde{X}$ 上の連続関数で無限遠点で 0 を値にとるものの $X \subset \widetilde{X}$ への制限は $C_0(X)$ に属する. この対応により $C_0(X)$ は $C(\widetilde{X})$ の閉部分空間 $C_0(\widetilde{X}) = \{f \in C(\widetilde{X}) \,;\, f(\infty) = 0\}$ にうつされ, $C(\widetilde{X}) = \mathbb{C}1_{\widetilde{X}} + C_0(\widetilde{X})$ を満たす. 以下, コンパクトな X については $\widetilde{X} = X$ と思うことにする.

> **補題 8.11** $M(C_0(X)) = M(C_c(X))$ および $M(C(\widetilde{X})) = \mathbb{C}1_{\widetilde{X}} + M(C_0(\widetilde{X}))$ である.

【証明】 最初の等式は, $C_0(X)$ の関数が $C_c(X)$ の関数によって一様近似されることと系 7.4 (i) からわかる.

次に, $M(C(\widetilde{X}))$ は $C(\widetilde{X}) = \mathbb{C}1_{\widetilde{X}} + C_0(\widetilde{X})$ の単調包であることから $\mathbb{C}1_{\widetilde{X}} + M(C_0(\widetilde{X}))$ を含む. 一方, 後者は $C(\widetilde{X})$ を含み, 各点ごとの列収束について閉じている. というのは, $f = \lim_{n\to\infty} (\lambda_n 1_{\widetilde{X}} + f_n)$ $(\lambda_n \in \mathbb{C}, f_n \in M(C_0(\widetilde{X})))$ とすると, $f(\infty) = \lim \lambda_n$ であり,

$$f - f(\infty)1_{\widetilde{X}} = \lim_{n\to\infty} (f - \lambda_n 1_{\widetilde{X}}) = \lim_{n\to\infty} f_n \in M(C_0(\widetilde{X}))$$

となるので, $f \in \mathbb{C}1_{\widetilde{X}} + M(C_0(\widetilde{X}))$ が成り立つからである. したがって系 7.4 (i)

[*70] Alexandroff extension ともいう.

により，$M(C(\widetilde{X})) \subset \mathbb{C}1_{\widetilde{X}} + M(C_0(\widetilde{X}))$ となり，後半の等式も示された．∎

系 8.12　部分集合 $B \subset \widetilde{X}$ について，次が成り立つ．

(i) $\infty \notin B$ のとき，$B \in \mathcal{B}_a(\widetilde{X}) \iff B \in \mathcal{M}(X)$ である．

(ii) $\infty \in B$ のとき，$B \in \mathcal{B}_a(\widetilde{X}) \iff X \setminus B \in \mathcal{M}(X)$ である．

【証明】　$B \in \mathcal{B}_a(\widetilde{X})$ は，$1_B = \lambda 1_{\widetilde{X}} + f$ $(\lambda \in \mathbb{C}, f \in M(C_0(\widetilde{X})))$ と表わされることと同値であり，$f(\infty) = 0$ に注意して ∞ での値を比較すれば $\lambda = 1_B(\infty)$ となるので，$\infty \in B$ か否かに応じて，$f|_X$ は $-1_{X \setminus B}$ か 1_B に一致する．あとは $f|_X \in M(C_0(X)) = M(C_c(X))$ に注意すれば，$X \setminus B \in \mathcal{M}(X)$ か $B \in \mathcal{M}(X)$ がわかる．

逆に $A \in \mathcal{M}(X)$ に対して，A は $\widetilde{X}$ の部分集合として $1_A \in M(C_0(\widetilde{X}))$ となり，$A \in \mathcal{B}_a(\widetilde{X})$ である．また $B = \widetilde{X} \setminus A$ とおくと，$1_B = 1_{\widetilde{X}} - 1_A$ は $\mathbb{C}1_{\widetilde{X}} + M(C_0(\widetilde{X}))$ に属するので，$B \in \mathcal{B}_a(\widetilde{X})$ でもある．∎

命題 8.13　X が σ コンパクトであることと一点集合 $\{\infty\}$ が $\widetilde{X}$ のベール集合であることは同値であり，このとき，$\mathcal{B}_a(\widetilde{X})$ は $2^{\{\infty\}} = \{\emptyset, \{\infty\}\}$ と $\mathcal{B}_a(X)$ の直和である．また，σ コンパクトでない X については，

$$\mathcal{M}(X) \ni A \mapsto A \in \mathcal{B}_a(\widetilde{X}),$$
$$\mathcal{B}_a(X) \setminus \mathcal{M}(X) \ni X \setminus A \mapsto \widetilde{X} \setminus A \in \mathcal{B}_a(\widetilde{X})$$

という対応により，$\mathcal{B}_a(X)$ と $\mathcal{B}_a(\widetilde{X})$ は σ 代数として同型である．

【証明】　X が σ コンパクトであれば，定理 B.13（Urysohn）により $h_n \uparrow 1_X$ $(h_n \in C_c(X)^+)$ と表わされるので，これから $X \in \mathcal{B}_a(\widetilde{X})$ がわかり，その補集合として $\{\infty\} \in \mathcal{B}_a(\widetilde{X})$ である．逆に $X \in \mathcal{B}_a(\widetilde{X})$ とすると，

$$1_X \in M(C(\widetilde{X})) = \mathbb{C}1_{\widetilde{X}} + M(C_0(\widetilde{X}))$$

において，$\infty \in \widetilde{X}$ での値を見比べ X に制限することで $1_X \in M(C_0(X)) = $

$M(C_c(X))$ がわかるので，命題 7.23 (ii) により X は σ コンパクトである．この場合に可測空間として直和に分かれることは上の系による．

次に，X が σ コンパクトでないこと，すなわち $1_X \notin M(C_0(X)) = M(C_c(X))$ は $X \notin \mathcal{M}(X)$ と同じことで，このとき，$\mathcal{B}_a(X) = \mathcal{M}(X) \sqcup \mathcal{M}(X)'$ と $\mathcal{B}_a(\widetilde{X}) = \{B \in B_a(\widetilde{X}) \,;\, \infty \notin B\} \sqcup \{B \in \mathcal{B}_a(\widetilde{X}) \,;\, \infty \in B\}$ とを，上の系に注意して比べると，後半の対応関係もわかる． ■

■ B ── 有界汎関数と正則測度

以下，$C_c(X)$ は一様ノルムによりノルム空間と思うことにする．線型汎関数 $\Lambda : C_c(X) \to \mathbb{C}$ で，$\|\Lambda\| = \sup\{|\Lambda(f)| \,;\, f \in C_c(X),\, \|f\|_\infty \le 1\}$ が有限であるものを有界であるといい，$\|\Lambda\|$ は有界な線型汎関数全体に完備なノルムを定めるのであった（6.1 節 C）．有界な Λ は $C_0(X)$ 上のノルム連続な線型汎関数に拡張され，逆に $C_0(X)$ 上の連続線型汎関数を $C_c(X)$ に制限したものは有界となる．この対応により，有界線型汎関数全体は，バナッハ空間 $C_0(X)$ の双対空間 $C_0(X)^*$ と同一視される．

ここで一旦，正汎関数の場合に戻って，その有界性を測度の言葉で言い直しておこう．

> **命題 8.14** 正汎関数 $I : C_c(X) \to \mathbb{C}$ について，$\|I\| = |X|_I$ である．

【証明】 積分の不等式 $|I(f)| \le I(|f|)$ （問 2.4，定理 3.47）と $\|f\|_\infty = \||f|\|_\infty$ $(f \in C_c(X))$ により，$\|I\| = \sup\{I(h) \,;\, h \in C_c(X) \cap [0, 1]\}$ である．そこで $h \in C_c(X)^+$ の段々近似 $h_\varrho \in L^1$ の満たす不等式

$$I^1(h_\varrho) = \sum_j r_j |[r_j \le h < r_{j+1}]|_I \le \|h\|_\infty |X|_I$$

において極限 $h_\varrho \uparrow h$ をとり，単調収束定理を施せば，$I(h) \le \|h\|_\infty |X|_I$ がわかるので，$\|I\| \le |X|_I$ を得る．

逆の不等式 $|X|_I \le \|I\|$ については，$\|I\| < \infty$ として良い．もし，$I^1(h) \le \|I\|$ $(h \in L^1 \cap [0, 1))$ がわかれば，可積分な $Q \subset X$ に対して $|Q|_I = I^1(1_Q) \le \|I\|$ と

なり，それの上限として $|X|_I \le \|I\|$ を得る．一方で，L^1 と $L^1 \cap M(C_c(X))$ の違いは零関数である（命題 7.18）ことから，上掲不等式は $h \in L^1 \cap M(C_c(X)) \cap [0,1]$ について示せば十分．そこで，

$$M = \{ h \in L^1 \cap M(C_c(X)) \cap [0,1] \,;\, I^1(h) \le \|I\| \}$$

とおき，σ 帰納法を使う：$\|I\|$ の定義から $C_c(X) \cap [0,1] \subset M$ であり，さらに単調収束定理により M は単調族である．したがって M は $M(C_c(X) \cap [0,1]) = M(C_c(X)) \cap [0,1]$（補題 7.14）を含むので，$M(C_c(X)) \cap [0,1]$ に一致する．とくに，$M(C_c(X)) \cap [0,1] \subset L^1$ であり，$I^1(h) \le \|I\|$ $(h \in M(C_c(X)) \cap [0,1])$ が成り立つ．　■

問 8.4　$M(C_c(X) \cap [0,1]) = M(C_c(X)) \cap [0,1]$ のところを詳しく述べよ．

系 8.15　$\|I\| < \infty$ であれば，可積分な $Q \in \mathcal{M}(X)$ で，$|X \setminus Q|_I = 0$ となるものが存在する．

【**証明**】　I 測度の定義から，可積分集合の増大列 Q_n で，$|Q_n|_I \uparrow |X|_I$ となるものが存在する．命題 7.25 により，$Q_n \in \mathcal{M}(X)$ としてよい．そこで $Q = \bigcup Q_n \in \mathcal{M}(X)$ とおけば，$|X|_I = \|I\| < \infty$ と単調収束定理から，Q は可積分かつ $|Q|_I = |X|_I$ を満たし，$|X \setminus Q|_I = |X|_I - |Q|_I = 0$．　■

改めて $I : C_c(X) \to \mathbb{C}$ を有界な正汎関数とし，I のベクトル束 $C_0(X)$ へのノルム連続な拡張を I_0 で表わす．すなわち，$f \in C_0(X)$ に対して，$\|f_n - f\|_\infty \to 0$ $(f_n \in C_c(X))$ という表示を使い，$I_0(f) = \lim I(f_n)$ により $I_0 : C_0(X) \to \mathbb{C}$ を定める．実関数 f については近似関数 f_n も実関数でとることができ，$f \ge 0$ であれば，$|f - f_n \vee 0| \le |f - f_n|$ より，f_n は正関数にとり直すことができる．その結果，I_0 は正汎関数であることがわかる．さらに I_0 が積分の連続性も満たす．実際，$f_n \downarrow 0$ $(f_n \in C_0(X))$ とするとき，与えられた $\epsilon > 0$ に対して，コンパクト集合 $K \subset X$ を $f_1(x) \le \epsilon$ $(x \notin K)$ と選び，$f_n|_K \downarrow 0$ にディニの定理を使えば，$\sup\{ f_m(x) \,;\, x \in K \} \le \epsilon$ となる $m \ge 1$ が存在し，相合わせて $f_n(x) \le \epsilon$ $(n \ge m,$

$x \in X$) が成り立ち，したがって $0 \le I_0(f_n) \le \|I\|\|f_n\|_\infty \le \epsilon\|I\|$ $(n \ge m)$ となるからである．

　かくして，I と I_0 のダニエル拡張は一致し，共通の可測集合の集まり $\mathcal{L}$ およびその上の I 測度 $=I_0$ 測度を定める．以下，この共通する測度をベール集合に限定したベール測度を μ と書く．定理 8.9 と命題 8.14 により，μ は正則な有界測度として特徴づけられることに注意．

　このような μ については，系 8.15 により，$\mu(X \setminus Q) = 0$ となる $Q \in \mathcal{M}(X)$ がある．逆に，有界なベール測度 μ でこの性質をもつものは正則である．というのは，I_μ^1 を $C_c(X) \subset L^1(X,\mu)$ に制限して得られる $C_c(X)$ 上の積分から作られるベール測度は μ に一致する（定理 3.50 (ii)）ので，定理 8.9 によりそれは正則である．

定義 8.16　局所コンパクト空間 X における複素ベール測度が**正則**であるとは，その変動が正則であることと定める．σ コンパクトな X では，複素ベール測度は常に正則であることに注意．

補題 8.17　複素ベール測度 λ_j $(j = 1, 2)$ について，$\lambda_1(C) = \lambda_2(C)$（$C$ はコンパクト G_δ 集合）であれば，$\mathcal{M}(X)$ の上で λ_1 と λ_2 は一致し，さらにそれぞれが正則であれば完全に一致する．

【証明】　$\{A \in \mathcal{M}(X)\,;\,\lambda_1(A) = \lambda_2(A)\}$ はすべてのコンパクト G_δ 集合を含む σ 環であることから，命題 8.4 により $\mathcal{M}(X)$ と一致する．さらに，$|\lambda_j|(X) = |\lambda_j|(Q_j)$ となる $Q_j \in \mathcal{M}(X)$ があれば，$Q = Q_1 \cup Q_2 \in \mathcal{M}(X)$ とおくとき，$B \in \mathcal{B}_a(X)$ に対して $B \cap Q \in \mathcal{M}(X)$ であり $\lambda_j(B \setminus Q) = 0$ $(j = 1, 2)$ となることから，

$$\lambda_1(B) = \lambda_1(B \cap Q) = \lambda_2(B \cap Q) = \lambda_2(B)$$

のように一致する．　∎

定理 8.18　局所コンパクト空間 X に付随するベクトル束 $C_0(X)$ 上の有

界線型汎関数 Λ に対して，X における正則な複素ベール測度 λ で

$$\Lambda(f) = \int_X f(x)\,\lambda(dx) \qquad (f \in C_0(X))$$

となるものがちょうど一つ存在し，$\|\Lambda\| = |\lambda|(X)$ を満たす.

【証明】　上の関係で Λ と λ が対応し合うことをまず見よう. 複素ベール測度 λ があれば，段々近似により $C_c(X) \subset L^1(X, |\lambda|)$ であることから右辺の積分が意味をもち，$|\int_X f(x)\,\lambda(dx)| \leq \|f\|_\infty \|\lambda\|$ と評価されるので，有界汎関数 Λ を定める. 逆に Λ が複素測度 λ を使って上のように表わされていれば，押し上げ表示により $\lambda(C)$（C はコンパクト G_δ 集合）が $\Lambda(f)$ からの極限として定まり，正則測度については，補題 8.17 のおかげで λ が Λ から復元される.

　　そこで，有界汎関数 Λ を表示する正則な複素測度 λ の存在を確かめる. そのために，$C_c(X)$ 上の積分 I で

$$|\Lambda(f)| \leq I(|f|) \leq \|\Lambda\|\,\|f\|_\infty \qquad (f \in C_c(X))$$

となるもの（心は $I \leftrightarrow |\lambda|$）があることをまず示そう.

　　正関数 $h \in C_c(X)^+$ に対して，

$$I(h) = \sup\{|\Lambda(f)| \,;\, f \in C_c(X),\, |f| \leq h\} \in [0, \|\Lambda\|\,\|h\|_\infty]$$

とおくと，$I(g) \leq I(h)$ $(0 \leq g \leq h)$，$I(\alpha h) = \alpha I(h)$ $(\alpha \geq 0)$ が即座にわかる. さらに，I は $C_c(X)^+$ の上で加法的である. すなわち，

$$I(h_1 + h_2) = I(h_1) + I(h_2) \qquad (h_j \in C_c(X)^+)$$

が成り立つ. 実際，$|f_j| \leq h_j$ $(f_j \in C_c(X))$ に対して，$|\Lambda(f_j)| = e^{i\theta_j}\Lambda(f_j)$ $(\theta_j \in \mathbb{R})$ と表わせば，$|e^{i\theta_1}f_1 + e^{i\theta_2}f_2| \leq h_1 + h_2$ であり，

$$|\Lambda(f_1)| + |\Lambda(f_2)| = |\Lambda(e^{i\theta_1}f_1 + e^{i\theta_2}f_2)| \leq I(h_1 + h_2)$$

となるので，$|\Lambda(f_j)|$ を $I(h_j)$ に近づけると，$I(h_1) + I(h_2) \leq I(h_1 + h_2)$ がわかる.

逆の不等式のために, $|f| \leq h_1 + h_2$ である $f \in C_c(X)$ に対して,

$$
f_j = \begin{cases} \dfrac{h_j(x)}{h_1(x) + h_2(x)} f(x) & (x \in [h_1 + h_2 > 0]) \\ 0 & (x \in [h_1 + h_2 = 0]) \end{cases}
$$

とおくと, $f_j \in C_c(X)$ であり $f_1 + f_2 = f$ および $|f_j| \leq h_j$ を満たす. そこで,

$$
|\Lambda(f)| \leq |\Lambda(f_1)| + |\Lambda(f_2)| \leq I(h_1) + I(h_2)
$$

において $|\Lambda(f)|$ を $I(h_1 + h_2)$ に近づけるとよい.

　この半線型性により, I は $\operatorname{Re} C_c(X)$ 上の実線型汎関数, さらには $C_c(X)$ 上の複素線型汎関数にまで拡張され, 不等式 $|\Lambda(f)| \leq I(|f|) \leq \|\Lambda\| \|f\|_\infty$ $(f \in C_c(X))$ を満たす. とくに正汎関数 $I : C_c(X) \to \mathbb{C}$ は有界であり $C_c(X)$ 上の積分を与えるので, I に伴うベール測度を μ で表わせば, Λ は $L^1(X, \mu)$ 上のノルムが 1 以下の有界線型汎関数に拡張され, 補題 6.28 により (命題 8.14 から μ が有界測度であることに注意), $|w| \leq 1$ であるベール関数 w を使って,

$$
\Lambda(f) = \int_X f(x) w(x) \, \mu(dx) \qquad (f \in L^1(X, \mu))
$$

のように表示される. ここで, 系 8.15 により μ を支える $Q \in \mathcal{M}(X)$ がとれるので, 複素ベール測度 $\lambda = w\mu$ は正則となり, 求めるものである.

　最後に, I を上下から Λ で評価する不等式より $\|\Lambda\| = \|I\|$ がわかる. 一方, 上の積分表示を用いて I を評価し直すと, $|\lambda| = |w|\mu$ (例 6.23) に注意して,

$$
I(h) = \sup\{|\Lambda(f)| \, ; \, |f| \leq h\} \leq \int_X h(x) \, |\lambda|(dx) \leq \|h\|_\infty \, |\lambda|(X)
$$

より $\|I\| \leq |\lambda|(X)$ がわかるので, これに

$$
|\lambda|(X) = \int_X |w(x)| \, \mu(dx) \leq \mu(X) = |X|_I
$$

をつなぎ, 命題 8.14 と合わせると, $|\lambda|(X) = |X|_I = \|\Lambda\|$ を得る. ∎

8.3 確率測度の射影極限

■ A —— 射影極限とラドン測度

有向集合 $\mathcal{D}$ の元をラベルとした集合 $X_\alpha \neq \emptyset$ と写像 $\pi_\alpha^\beta : X_\beta \to X_\alpha \ (\alpha \prec \beta)$ の集まりが**射影系**（projective system）であるとは，(i) $\pi_\alpha^\alpha = \mathrm{id}_{X_\alpha}$（恒等写像），(ii) $\pi_\alpha^\beta \pi_\beta^\gamma = \pi_\alpha^\gamma \ (\alpha \prec \beta \prec \gamma)$ を満たすことをいう．

与えられた射影系 $(\pi_\alpha^\beta : X_\beta \to X_\alpha)$ に対して，その**射影極限**（projective limit）あるいは**逆極限**（inverse limit）とは，集合 $X \neq \emptyset$ と写像の集まり $\pi_\alpha : X \to X_\alpha$ で，$\pi_\alpha^\beta \pi_\beta = \pi_\alpha \ (\alpha \prec \beta)$ を満たし，次の性質（普遍性）をもつものをいう．「集合 Y と写像の集まり $\pi_\alpha^Y : Y \to X_\alpha$ で $\pi_\alpha^\beta \pi_\beta^Y = \pi_\alpha^Y$ を満たすものがあれば，$\phi : Y \to X$ で $\pi_\alpha^Y = \pi_\alpha \phi$ となる

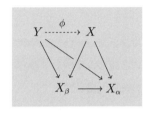

図 15 射影極限

ものがちょうど一つ存在する．」この性質により，射影極限はあれば同型を除いて一つしかないので，これを $X = \varprojlim X_\alpha$ のように書き表わす．

射影極限が存在するかどうかは，直積集合 $\prod X_\alpha$ の部分集合 $X = \{(x_\alpha) \in \prod X_\alpha \, ; \, \pi_\alpha^\beta(x_\beta) = x_\alpha \ (\alpha \prec \beta)\}$ が空でないかどうかと同じことで，実際 $X \neq \emptyset$ のとき，標準射影の X への制限 $\pi_\alpha : (x_\alpha) \mapsto x_\alpha$ が射影極限を実現する．以下，記号 $\varprojlim X_\alpha$ は，この X を表わす意味でも用いるものとする．

例 8.19 コンパクト空間 X_α の間の連続写像 $\pi_\alpha^\beta : X_\beta \to X_\alpha$ からなる射影系の場合，その射影極限が存在する．

問 8.5 有限交叉性により，これを確かめよ．

射影極限が存在するとき，もとになった射影系を $X_\alpha' = \pi_\alpha(X) \subset X_\alpha$ に制限したものも射影系で，$\pi_\alpha^\beta : X_\beta' \to X_\alpha'$ は全射となり，この部分射影系の射影極限が全射 $\pi_\alpha : X \to X_\alpha'$ で与えられる．このことを踏まえて，以下では，射影極限が存在し $\pi_\alpha(X) = X_\alpha$ を満たす（とくに π_α^β は全射である）場合のみを扱うことにする．

➤**注意37** $\pi_\alpha^\beta(X_\beta) = X_\alpha\ (\alpha \prec \beta)$ となる射影系であっても，その射影極限が存在するとは限らない．（Bourbaki, Theory of Sets, Exercise III.7.4.）

例 8.20 集合の集まり $(X_i)_{i\in I}$ に対して，I の有限部分集合 α 全体を集合の包含関係により有向集合とし，直積集合 $X_\alpha = \prod_{i\in\alpha} X_i$ の間の写像 $\pi_\alpha^\beta : X_\beta \to X_\alpha$ $(\alpha \subset \beta)$ を標準的射影で与えると，射影系が得られ，その射影極限は，同じく標準射影 $\pi_\alpha : \prod_{i\in I} X_i \to X_\alpha$ により，直積集合 $\prod_{i\in I} X_i$ と同一視される．

例 8.21 自然数 $n \geq 1$ に対して，$X_n = \{1, 2, \ldots, n\}$ とおき，全射 $\pi_m^n : X_n \to X_m\ (m \leq n)$ を $\pi_m^n(k) = k \wedge m$ で定めると射影系を得る．その射影極限は $\mathbb{N}$ の一点コンパクト化 $\overline{\mathbb{N}} = \mathbb{N} \sqcup \{\infty\}$ と $\pi_n(k) = k \wedge n\ (1 \leq k \leq \infty)$ により与えられる．

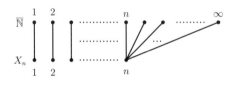

図 16 一点コンパクト化

問 8.6 添字集合が可算集合であれば，π_α^β の全射性から，$X = \varprojlim X_\alpha$ が空でないことと π_α の全射性が従う．

射影系 $\pi_\alpha^\beta : X_\beta \to X_\alpha$ で，添字 α ごとに X_α における σ 代数 $\mathcal{B}_\alpha$ が与えられ，π_α^β が可測空間 $(X_\beta, \mathcal{B}_\beta)$ から可測空間 $(X_\alpha, \mathcal{B}_\alpha)$ への可測写像であるものを**可測空間の射影系**（projective system of measurable spaces）と呼ぶ．その射影極限を $\pi_\alpha : X \to X_\alpha$ で表わすとき，X における σ 代数 $\Sigma_\alpha = \pi_\alpha^{-1}(\mathcal{B}_\alpha)$ は $\Sigma_\alpha \subset \Sigma_\beta\ (\alpha \prec \beta)$ を満たす．その総体 $\Sigma_\infty = \bigcup_\alpha \Sigma_\alpha$ はブール代数をなし，これから生成された σ 代数を Σ とするとき，可測空間 (X, Σ) が**可測空間** $(X_\alpha, \mathcal{B}_\alpha)$ **の射影極限**（projective limit of measurable spaces）である．Σ はすべての $\pi_\alpha : X \to X_\alpha$ を可測にする最小の σ 代数であることに注意．

次に，可測空間 (X, Σ) 上の確率測度 μ に対して，可測写像 $\pi_\alpha : X \to X_\alpha$ に

よる μ の押し出し $\mu_\alpha = (\pi_\alpha)_* \mu$ は $(X_\alpha, \mathcal{B}_\alpha)$ 上の確率測度を与え，その集まり (μ_α) は $(\pi_\alpha^\beta)_* \mu_\beta = \mu_\alpha$ を満たすという意味で，**一貫している** (consistent)．

逆に $(X_\alpha, \mathcal{B}_\alpha)$ 上の確率測度の集まり (μ_α) に対して，全射 π_α は σ 代数の同型 $\pi_\alpha^{-1} : \mathcal{B}_\alpha \cong \Sigma_\alpha$ を引き起こすので，μ_α を Σ_α 上の測度と適宜同一視すると，(μ_α) についての一貫性は $\mu_\alpha = \mu_\beta|_{\Sigma_\alpha}$ $(\alpha \prec \beta)$ と表わされ，ブール代数 Σ_∞ 上の加法的集合関数 μ_∞ を定め上げる．もし μ_α が Σ 上の測度 μ の押し出しとなっていれば，μ_∞ は μ を $\Sigma_\infty \subset \Sigma$ に制限したものになっているため，与えられた (μ_α) に対して μ は一つしかなく（定理 3.32），これを (μ_α) の**射影極限**という．

そこで，一貫した確率測度の集まり (μ_α) が (X, Σ) 上の測度に由来するものであるかどうかは，定理 3.32 により μ_∞ が連続かどうかという問題に帰着する．すなわち，$B_n \downarrow \emptyset$ $(B_n \in \Sigma_\infty)$ のとき $\mu_\infty(B_n) \downarrow 0$ が成り立つかどうかということ．

一般に，Σ_∞ における集合列 (B_n) に対して，$B_n \in \Sigma_{\alpha_n}$ となるラベルの増大列 (α_n) がとれるので，この問題は，Σ_∞ を $\bigcup_{n \geq 1} \Sigma_{\alpha_n}$ で置き換えた場合がわかればよい．ということで射影系としては，自然数をラベルとする $X_n = X_{\alpha_n}$, $\mathcal{B}_n = \mathcal{B}_{\alpha_n}$, $\pi_m^n = \pi_{\alpha_m}^{\alpha_n}$ の場合に，$B_n \in \Sigma_n = \Sigma_{\alpha_n}$ という仮定の下，$B_n \downarrow \emptyset$ から $\mu_\infty(B_n) \downarrow 0$ が導かれればよい．あるいは対偶をとり，$\mu_\infty(B_n) \geq r$ $(n \geq 1)$ となる $r > 0$ があるとき $\bigcap B_n \neq \emptyset$ であるかどうかが問題となる．

> **例 8.22**　確率空間の集まり $(X_i, \mathcal{B}_i, \mu_i)_{i \in I}$ に対して，その中の有限個の集まりの直積 $(X_\alpha, \mathcal{B}_\alpha, \mu_\alpha)$ （α は I の有限部分集合）を考えると，それの下部構造である可測空間 $(X_\alpha, \mathcal{B}_\alpha)$ の射影極限として $\prod X_i$ 上の σ 代数 $\mathcal{B}$ が得られ，(μ_α) は標準的な射影に関して確率測度の一貫した集まりを与える．

> **定理 8.23** (Daniell–Kolmogorov)　局所コンパクト空間 X_α とその間の連続な全射 $\pi_\alpha^\beta : X_\beta \to X_\alpha$ からなる射影系で，射影極限 $X = \varprojlim X_\alpha$ が存在し $\pi_\alpha : X \to X_\alpha$ が全射となるものを考える．このとき，ベール可測空間

$(X_\alpha, \mathcal{B}_a(X_\alpha))$ 上の正則な確率測度 μ_α の一貫した集まり (μ_α) に対して，可測空間の射影極限 (X, Σ) 上の確率測度 μ で $(\pi_\alpha)_*\mu = \mu_\alpha$ となるものがちょうど一つ存在する．

【証明】　先の下調べから，添字集合が $\mathbb{N}$ である場合に測度の存在を示せばよい．正則なベール確率測度の値はコンパクト G_δ 集合により下から近似される（系 8.15, 系 7.17, 命題 8.8）ことから，$\epsilon > 0$ に対して，$i \geq 1$ ごとに X_i のコンパクト G_δ 集合 K_i で $A_i = \pi_i^{-1}(K_i) \subset B_i$ かつ $\mu_\infty(B_i) - \mu_\infty(A_i) \leq \epsilon/2^i$ となるものが存在し，$B_n \setminus \bigcap_{i=1}^n A_i = \bigcup_{i=1}^n (B_n \setminus A_i) \subset \bigcup_{i=1}^n (B_i \setminus A_i)$ より，

$$\mu_\infty(B_n) - \mu_\infty\left(\bigcap_{i=1}^n A_i\right) \leq \sum_{i=1}^n (\mu_\infty(B_i) - \mu_\infty(A_i)) \leq \epsilon,$$

$$\mu_\infty\left(\bigcap_{i=1}^n A_i\right) \geq r - \epsilon \qquad (n \geq 1)$$

が成り立つ．とくに $\bigcap_{i=1}^n A_i \neq \emptyset$ である．また，π_n が全射であるおかげで成り立つ

$$\pi_n\left(\bigcap_{i=1}^n A_i\right) = \pi_n\left(\bigcap_{i=1}^n \pi_i^{-1}(K_i)\right) = \pi_n\left(\bigcap_{i=1}^n \pi_n^{-1}(\pi_i^n)^{-1}(K_i)\right)$$

$$= \pi_n \pi_n^{-1}\left(\bigcap_{i=1}^n (\pi_i^n)^{-1}(K_i)\right) = \bigcap_{i=1}^n (\pi_i^n)^{-1}(K_i)$$

という表示で，$(\pi_i^n)^{-1}(K_i)$ はコンパクト集合 K_i の連続写像 π_i^n による逆像として閉集合であり，$(\pi_n^n)^{-1}(K_n) = K_n$ はコンパクトであることから，$C_n = \pi_n(\bigcap_{i=1}^n A_i) \neq \emptyset$ はコンパクト集合となり，さらに $\pi_m^n(C_n) = \pi_m(\bigcap_{i=1}^n A_i) \subset \pi_m(\bigcap_{i=1}^m A_i) = C_m \ (m \leq n)$ および $C_n \subset \pi_n(A_n) = K_n \subset \pi_n(B_n)$ を満たす．

　かくして，$\pi_m^n : X_n \to X_m$ の部分系として，コンパクト空間 C_n とその間の連続写像（π_m^n の制限）からなる射影系が得られ，その射影極限が $C = X \cap (\prod C_n)$ により実現される．一方，例 8.19 により $C \neq \emptyset$ であり，これと $C \subset \pi_n^{-1}(C_n) \subset \pi_n^{-1}(K_n) \subset B_n$ から，C を含む $\bigcap B_n$ は空集合でないことがわかる．　∎

系 8.24（無限次元測度）　$(\mathbb{R}^n, \mathcal{B}(\mathbb{R}^n))$ 上のボレル確率測度 μ_n が与えられ，射影 $\pi : \mathbb{R}^{n+1} \ni (x_1, \ldots, x_n, x_{n+1}) \mapsto (x_1, \ldots, x_n) \in \mathbb{R}^n$ に関して $\pi_* \mu_{n+1} = \mu_n \ (n \geq 1)$ を満たすとする．このとき, ボレル可測空間 $(\mathbb{R}, \mathcal{B}(\mathbb{R}))$ の可算直積可測空間 *71 $(\mathbb{R}^\infty, \mathcal{B}(\mathbb{R}^\infty))$ 上の確率測度 μ で $(\pi_n)_* \mu = \mu_n$ $(n \geq 1)$ となるものがちょうど一つ存在する．ここで, $\pi_n : \mathbb{R}^\infty \to \mathbb{R}^n$ は n 成分までを取り出す射影を表わす．

➤**注意 38**

(i) 定理では基礎となる空間を局所コンパクトとしたが, 可分な完備距離空間の場合も成り立つ．これは, この場合も測度の値がコンパクト集合により下から近似されるからである．詳しいことは小谷 [5] §4.3 にある．

(ii) 系の結論を一般の可測空間の無限積空間にまで拡張することはできない．Halmos [22], §49 Exercise (3).

例 8.25　例 3.24 (i) のサイコロ投げ測度は，自然な同一視 $\mathcal{B}(S^{\mathbb{N}}) = \bigotimes_1^\infty 2^S$ の下，確率分布 $p = (p_1, \ldots, p_N)$ の与える同一測度の無限直積測度 μ_p に一致する．

■ B ── くり返し積分による射影極限

ここで, ラドン測度の話題からは離れるものの, 測度空間の射影極限の存在を保証するもう一つの状況として, Λ 積分による表示について考えよう．可測空間の射影系 $(X_\alpha, \mathcal{B}_\alpha, \pi_\alpha^\beta : X_\beta \to X_\alpha)$ において, $X_\beta(x) = (\pi_\alpha^\beta)^{-1}(x) \subset X_\beta$ $(x \in X_\alpha)$ とし $(X_\beta(x) \in \mathcal{B}_\beta$ は仮定しない), 可測空間 $(X_\beta, \mathcal{B}_\beta)$ 上の確率測度 μ_β と確率測度の集まり $({}_x\lambda_\beta)_{x \in X_\alpha}$ $(\alpha \prec \beta)$ で以下の条件を満たすものを考える．

(i) ${}_x\lambda_\beta$ は $X_\beta(x)$ で支えられている．すなわち, $X_\beta(x) \cap \mathcal{B}_\beta$ 上の確率測度 ν_x を使って, ${}_x\lambda_\beta(B) = \nu_x(X_\beta(x) \cap B)$ と表わされる．

(ii) 各 $B \in \mathcal{B}_\beta$ に対して, ${}_x\lambda_\beta(B)$ は $x \in X_\alpha$ の関数として $\mathcal{B}_\alpha$ 可測であり,

---

*71 無限直積位相の定義の仕方から, $\mathcal{B}(\mathbb{R})$ の無限直積は, 直積位相空間 $\mathbb{R}^\infty$ のボレル集合族 $\mathcal{B}(\mathbb{R}^\infty)$ に一致する．

次が成り立つ.

$$\mu_\beta(B) = \int_{X_\alpha} \mu_\alpha(dx)\, {}_x\lambda_\beta(B).$$

(iii) $\alpha \prec \beta \prec \gamma$ と $x \in X_\alpha$ に対して,

$$_x\lambda_\gamma(B) = \int_{X_\beta} {}_x\lambda_\beta(dy)\, {}_y\lambda_\gamma(B) \quad (B \in \mathcal{B}_\gamma).$$

このとき, 確率測度の集まり (μ_α) は一貫性をもつ. 実際, 可測集合 $A \in \mathcal{B}_\alpha$ に対する表示式

$$(\pi_\alpha^\beta)_* \mu_\beta(A) = \int_{X_\alpha} \mu_\alpha(dx)\, \nu_x(X_\beta(x) \cap (\pi_\alpha^\beta)^{-1}(A))$$

において, $x \in A$ か $x \notin A$ に応じて, $X_\beta(x) \subset (\pi_\alpha^\beta)^{-1}(A)$ か $X_\beta(x) \cap (\pi_\alpha^\beta)^{-1}(A) = \emptyset$ が成り立つので, $\nu_x(X_\beta(x) \cap (\pi_\alpha^\beta)^{-1}(A)) = 1_A(x)$ となり, 右辺は $\mu_\alpha(A)$ に一致する.

このような形の確率空間の射影系をここではファイバー型と呼ぼう.

例8.26 $\{0, 1, 2, \ldots\}$ を添字集合とするファイバー型射影系は, $(X_0, \mathcal{B}_0)$ における確率測度 μ_0 と X_{m+1} における確率測度 $_x\lambda = {}_x\lambda_{m+1}$ $(x \in X_m, m \geq 0)$[*72] のくり返し積分によって, 次のように記述される.

$$_x\lambda_n = {}_x\lambda^{n-m} \equiv \int_{X_{m+1}} {}_x\lambda(dx_{m+1}) \cdots \int_{X_{n-1}} {}_{x_{n-2}}\lambda(dx_{n-1})\, {}_{x_{n-1}}\lambda$$
$$(m < n)$$

$$\mu_n = \int_{X_0} \mu_0(dx_0)\, {}_{x_0}\lambda^n \qquad (n \geq 1).$$

ここで, $_x\lambda$ が $X_{m+1}(x) \cap \mathcal{B}_{m+1}$ 上の測度 ν_x により $_x\lambda(A) = \nu_x(X_{m+1}(x) \cap A)$ と表わされていると, X_n 上の測度 $_x\lambda^{n-m}$ に関する積分は, ν_x のくり返し積分として

[*72] 厳密には残すべきであるラベルの $m+1$ は, $x \in X_m$ で識別できるものとして略した.

$$\int_{X_n} f(x_n)\, {}_x\lambda^{n-m}(dx_n) = \int_{X_{m+1}(x)} \nu_x(dx_{m+1}) \cdots \int_{X_n(x_{n-1})} \nu_{x_{n-1}}(dx_n)\, f(x_n)$$

のように表わされ，右辺が $X_n(x) \cap \mathcal{B}_n$ 上の測度 ν_x^{n-m} に関する積分の形であることから（問題 8.C 参照），${}_x\lambda^{n-m}$ が埋め込み $X_n(x) \subset X_n$ による ν_x^{n-m} の押し出しで与えられる，すなわち ${}_x\lambda^{n-m}(A) = \nu_x^{n-m}(X_n(x) \cap A)$ $(A \in \mathcal{B}_n)$ であり，${}_x\lambda^{n-m}$ は $X_n(x)$ で支えられている．

定理 8.27　集合レベルでの射影極限の存在と全射性の仮定の下，確率空間のファイバー型射影系は確率空間としての射影極限をもつ．

【証明】　ここでも添字集合が $\mathbb{N}$ の場合に確かめればよい．上の例に倣って自然数の添字を 0 から始めることにし，そこでの記法を踏襲する．さらに，μ_∞ と同様にくり返し積分による確率測度 ${}_x\lambda^{n-m}$ $(x \in X_m)$ を $n \geq m$ について貼り合わせることで得られるブール代数 Σ_∞ 上の集合関数を ${}_x\lambda^\infty$ で表わす．すなわち，$B \in \Sigma_n$ を $A \in \mathcal{B}_n$ により $B = \pi_n^{-1}(A)$ と表わすとき，${}_x\lambda^\infty(B) = {}_x\lambda^{n-m}(A)$ という関係により ${}_x\lambda^\infty$ が定められる．${}_x\lambda^\infty$ も ${}_x\lambda^{n-m}$ と同様，ブール代数 $\Sigma_\infty(x) = \pi_m^{-1}(x) \cap \Sigma_\infty$ 上の集合関数 ν_x^∞ により ${}_x\lambda^\infty(B) = \nu_x^\infty(\pi_m^{-1}(x) \cap B)$ と表わされる．

以上の記号を使うと，μ_m と μ_n $(m \leq n)$ は，$n = \infty$ の場合も含めて

$$\mu_n = \int_{X_m} \mu_m(dx)\, {}_x\lambda^{n-m}$$

を満たし，減少集合列 $B_n \in \Sigma_n$ を $A_n \in \mathcal{B}_n$ により $B_n = \pi_n^{-1}(A_n)$ と表わせば，

$$\mu_\infty(B_n) = \int_{X_m} \mu_m(dx)\, {}_x\lambda^\infty(B_n) = \int_{X_m} \mu_m(dx)\, {}_x\lambda^{n-m}(A_n) = \mu_n(A_n)$$

が成り立つ．

さて示すべきは，$\exists r > 0, \forall n \geq 0, \mu_\infty(B_n) \geq r$ という仮定から $\bigcap B_n \neq \emptyset$ が従うこと．

$$r \leq \mu_\infty(B_n) = \int_{X_0} \mu_0(dx_0)\, {}_{x_0}\lambda^\infty(B_n)$$

という表示で, $_{x_0}\lambda^\infty(B_n)\downarrow$ と単調収束定理により, $\lim_{n\to\infty}{}_{x_0}\lambda^\infty(B_n) > 0$ となる $x_0 \in X_0$ は μ_0 で無視できない. とくに, $a_0 \in X_0$ と $r_0 > 0$ で, $_{a_0}\lambda^\infty(B_n) \geq r_0$ $(n \geq 0)$ となるものが存在する.

次に,

$$r_0 \leq {}_{a_0}\lambda^\infty(B_n) = \int_{X_1} {}_{a_0}\lambda(dx_1)\,{}_{x_1}\lambda^\infty(B_n)$$

において, $_{x_1}\lambda^\infty(B_n)\downarrow$ と単調収束定理により, $\lim_{n\to\infty}{}_{x_1}\lambda^\infty(B_n(x_1)) > 0$ となる $x_1 \in X_1$ は $_{a_0}\lambda$ で無視できないのであるが, $_{a_0}\lambda$ が $(\pi_0^1)^{-1}(a_0) \subset X_1$ で支えられている, すなわち $(\pi_0^1)^{-1}(a_0) \cap \mathcal{B}_1$ 上の確率測度から誘導されたものであることにより, $a_1 \in (\pi_0^1)^{-1}(a_0)$ と $r_1 > 0$ で, $_{a_1}\lambda^\infty(B_n) \geq r_1$ $(n \geq 0)$ となるものが存在する.

以下帰納的に

$$0 < r_m \leq {}_{a_m}\lambda^\infty(B_n) = \int_{X_{m+1}} {}_{a_m}\lambda(dx_{m+1})\,{}_{x_{m+1}}\lambda^\infty(B_n)$$

において $\lambda^\infty_{x_{m+1}}(B_n)\downarrow$ を考えることで, $a_{m+1} \in (\pi_m^{m+1})^{-1}(a_m)$ と $r_{m+1} > 0$ で, $_{a_{m+1}}\lambda^\infty(B_n) \geq r_{m+1}$ $(n \geq 0)$ を満たすものの存在がわかる.

作り方から, (a_m) は $\pi_m^{m+1}(a_{m+1}) = a_m$ $(m \geq 0)$ を満たし, $\pi_m(a) = a_m$ $(m \geq 0)$ となる $a \in X = \varprojlim X_m$ を定める. 一方, $\nu^\infty_{a_m}(\pi_m^{-1}(a_m) \cap B_m) = {}_{a_m}\lambda^\infty(B_m) > 0$ であることから, $\pi_m^{-1}(a_m) \cap B_m \neq \emptyset \iff a_m \in \pi_m(B_m)$ が成り立つので, $B_m = \pi_m^{-1}(A_m)$ に注意すれば, $\pi_m^{-1}(a_m) \subset B_m$ であり, これは $a \in B_m$ $(m \geq 0)$ を意味する. ∎

系 8.28 (Kakutani[*73])   確率測度空間の集まり $(X_i, \mathcal{B}_i, \mu_i)$ に対して, その直積測度空間が存在する.

例 8.29 (ガウス測度)   正数列 $a = (a_j)_{j\geq1}$ に対して, 1 次元ガウス測度 ν_{a_j}

[*73] 定理の証明における論法自体が角谷によるものである. S. Kakutani, Notes on infinite product measure spaces, I., Proc. Imp. Acad., 19 (1943), 148–151.

（例 6.21）の直積測度として，ボレル可測空間 $(\mathbb{R}, \mathcal{B}(\mathbb{R}))$ の可算直積である可測空間 $(\mathbb{R}^\infty, \mathcal{B})$ 上に確率測度 ν_a が定められ，

$$\int_{\mathbb{R}^\infty} e^{i \sum_{j=1}^n \xi_j x_j} \, \nu_a(dx) = e^{-\sum_{j=1}^n a_j^2 \xi_j^2 / 2}$$

を満たす．ここで，$\xi_1, \ldots, \xi_n \in \mathbb{R}$ であり，x_j は $x = (x_j)_{j \geq 1} \in \mathbb{R}^\infty$ の j 番目の成分を表わす．この一連の測度を**ガウス測度**（Gaussian measure）と呼ぶ．こうして作られた確率測度は，実ヒルベルト空間の正規直交基底と関連づけられることで，ブラウン運動（ウィーナー過程）の構成において本質的な役割を演じる．

■C ── 角谷二分律

無限自由度における極めて特徴的な現象についての角谷の結果で，本文を締めくくる．可測空間の列 $(X_j, \mathcal{B}_j)$ とその上で定義された確率測度の列 (μ_j), (ν_j) を考え，その直積測度を $\mu = \bigotimes \mu_j$, $\nu = \bigotimes \nu_j$ で表わす．これは直積可測空間 $(X, \mathcal{B}) = (\prod X_j, \bigotimes \mathcal{B}_j)$ 上の確率測度である．各確率測度は，それぞれに応じた普遍 L^2 空間における単位ベクトルを $\mu_j^{1/2}, \nu_j^{1/2} \in L^2(\mathcal{B}_j)$, $\mu^{1/2}, \nu^{1/2} \in L^2(\mathcal{B})$ のように定める．以下，(μ_j) と (ν_j) あるいは μ と ν の比較をしたい．

まず，その中の有限個の積について，$\mu_{\leq n} = \mu_1 \otimes \cdots \otimes \mu_n$ という記号を使えば，普遍 L^2 空間の定義から次が即座にわかる．

> **補題 8.30** $(\mu_{\leq n}^{1/2} | \nu_{\leq n}^{1/2}) = \prod_{j=1}^n (\mu_j^{1/2} | \nu_j^{1/2})$ である．

これの極限版が次で与えられる．

> **定理 8.31**（角谷二分律）　等式 $(\mu^{1/2} | \nu^{1/2}) = \prod_{j=1}^\infty (\mu_j^{1/2} | \nu_j^{1/2})$ が成り立ち，$(\mu^{1/2} | \nu^{1/2}) > 0$ であれば，$\mu_j \prec \nu_j$ $(j \geq 1)$ から $\mu \prec \nu$ が従う．

【証明】　直積測度について，さらに $\mu_{n<} = \bigotimes_{j>n} \mu_j$ という記号を使えば，$\mu = \mu_{\leq n} \otimes \mu_{n<}$ のように分解されるので，

$$(\mu^{1/2}|\nu^{1/2}) = (\mu_1^{1/2}|\nu_1^{1/2}) \cdots (\mu_n^{1/2}|\nu_n^{1/2})\,(\mu_{n<}^{1/2}|\nu_{n<}^{1/2})$$

$$\leq (\mu_1^{1/2}|\nu_1^{1/2}) \cdots (\mu_n^{1/2}|\nu_n^{1/2})$$

において $n \to \infty$ とすれば, 不等式 $(\mu^{1/2}|\nu^{1/2}) \leq \prod(\mu_j^{1/2}|\nu_j^{1/2})$ が成り立つ. したがって, 等式の成立には,

$$\prod(\mu_j^{1/2}|\nu_j^{1/2}) > 0 \iff \sum \log(\mu_j^{1/2}|\nu_j^{1/2}) > -\infty$$

の場合が問題となる. このとき, $\big((\mu_{\leq n} \otimes \nu_{n<})^{1/2}\big)_{n \geq 1}$ は $L^2(\mathcal{B})$ におけるコーシー列である. というのは, $n \geq m$ のとき,

$$\big\|(\mu_{\leq m} \otimes \nu_{m<})^{1/2} - (\mu_{\leq n} \otimes \nu_{n<})^{1/2}\big\|^2$$

$$= 2 - 2\exp\left(\sum_{j=m+1}^{n} \log(\mu_j^{1/2}|\nu_j^{1/2})\right)$$

となり, 仮定により, 右辺は $m \to \infty$ のとき 0 に近づくから.

　ここで, すべての $\mu_{\leq n} \otimes \nu_{n<}$ を絶対連続とするような確率測度 ω を用意する. 例えば,

$$\omega = \sum_{n=1}^{\infty} \frac{1}{2^n}(\mu_{\leq n} \otimes \nu_{n<})$$

とおけばよい. さて, $h_n = \sqrt{\frac{\mu_{\leq n} \otimes \nu_{n<}}{\omega}}$ とすれば, $h_n \in L^2(\mathcal{B}, \omega)$ であり, $(\mu_{\leq n} \otimes \nu_{n<})^{1/2} = h_n \omega^{1/2}$ がコーシー列であるから, $\int |h_n(x) - h(x)|^2\,\omega(dx) \to 0 \iff h\omega^{1/2} = \lim h_n \omega^{1/2}$ となる $0 \leq h \in L^2(\mathcal{B}, \omega)$ が存在する. そして $\mu = h^2 \omega$ が成り立つ. というのは, $\pi_m : X \to X_1 \times \cdots \times X_m$ を最初の m 成分への射影とするとき, $f \in L(\mathcal{B}_1 \otimes \cdots \otimes \mathcal{B}_m)$ に対して,

$$\int_X f(\pi_m(x))h(x)^2\,\omega(dx) = \lim_n (h_n\omega^{1/2}|(f \circ \pi_m)h_n\omega^{1/2})$$

$$= \lim_n ((\mu_{\leq n} \otimes \nu_{n<})^{1/2}|(f \circ \pi_m)(\mu_{\leq n} \otimes \nu_{n<})^{1/2})$$

$$= \lim_n \int_X f(\pi_m(x))\,(\mu_{\leq n} \otimes \nu_{n<})(dx)$$

$$= \int_{X_1 \times \cdots \times X_m} f \, \mu_{\leq m} = \int_X f(\pi_m(x)) \, \mu(dx)$$

となる．とくに $C \in \bigcup_m \pi_m^{-1}(\mathcal{B}_1 \otimes \cdots \otimes \mathcal{B}_m)$ に対して $(h^2\omega)(C) = \mu(C)$ であり，σ 代数 $\mathcal{B}$ はこのような C により生成されるから，測度拡張の一意性（定理 3.32）により一致する．したがって $\mu^{1/2} = h\omega^{1/2} = \lim_n (\mu_{\leq n} \otimes \nu_{n<})^{1/2}$ であり，

$$(\mu^{1/2}|\nu^{1/2}) = \lim_n ((\mu_{\leq n} \otimes \nu_{n<})^{1/2}|\nu^{1/2}) = \lim_n (\mu_1^{1/2}|\nu_1^{1/2}) \cdots (\mu_n^{1/2}|\nu_n^{1/2}).$$

最後に，$\mu_n \prec \nu_n$ $(n \geq 1)$ であれば ω として ν がとれるので，$\mu = h^2\nu$ より $\mu \prec \nu$ がわかる．　∎

例 8.32　確率分布 $p = (p_1, \ldots, p_N)$ に伴うサイコロ投げ空間 $(X, \mathcal{B}) = (S^{\mathbb{N}}, \mathcal{B}(S^{\mathbb{N}}))$ 上の直積測度 μ_p（例 8.25）について，

$$(\mu_p^{1/2}|\mu_q^{1/2}) = \lim_{n \to \infty} (\sqrt{p_1 q_1} + \cdots + \sqrt{p_N q_N})^n = \begin{cases} 1 & (p = q) \\ 0 & (p \neq q) \end{cases}$$

となるので，μ_p は互いに直交する．

例 8.33　正数列 $a = (a_j)$ に伴うガウス測度 ν_a について，例 6.21 より $(\nu_a^{1/2}|\nu_b^{1/2}) = \prod_{j=1}^{\infty} \sqrt{\dfrac{2a_j b_j}{a_j^2 + b_j^2}}$ となるので，

$$\prod_{j=1}^{\infty} \frac{2a_j b_j}{a_j^2 + b_j^2} > 0 \iff \sum_{j=1}^{\infty} \frac{(a_j - b_j)^2}{a_j^2 + b_j^2} < \infty$$

であれば $\nu_a \sim \nu_b$ であり，そうでなければ $\nu_a \perp \nu_b$ である．

問 8.7　正数列 (c_j) について，$0 < \prod c_j < \infty$ と $\sum |1 - c_j| < \infty$ は同値．

第8章　問題

8.A　局所コンパクト空間 X について，次の3条件が同値であることを示せ．
(i) X はコンパクト，(ii) $1_X \in C_0(X)$，(iii) $1_X \in C_c(X)$．

8.B　定理 8.18 の証明における記号の下，$\mu = |\lambda|$ である．

8.C　例 8.26 で，ν_x^{n-m} が意味をもち，$X_n(x) \cap \mathcal{B}_n$ 上の測度を与える．

8.D　正数列 $\tau = (\tau_j)_{j \geq 1}$ と実数列 $t = (t_j)_{j \geq 1}$ から

$$
\mathbb{R}^\infty_{\tau,t} = \left\{ x = (x_j) \in \mathbb{R}^\infty \; ; \; \sum_{j=1}^\infty \tau_j (x_j + t_j)^2 < \infty \right\}
$$

で定められるボレル集合のガウス測度について，次が成り立つ．

$$
\nu_a(\mathbb{R}^\infty_{\tau,t}) = \begin{cases} 1 & (\sum_j \tau_j(a_j^2 + t_j^2) < \infty \text{ のとき}) \\ 0 & (\sum_j \tau_j(a_j^2 + t_j^2) = \infty \text{ のとき}) \end{cases}
$$

8.E　σ コンパクトである局所コンパクト空間 X のあるコンパクト化を $\overline{X}$ とし，$C(\overline{X})$ の X への制限を $C(\overline{X}) \cong L \subset C_b(X)$ で表わす．L 上の正汎関数 I に対して，対応する $C(\overline{X})$ 上の正汎関数に伴う $\overline{X}$ における有界ベール測度を μ で表わす．このとき，I が連続であるための必要十分条件は，μ が $X \subset \overline{X}$ で支えられることである．

A 集合の言葉など

本文で折りに触れて出てくる集合の言葉遣いについて補足しておこう.

最初に, 可算集合は有限・無限を問わず使用し, 素朴には集合のすべての元を一列に並べられるものを指す. これはいろいろ言い換えが可能で, 自然数の集合 $\mathbb{N}$ に埋め込み可能な集合といってもよいし, $\mathbb{N}$ からの全射が存在する集合といってもよい. この言い換えを適宜使い分けることで, 集合列 $(X_n)_{n \geq 1}$ の和集合 $\bigcup X_n$ が可算であることと, どの X_n も可算であることが同値であるとわかる. 有理数全体 $\mathbb{Q}$ が可算であることはよく知られているが, これもこの 2 つの性質の組み合わせで示される. また, 可算無限集合は最小の無限集合であり, どのような無限集合に可算集合を付け加えても集合の「個数」(濃度) は変わらない.

位相との関連では, 可算集合は列近似のための手段としても現れ, 位相空間が可算な密部分集合を含むことを**可分** (separable) であると言い表わし, とくに距離空間で多用される. 一般の位相空間では, この条件は弱すぎるため, 可算個の「開集合の素」をもつという強化した条件として使われることが多い.

さて, 集合の「個数」について押えておくべき事実に, べき集合 2^X の「個数」が X のそれよりも真に大きいという Cantor の結果がある. とくに, X として可算無限集合をとれば, $\mathbb{R}$ の「個数」が非可算であることがわかる. 一方で, 実数の N 進展開から, $\{1, \ldots, N\}^X$ が実数と同じ「個数」をもつことが示され,

$$\mathbb{R}^d \sim (2^{\mathbb{N}})^d \sim \{1, 2, \ldots, 2^d\}^{\mathbb{N}} \sim \mathbb{R}$$

も成り立つ. 本文の 3.3 節 B で触れたように, この事実はユークリッド空間の可測構造も含めて成り立つ.

　集合 S における**二項関係**（binary relation）とは，直積集合の部分集合 $R \subset S \times S$ を指す言葉で，$x \in X$ と $y \in X$ の間の関係の有無を，$(a, b) \in R$ であるか否かで記述しようという意味合いのものである．よく使われるものとして，**同値関係**と**順序関係**がある．順序関係については，$(a, b) \in R \iff a \prec b$ という記号も使われ，(i) $a \prec a$, (ii) $a \prec b, b \prec c \implies a \prec c$, (iii) $a \prec b, b \prec a \implies a = b$ という性質により特徴づけられる．

例 A.1　順序関係としては，実数におけるそれが基本であるが，それから誘導された，集合 S 上の実関数全体 $\mathbb{R}^X$ の大小関係が典型的な例であり，実関数の順序を表わす記号としては $\prec$ ではなく $\leq$ を使うことが一般的である．ただし，$f < g$ という記号には注意が必要で，$f \leq g$ かつ $f \neq g$ ではなく，$f(x) < g(x)$ $(x \in X)$ という内容を表わす．

　一般の順序関係においても実数における用語を流用することが多く，部分集合 $A \subset S$ に対して，$b \in S$ が A の**上界**（upper bound）であるとは，$a \prec b$ $(a \in A)$ となること．A が最小の上界をもてば，それを A の**上限**（supremum）と呼び，$\sup A$ という記号で表わす．とくに列 (a_n) に対して $A = \{a_n \,;\, n \geq 1\}$ の上限を $\bigvee a_n$ という記号でも表わし，有限列 $(a_j)_{1 \leq j \leq n}$ については，$a_1 \vee \cdots \vee a_n$ のようにも書く．上限については，上限の上限が全体の上限に一致するという分割和に似た性質が成り立つ．**下界**（lower bound）と**下限**（infimum）という言葉も同様に使われる．

　とくに二点集合 $\{a, b\}$ に対して，その上界が常に存在する，という性質をもった順序関係が与えられた集合を**有向集合**（directed set）という．有向集合においては有限列の上限が常に存在することから，収束概念の一般化に用いることができる．有向集合 $\mathcal{D}$ の元をラベルとした $(x_\alpha)_{\alpha \in \mathcal{D}}$ を**ネット**（net）と呼ぶ．一般の位相空間では，列による極限だけでは不十分で，ネットによるものまで考える必要がある．

　順序関係の性質のうち (iii) を仮定しない弱い形もときには役に立つ．実際，リーマン積分可能性をネットで表現するためには $(\Delta, \xi) \prec (\Delta', \xi') \iff \Delta \subset \Delta'$ といった弱い順序構造に基づくネットが必要となる．

B APPENDIX
位相空間あれこれ

本文中で利用した，あるいは参考となる位相空間についての結果をまとめておこう．位相空間 $(X, \mathcal{T})$（$\mathcal{T}$ は開集合全体）は，X における 2 点 $a \neq b$ に対して，その開近傍 U, V で $U \cap V = \emptyset$ となるものが存在するとき，**ハウスドルフ空間**（Hausdorff space）という．距離空間はハウスドルフ空間である．本文における位相空間はすべてハウスドルフ空間に限定していたのであるが，ここではそのつど明示することにする．一方で，$\mathcal{T}$ を省略し，位相空間 X という言い方もする．

定義 B.1 位相空間 $(X, \mathcal{T})$ で，開集合の集まり $\mathcal{S} \subset \mathcal{T}$ が**開集合の素**[*74]（open base）であるとは，$\mathcal{S}$ に属する開集合の合併としてすべての開集合が表わされることをいう．開集合の列 (O_n) で，$\{O_n \, ; \, n \geq 1\}$ が開集合の素となるものがあるとき，$(X, \mathcal{T})$ は**可算生成**[*75]（countably generated）であるという．

> **命題 B.2** 可分距離空間は可算生成である．

【証明】 X の可算密部分集合 D と，正数列 $r_n \downarrow 0$ $(r_n > 0)$ に対して，$\{B_{r_n}(c) \, ; \, c \in D, \, n \geq 1\}$ が開集合の素である．

というのは，開集合 U に対して，$a \in U$ であれば，$B_{r_m}(a) \subset U$ となる m があり，さらに $2r_n \leq r_m$ となる $n > m$ に対して，$c \in B_{r_n}(a)$ となる $c \in D$ がとれる．明らかに $a \in B_{r_n}(c)$ であり，さらに $x \in B_{r_n}(c)$ であれば

$$d(x, a) \leq d(x, c) + d(c, a) < r_n + r_n \leq r_m$$

[*74] 開基ともいう．音だけで判別できない日本語を避けるべくあえての意訳．

[*75] 第二可算ともいう．因みに第一可算とは，各点で可算個の「近傍の素」がとれること．

より $x \in B_{r_m}(a) \subset U$ となる．すなわち，$a \in B_{r_n}(c) \subset U$ が成り立つ．　∎

位相空間 $(X, \mathcal{T})$, $(X, \mathcal{T}')$ の間の写像 $\phi : X \to X'$ が**連続** (continuous) であるとは，次の同値な条件を満たすことをいう．

(i) $x \in X$ と $\phi(x)$ を含む開集合 $U' \in \mathcal{T}'$ に対して，x を含む開集合 $U \in \mathcal{T}$ で $\phi(U) \subset U'$ となるものがある．

(ii) ϕ による開集合の逆像は再び開集合，すなわち $\phi^{-1}(\mathcal{T}') \subset \mathcal{T}$，である．

B.1　半連続性

定義 B.3　位相空間上の関数 $f : X \to \overline{\mathbb{R}} = [-\infty, \infty]$ が次の同値な条件を満たすとき**下半連続** [*76] (lower semicontinuous) であるという．

(i) $\forall a \in X$, $\forall \epsilon > 0$, $\exists$ 開集合 $U \ni a$, $f(x) \geq f(a) - \epsilon$ $(x \in U)$.

(ii) 実数 $t \in \mathbb{R}$ に対して，$[f > t]$ は開集合．

また，f が**上半連続** (upper semicontinous) であるとは，$-f$ が下半連続であることと定める．

X が距離空間のときは，さらに次の条件とも同値である．

(iii) $\lim_{n \to \infty} x_n = x$ ならば，$\liminf_{n \to \infty} f(x_n) \geq f(x)$ である．

以上の同値性は，実関数の連続性の言い換えを，順序大小の半分だけに限定して行っただけのものである．

命題 B.4　下半連続関数族 (f_α) に対して，その上限関数 $\bigvee f_\alpha$ は下半連続であり，上半連続関数族 (f_α) に対して，その下限関数 $\bigwedge f_\alpha$ は上半連続である．

【証明】　下半連続関数族 (f_α) に対して $f = \bigvee f_\alpha$ とおくと，$t \in \mathbb{R}$ について $[f > t] = \bigcup [f_\alpha > t]$ が開集合であることによる．　∎

[*76] 「かはんれんぞく」と読むのであろうか．いっそ，下連続（したれんぞく）で良いような．

命題 B.5　可分距離空間上の下半連続関数 $h : X \to [0, \infty]$ は，有界集合で支えられた連続関数の増大列 $h_k : X \to [0, \infty)$ を使って $h = \lim h_k$ と表わされる.

【証明】　密な点列 (c_n) と正数列 $r_m \downarrow 0$ $(r_m > r_{m+1})$ に対して，連続関数 $\theta_{m,n} : X \to [0,1]$ で，$\theta_{m,n}(x) = 0$ $(x \notin B_{r_m}(c_n))$, $\theta_{m,n}(x) = 1$ $(x \in B_{r_{m+1}}(c_n))$ となるものを用意し，さらに，正有理数を q_l $(l \geq 1)$ と一列に並べ，$\Phi = \{(l, m, n) \, ; \, \theta_{m,n} \leq 1_{[h > q_l]}\}$ とおくと，$q_l \theta_{m,n} \leq h$ $((l, m, n) \in \Phi)$ である.

一方 $a \in X$ が $h(a) > q_l$ を満たせば，$[h > q_l]$ が開集合であることから，$a \in B_{r_{m+1}}(c_n) \subset B_{r_m}(c_n) \subset [h > q_l]$ となる m, n がとれ，$\theta_{m,n}(a) = 1$ かつ $(l, m, n) \in \Phi$ となるので，$h = \bigvee_{(l,m,n) \in \Phi} q_l \theta_{m,n}$ であることがわかる. そこで，有限集合の増大列 $F_k \uparrow \Phi$ を用意し，$h_k = \bigvee_{(l,m,n) \in F_k} q_l \theta_{m,n}$ とおけばよい.　∎

B.2　コンパクト性

まず，コンパクト性の定義を再掲しておこう.

定義 B.6　位相空間 X の部分集合 C が**コンパクト**（compact）であるとは，次の同値な条件を満たすときをいう.

(i) 開集合の集まり $(U_i)_{i \in I}$ で $C \subset \bigcup U_i$ となるものがあれば，$C \subset \bigcup_{j \in J} U_j$ となる有限集合 $J \subset I$ が存在する（**有限被覆性**）.

(ii) 閉集合の集まり $(F_i)_{i \in I}$ で，どの有限集合 $J \subset I$ についても $\bigcap_{j \in J}(C \cap F_j) \neq \emptyset$ であれば，$\bigcap_{i \in I}(C \cap F_i) \neq \emptyset$ となる（**有限交叉性**）.

有限被覆性からすぐにわかる性質として，

命題 B.7

(i) コンパクト集合 C_j $(1 \leq j \leq n)$ の有限和 $\bigcup C_j$ はコンパクト.

(ii) コンパクト集合 $C \subset X$ の連続写像 $\phi : X \to Y$ による像 $\phi(C) \subset Y$

はコンパクト.

有限交叉性からすぐにわかる性質として,

命題 B.8　コンパクト集合 $C \subset X$ と閉集合 $F \subset X$ の共通部分 $C \cap F \subset X$ はコンパクト.

命題 B.9　ハウスドルフ空間 X のコンパクト集合 $C \subset X$ と $a \in X \setminus C$ に対して, 開集合 $U \ni a$ と開集合 $V \supset C$ で $U \cap V = \emptyset$ となるものがとれる.

【証明】 X がハウスドルフ空間であることから, 各 $x \in C$ に対して, 開集合 $U_x \ni a$ と開集合 $V_x \ni x$ で $U_x \cap V_x = \emptyset$ となるものがとれ, 開被覆 $C \subset \bigcup_{x \in C} V_x$ が得られるので, 有限被覆性により $C \subset \bigcup_{j=1}^{n} V_{x_j}$ となるものが存在する. そこで開集合を $U = \bigcap_{j=1}^{n} U_{x_j}, V = \bigcup_{j=1}^{n} V_{x_j}$ で定めると [*77], $a \in U$ および $C \subset V$ であり, $U \cap V = \bigcup(U \cap V_{x_j}) \subset \bigcup U_{x_j} \cap V_{x_j} = \emptyset$ となる. ∎

系 B.10　ハウスドルフ空間 Y への連続写像 $\phi : X \to Y$ とコンパクト集合 $C \subset X$ に対して, $\phi(C) \subset Y$ は閉集合である. とくにハウスドルフ空間 X のコンパクト集合 $C \subset X$ は X の閉集合である.

定義 B.11　位相空間 X が**局所コンパクト**であるとは, 各 $x \in X$ に対して x を含む開集合 U でその閉包 $\overline{U}$ がコンパクトとなるものが存在することと定める.

次はコンパクト集合と開集合が入れ子にとれることを意味しており, 基本的である.

補題 B.12　局所コンパクトなハウスドルフ空間 X のコンパクト集合 C とそれを含む開集合 O があるとき, 開集合 V で, $\overline{V}$ がコンパクトかつ

[*77] 類似の論法（有限絞り）はあちらこちらで現れる.

$C \subset V \subset \overline{V} \subset O$ となるものがとれる.

【証明】 各 $c \in C$ ごとに開集合 $D_c \ni c$ で $\overline{D_c}$ がコンパクトであるものを用意し, $C \subset \bigcup_{c \in C} D_c$ と覆い, 有限被覆性を使って有限部分被覆 $D = \bigcup D_{c_j}$ を取り出すと, 開集合 $D \supset C$ の閉包 $\overline{D} = \bigcup \overline{D_{c_j}}$ はコンパクトである. そこで O を $D \cap O$ で置き換えて, $\overline{O}$ はコンパクトであるとしてよい.

さて, 命題 B.9 により, 各 $x \in \overline{O} \setminus O$ に対して, $C \subset V_x \subset O$ なる開集合 V_x と開集合 $U_x \ni x$ で $U_x \cap V_x = \emptyset$ となるものが存在する. ここで, コンパクト集合 $\overline{O} \setminus O$ の有限開被覆 $\overline{O} \setminus O \subset \bigcup_{j=1}^n U_{x_j}$ を取り出し, $U = \bigcup U_{x_j}$, $V = \bigcap V_{x_j}$ とおけば, $C \subset V \subset O$ であり, $U \cap V = \emptyset$ および $X \setminus U$ が閉集合であることから $\overline{V} \subset X \setminus U$ となるので, $\overline{V} \subset \overline{O} \setminus U \subset O$ もわかる. ■

定理 B.13(ウリゾーンの補題) 局所コンパクトなハウスドルフ空間 X のコンパクト集合 C とそれを含む開集合 O に対して, 連続関数 $h : X \to [0,1]$ で $1_C \le h \le 1_O$ となるものが存在する.

【証明】 作り方は, いわゆるカントル関数のそれに似ていて, 二進分数

$$0, \ 1, \ \frac{1}{2}, \ \frac{1}{4}, \ \frac{3}{4}, \ \frac{1}{8}, \ \frac{3}{8}, \ \frac{5}{8}, \ \frac{7}{8}, \ \cdots$$

全体を D で表わし, 各 $r \in D$ に X の開集合 U_r を次のように対応させる. まず, $U_0 = \emptyset$, $U_1 = X$ とする.

次に, $C \subset U \subset \overline{U} \subset O$ かつ $\overline{U}$ がコンパクトであるものをとり(上の補題), $U_{1/2} = U$ とおく.

さらに, $C \subset U \subset \overline{U} \subset U_{1/2}$ かつ $\overline{U}$ がコンパクトであるものをとり, $U_{1/4} = U$ とおく. 同様に, $\overline{U_{1/2}} \subset U \subset \overline{U} \subset O$ かつ $\overline{U}$ がコンパクトであるものをとり, $U_{3/4} = U$ とおく.

以下, $U_r \subset \overline{U_r} \ (r \in D)$ を

$$U_r \subset \overline{U_r} \subset U_s \subset \overline{U_s} \qquad (r < s)$$

となるように次々と挿入していく.

　以上の準備の下, $f(x) = \inf\{r ; x \in U_r\}$ とし, $h = 1 - f$ とおく. 作り方から, $f(x) = 0 \; (x \in C)$ かつ $f(x) = 1 \; (x \notin O)$ であり, $U_1 = X$ としてあるので $f(x) \in [0,1]$ となる.

　あとは, f が連続であることを確かめればよい. そのためには, $[0,1]$ における開区間の素である $[0,s) \; (0 < s \leq 1)$ と $(r,1] \; (0 \leq r < 1)$ の f による逆像が X の開集合であることがわかればよい.

　$f(x) \in [0,s)$ とすると, $f(x) < r < s$ なる $r \in D$ に対して $x \in U_r$ であり, 一方 $y \in U_r$ から $f(y) \leq r < s$ が従うので $U_r \subset f^{-1}([0,s))$ となる.

　最後に $f(x) \in (r,1]$ とすると, $r < s < f(x)$ なる $s \in D$ に対しては $x \notin \overline{U_s}$ であり, 一方 $y \in X \setminus \overline{U_s} \subset X \setminus U_s$ から $f(y) \geq s > r$ が従うので $X \setminus \overline{U_s} \subset f^{-1}((r,1])$ となる. ∎

➤**注意 39**　補題 B.12 と合わせると, 定理における h は $[h] \subset O$ ともとれる.

⎡**例 B.14**⎤　$X = [0,1]$, $C = \emptyset$ の場合に, $U_r = [0,t_r)$ ととることで得られる連続関数 f が**カントル関数** (悪魔の階段[*78]とも) である. ここで, $r = [0.r_1 \cdots r_n]_2$

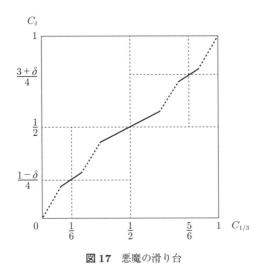

図 17　悪魔の滑り台

[*78] devil's staircase. 段差無限小のバリアフリーなので, 天国の階段かも知れない.

$(r_j \in \{0,1\})$ という二進小数に対して，$t_r = \sum_{j=1}^{n} 2r_j/3^j$ は，カントル集合を作るために取り除く小開区間の右端を表わす.

ついでながら，同様の考え方で，順序を保つ全単射（とくに同相写像）$\phi_\delta : [0,1] \to [0,1]$ を $\phi_\delta(C_{1/3}) = C_\delta$ となるように作ることができる. こちらは「悪魔の滑り台」（devil's slide）とでも呼んだらよいか. ルベーグ零集合を保たない位相同型の実例となっていることもあり. 問 3.26 も参照.

積空間のコンパクト性についても触れておこう. 一般に位相空間 X, Y の積空間とは，積集合 $X \times Y$ に，自然な射影 $X \times Y \to X$, $X \times Y \to Y$ を連続にする最も弱い位相を与えたものをいう.

> **補題 B.15**　積空間 $X \times Y$ の開集合 O とコンパクト集合 $K \subset Y$ に対して，$U = \{x \in X \,;\, \{x\} \times K \subset O\}$ は X の開集合である.

【証明】　これも有限絞りによる. $a \in U$ とする. 各 $b \in K$ に対して，$(a, b) \in O$ より，$(a, b) \in U_b \times V_b \subset O$ となる開集合 $U_b \ni a$, $V_b \ni b$ があるので，$V_b \,(b \in K)$ がコンパクト集合 K を覆うことになり，$K \subset V_{b_1} \cup \cdots \cup V_{b_n}$ のように有限個で覆われる. そこで，$U_a = U_{b_1} \cap \cdots \cap U_{b_n}$ とおけば，U_a は a を含む開集合であり，さらに

$$U_a \times K \subset \bigcup (U_a \times V_{b_j}) \subset \bigcup U_{b_j} \times V_{b_j} \subset O$$

であることから $U_a \subset U$ となる. これは U が開集合であることを意味する.　■

> **命題 B.16**　局所コンパクトなハウスドルフ空間 X, Y の積空間 $X \times Y$ は局所コンパクトなハウスドルフ空間であり，さらに X, Y 自身がコンパクトであれば，$X \times Y$ もコンパクトである.

【証明】　これは，$U \times V \,(U \subset X, V \subset Y$ は開集合$)$ が，$X \times Y$ の開集合の素であることから，X, Y がコンパクトのとき $X \times Y$ がコンパクトであることを確かめればよい.

まず，$X \times Y$ はハウスドルフ空間で，$a \in X$ に対して，$Y \ni y \mapsto (a, y) \in X \times Y$ が連続であることから，$\{a\} \times Y \subset X \times Y$ はコンパクトであることに注意すると，$X \times Y$ を覆う開集合の集まり $\mathcal{O}$ に対して，有限個の $O_{a,j} \in \mathcal{O}$ を使って $\{a\} \times Y \subset \bigcup_{j=1}^{n(a)} O_{a,j}$ と覆える．そこで $U_a = \{x \in X \,;\, \{x\} \times Y \subset \bigcup O_{a,j}\}$ とおくと，上の補題によりこれは a を含む開集合であり，$U_a \times Y \subset \bigcup O_{a,j}$ を満たす．したがって，$X = \bigcup_{i=1}^m U_{a_i}$ と表わすとき，$X \times Y = \bigcup (U_{a_i} \times Y)$ であるが，各 $U_{a_i} \times Y$ は有限個の $O_{a_i,j}$ で覆われるので，$X \times Y$ も有限個の $O \in \mathcal{O}$ で覆われる． ∎

➤**注意 40** 距離空間の場合にはコンパクト性は点列コンパクト性で言い換えられるので，直積空間がコンパクトであることはひと目でわかるのであるが，一般の場合はこのように多少手間である．

次は超限的解析学で重宝するもので，選択公理の洗練された言い換えとなっている．とはいえ，本文ではベール関数とボレル関数の違いに触れた一箇所のみで必要であったこともあり，ここは引用（例えば [3]）にとどめる．

> **定理 B.17**（Tychonoff） コンパクト空間の集まり (X_α) に対して，その直積空間 $\prod X_\alpha$ もコンパクトである．ただし，$\prod X_\alpha$ には，すべての自然な射影 $\prod X_\alpha \to X_\alpha$ を連続にする最も弱い位相（**直積位相**）を与えておく．

B.3　ストーン・ワイエルシュトラスの近似定理

> **補題 B.18** 閉区間 $[0, 2]$ 上の連続関数 $\sqrt{t}$ は，定数項のない実多項式関数によって一様近似される．

【証明】 もし実多項式により $|P(t) - \sqrt{t}| \leq \epsilon \ (0 \leq t \leq 2)$ と一様近似されるならば，$|P(0)| \leq \epsilon$ となるので，$|P(x) - P(0) - \sqrt{t}| \leq 2\epsilon$ となる．そこで，とにかく実多項式で一様近似されればよい．

さて，正数 $a > 0$ に対して，

$$|\sqrt{t+a} - \sqrt{t}| \leq \frac{a}{\sqrt{t+a}+\sqrt{t}} \leq \sqrt{a} \qquad (t \geq 0)$$

であるから，$\sqrt{t+a}$ が $[0,2]$ の上で，実多項式によって一様近似できれば良い．

$$\sqrt{t+a} = \sqrt{(1+a)+(t-1)} = \sqrt{1+a}\sqrt{1+\frac{t-1}{1+a}}$$

において $|t-1|/(1+a) \leq 1/(1+a)\ (0 \leq t \leq 2)$ であるから，$\sqrt{t+a}$ の $t=1$ のまわりでのテイラー展開（二項展開）は $[0,2]$ で一様収束する．したがって，$\sqrt{t+a}$ は t の実多項式によって一様近似される．　　■

系 B.19　閉区間 $[-1,1]$ 上の連続関数 $|t|$ は，定数項のない実多項式偶関数によって一様近似される．

【証明】　与えられた $\epsilon > 0$ に対して，$\max\{|P(s)-s^{1/2}| ; 0 \leq s \leq 1\} \leq \epsilon$ となる多項式 $P(s)\ (P(0)=0)$ をとってきて，$s = t^2$ を代入すると，

$$\max\{|P(t^2)-|t|| ; |t| \leq 1\} = \max\{|P(t^2)-t| ; 0 \leq t \leq 1\} \leq \epsilon$$

である．　　■

補題 B.20　コンパクトなハウスドルフ空間 X 上の連続関数全体の作る *環 $C(X)$ について，その *部分環 $A \subset C(X)$ の一様収束の位相に関する閉包 $\overline{A}$ は X におけるベクトル束である．

【証明】　代数演算が一様収束の位相に関して連続であることから，$\overline{A}$ が再び *部分環になることにまず注意する．そこで，実関数 $f \in \overline{A}$ に対して $|f| \in \overline{A}$ を示そう．

上の系で存在が確かめられた多項式関数 $P(t)$ を用意し，ϵ 近似不等式に $t = \|f\|^{-1}f(x)$ を代入すると（$-1 \leq \|f\|^{-1}f(x) \leq 1$ に注意），

$$\left| \|f\| P\left(\frac{f(x)}{\|f\|}\right) - |f(x)| \right| = \|f\| \left| P\left(\frac{f(x)}{\|f\|}\right) - \frac{|f(x)|}{\|f\|} \right| \le \|f\|\epsilon,$$

すなわち，$\left\| \|f\| P(f/\|f\|) - |f| \right\| \le \|f\|\epsilon$ である．$\|f\| P(f/\|f\|)$ は f の多項式として $\overline{A}$ の元であるから，$|f| \in \overline{\overline{A}} = \overline{A}$ となる． ∎

複素関数の作るベクトル空間 $L \subset \mathbb{C}^X$ が，どのような 2 点 $x \ne y$ に対しても $L \ni f \mapsto (f(x), f(y)) \in \mathbb{C}^2$ が全射である，という性質をもつとき，L は二点全射であると言うことにしよう．

例 B.21　X におけるベクトル束 L が，$\forall x \ne y \in X$, $\exists f \in L$, $f(x) \ne f(y)$ という意味で 2 点を分離し，$1_X \in L$ であれば，二点全射である．実際，$\alpha, \beta \in \mathbb{C}$ に対して，

$$z + wf(x) = \alpha, \qquad z + wf(y) = \beta$$

を満たす $z, w \in \mathbb{C}$ がちょうど一組あるので，$z + wf \in L$ が二点全射を実現する．

定理 B.22（Kakutani–Krein）　コンパクトハウスドルフ空間 X 上のベクトル束 $L \subset C(X)$ が二点全射であれば，一様収束の位相に関する L の閉包は $C(X)$ に等しい．

【証明】　実関数 $f \in C(X)$ が $g \in \operatorname{Re} L$ により一様近似されればよい．仮定から，$a, b \in X$ に対して $\{a, b\}$ の上で f と同じ値をとる $g_{a,b} \in \operatorname{Re} L$ が存在する．

与えられた $\epsilon > 0$ と $a \in X$ に対して，b を動かすことにより開集合 $[g_{a,b} < f + \epsilon] \ni b$ が X を覆うので，a に依存した有限個の点 $(b_j)_{1 \le j \le n(a)}$ を選んで $X = \bigcup [g_{a,b_j} < f + \epsilon]$ とできる．ここで，$g_a = g_{a,b_1} \wedge \cdots \wedge g_{a,b_{n(a)}} \in \operatorname{Re} L$ は $g_a(a) = f(a)$ であり，さらに $g_a < f + \epsilon$ を満たす．というのは，どの $y \in X$ についても $g_{a,b_j}(y) < f(y) + \epsilon$ となる j が存在し，$g_a(y) \le g_{a,b_j}(y) < f(y) + \epsilon$ であるから．

次に，$a \in X$ を動かすとき，X は開集合 $[g_a > f - \epsilon] \ni a$ によっても覆われるので，$X = \bigcup [g_{a_i} > f - \epsilon]$ であるように有限個の点 $(a_i)_{1 \le i \le m}$ を選ぶことが

できる. そこで, $g = g_{a_1} \vee \cdots \vee g_{a_m} \in \mathrm{Re}\, L$ とおけば, $f - \epsilon < g < f + \epsilon$ を満たすので, $\|f - g\| \leq \epsilon$ となり $f \in \overline{L}$ が示された. ∎

> **補題 B.23** X 上の複素関数の作る $*$ 環 A が, (i) $\{f(x)\,;\, f \in A\} = \mathbb{C}$ $(x \in X)$, (ii) $x \neq y$ であれば $f(x) \neq f(y)$ となる $f \in A$ が存在する, という 2 条件を満たせば, A は二点全射である.

【証明】 $\mathbb{C}^2$ を二点集合上の関数環と思うとき, その部分代数 B は, $0 \oplus 0, \mathbb{C} \oplus 0$, $0 \oplus \mathbb{C}, \{z \oplus z\,;\, z \in \mathbb{C}\}$ か $\mathbb{C} \oplus \mathbb{C}$ のいずれかである. というのは, $z \oplus w \in B$ $(z \neq 0, w \neq 0, z \neq w)$ とすると, $z \oplus w, z^2 \oplus w^2$ が一次独立になるから.

さて, 2 点 $a \neq b$ による環準同型 $A \ni f \mapsto f(a) \oplus f(b) \in \mathbb{C}^2$ の像は, $\mathbb{C} \oplus \mathbb{C}$ の部分代数であり, A についての仮定から $\mathbb{C} \oplus \mathbb{C}$ 以外が排除される. ∎

> **定理 B.24**（Stone–Weierstrass） コンパクトハウスドルフ空間 X 上の連続関数の作る $*$ 環 A が, どのような 2 点 $x \neq y$ に対しても $f(x) \neq f(y)$ となる $f \in A$ が存在する, という条件を満たせば, A の一様収束の位相に関する閉包 $\overline{A}$ について, (i) $\overline{A} = C(X)$ であるか (ii) $\overline{A} = \{f \in C(X)\,;\, f(a) = 0\}$ となる $a \in X$ が存在する, のいずれかが成り立つ.

【証明】 $*$ 環の演算が一様収束に関して連続であるから, $\overline{A}$ も $*$ 環となり, 補題 B.20 によりそれはベクトル束でもある. したがって, A が二点全射であれば角谷・クレインの定理 B.22 により $\overline{A} = C(X)$ となって (i) が成り立つ.

次に二点全射が成り立たないとすると, 上の補題から $g(a) = 0$ $(g \in A)$ すなわち $g(a) = 0$ $(g \in \overline{A})$ となる $a \in X$ があり, 一方で $\mathbb{C}1_X + A$ は二点全射であるから $\mathbb{C}1_X + A$ が $C(X)$ で密である.

そこで, $f(a) = 0$ となる $f \in C(X)$ と $\epsilon > 0$ に対して, $\|\lambda 1_X + g - f\| \leq \epsilon$ が成り立つような $\lambda \subset \mathbb{C}$ と $g \in A$ が存在し, a における値の情報から $\|\lambda\| \leq \epsilon$ となるので, $\|g - f\| \leq |\lambda| + \|\lambda 1_X + g - f\| \leq 2\epsilon$ を得る. かくして $f(a) = 0$ であるすべての $f \in C(X)$ は A の元で一様近似され, 逆にすべての $g \in A$ は

$g(a) = 0$ を満たすので (ii) が成立する. ∎

➤**注意 41** 周期的な連続関数が三角多項式により一様近似されるという Weierstrass (1885) の結果に端を発し，その後様々な拡張を経て，上記の形のものが Stone (1937) により与えられた．ちなみに上で与えた証明は，Kakutani (1940) と Krein (1940) が独立に示したベクトル束による $C(X)$ の特徴づけを経由するもので，本書を締めくくるにふさわしいものと言えようか．

杖の数々（文献案内）

　下に挙げた日本語の本は基本的に測度ルートについてであるが，本書をまとめるに際して改めて参照した主なものである．予備知識についての参考書として，これにこだわるものではないが，岩堀 [2] と内田 [3] を挙げておく．伊藤 [1] は長く読み継がれている定番の一冊で，安心感がある．河田 [4] はそれに先立つものであるが，積分ルートについてもそつなく触れられていて興味深い．竹之内 [6] は歴史的な流れにも配慮した特色ある構成が簡潔明瞭にまとめられている．小谷 [5] はもともと数学講座の分冊として出版されたもので，距離空間を全面に出し，確率論のために必要かつ十分と思われる測度・積分の内容がその前半にある．盛田 [7] は細部にまで目の行き届いた格調高いもので，より読者視点の感じられる吉田 [9] ともども読み応えがある．山崎 [8] には，解析学の一環としてのルベーグ積分がリース風に取り上げられていて，その流れの中で，重積分の変数変換公式が逆写像定理による方法で示されている．

　欧文の定番である Halmos [22]，Riesz–Nagy [28]，Rudin [29]，Folland [20] の他に，測度ルートに基づく Axler [11] は，見た目も含めて読みやすく，実解析（フーリエ解析）・関数解析・確率論との接続部分，および本書では省略した微分の話題まで扱っており，お薦めである．また，辞書代わりにも使える本として Bogachev [14] と Fremlin [21] を挙げておく．それ以外は本文で引用した単発の話題に関するものとダニエル積分を正面から扱った主な書となっている．とりわけ Loomis [25] は印象深く，無駄を一切省いた冗長の対極にある本で潔い．また Taylor [35] には，もともとの Daniell–Stone 路線に忠実な解説がある．また，本書で触れられなかったハウスドルフ測度については Folland [20] を，ハール測度については Weil [36] を見るとよい．最後に，Daniell の人となりについては Aldrich [10] が詳しい．

参考文献

[1] 伊藤清三，ルベーグ積分入門（新装版），裳華房，2017.

[2] 岩堀長慶 編，微分積分学，裳華房，1983.

[3] 内田伏一，集合と位相（増補新装版），裳華房，2020.

[4] 河田敬義，積分論，共立出版，1959.

[5] 小谷眞一，測度と確率，岩波書店，2015.

[6] 竹之内脩，ルベーグ積分，培風館，1980.

[7] 盛田健彦，実解析と測度論の基礎，培風館，2004.

[8] 山崎圭次郎，教本・講義の対照による現代微積分，現代数学社，1972.

[9] 吉田伸生，新装版 ルベーグ積分入門，日本評論社，2021.

[10] J. Aldrich, "But you have to remember P.J. Daniell of Sheffield", Electronic Journal for History of Probability and Statistics, 3 (2007).

[11] S. Axler, Measure, Integration & Real Analysis, Springer Open (http://measure.axler.net), 2020.

[12] E. Asplund and L. Bungart, A First Course in Integration, Holt, Rinehart and Winston, 1966.

[13] E. Blackstone and P. Mikusiński, The Daniell integral, arXiv:1401.0310v2.

[14] V.I. Bogachev, Measure Theory, I, II, Springer, 2007.

[15] N. Bourbaki, Intégration, Hermann, 1952.

[16] C. Carathéodory, Vorlesungen über reelle Funktionen, Teubner, 1918.

[17] S.D. Chatterji, Disintegration of measures and lifting, 69–83, in Vector and Operator Valued Measures and Applications (ed. by D.H. Tucker and H.B. Maynard), Academic Press, 1973.

[18] D.L. Cohn, Measure Theory, Birkhäuser, 2013.

[19] P.J. Daniell, A General Form of Integral, Ann. Math., 19 (1918), 279–294.

[20] G.B. Folland, Real Analysis, John Wiley & Sons, 1999.

[21] D.H. Fremlin, Measure Theory, Torres Fremlin, 2011.

[22] P.R. Halmos, Measure Theory, Van Nostrand, 1950.

[23] S. Kakutani, On equivalence of infinite product measures, Ann. Math., 49 (1948), 214–224.

[24] A. Kolmogorov, Grundbegriffe der Wahrscheinlichkeitsrechnung, 1933.

[25] L.H. Loomis, Introduction to Abstract Harmonic Analysis, Van Nostrand, 1953.

[26] J. Mikusiński, The Bochner Integral, Academic Press, 1978.

[27] G.K. Pedersen, Analysis Now, Springer, 1989.

[28] F. Riesz and B. Sz.-Nagy, Leçons d'Analyse Fonctionnelle, Akademiai Kiado, 1952.

[29] W. Rudin, Real and Complex Analysis, McGraw-Hill, 1970.

[30] S. Saks, Theory of the Integral, Warszawa, 1937.

[31] G.E. Shilov and B.L. Gurevich, Integral, Measure and Derivative: A Unified Approach, translated and edited by R.A. Silverman, Dover, 1977.

[32] R.M. Solovay, A model of set-theory in which every set of reals is Lebesgue measurable, Ann. Math., 92 (1970), 1–56.

[33] M.H. Stone, Notes on integration, I, II, III, IV, Proc. N.A.S., 34 (1948), 336–342, 447–455, 483–490, 35 (1949), 50–58.

[34] M. Takesaki, Theory of Operator Algebras II, Springer-Verlag, 2003.

[35] A.E. Taylor, General Theory of Functions and Integration, Dover, 2010.

[36] A. Weil, L'Intégration dans les Groupes Topologiques et ses Applications, Hermann, 1940.

[37] A.J. Weir, General Integration and Measure, Cambridge Univ. Press, 1974.

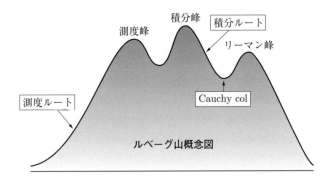

ルベーグ山概念図

解答の指針

第1章　問

1.1 これは，上限を不等式で記述するという手続きの問題に過ぎない．F が I の有限部分集合であることを $F \Subset I$ と書くことにし，$s = \sup\{\sum_{i \in F} a_i \,;\, F \Subset I\}$ とおく．総和 $a = \sum_{i \in I} a_i \in \mathbb{C}$ があれば，どのような $\epsilon > 0$ についても $|\sum_{i \in F'} a_i - a| \le \epsilon$ $(F \subset \forall F' \Subset I)$ を満たす $F \Subset I$ がとれるので，$\sum_{i \in F'} a_i \ge 0$ より $a \ge 0$ でなければならない．さらに不等式 $\sum_{i \in F'} a_i \le a + \epsilon$ で F' についての上限をとれば，$s \le a + \epsilon$ となることから $s \le a < \infty$ を得る．

逆に $s < \infty$ のとき，$\epsilon > 0$ に対して $\sum_{i \in F} a_i \ge s - \epsilon$ となる $F \Subset I$ がとれるので，$\sum_{i \in F} a_i \le \sum_{i \in F'} a_i \le s$ $(F \subset F' \Subset I)$ と合わせて $|\sum_{i \in F'} a_i - s| \le \epsilon$ が成り立ち，(a_i) は総和可能でその総和が s に一致する．

1.2 問の条件は，総和可能性で現れる F を $\{1, \dots, m\}$ の形に選べるということであるから，見かけ上総和可能性よりも強いのであるが，一方，総和可能であれば $F \subset \{1, \dots, m\}$ であるように m をとり，$F' = G$ とおくことで逆に言い換え条件が成り立つ．ということで両者は同値である．最後の極限については，$G = \{1, \dots, n\}$ $(n \ge m)$ ととることでわかる．

1.3 これは，自然数 $n \ge 1$ に対して $\{i \in I \,;\, |z_i| \ge 1/n\}$ が有限集合であることによる．

1.4 メルカトル級数 $\log 2 = 1 - \frac{1}{2} + \frac{1}{3} - \frac{1}{4} + \cdots$ とか，ライプニッツ級数 $\pi/4 = 1 - \frac{1}{3} + \frac{1}{5} - \frac{1}{7} + \cdots$ とか．

1.5 後述の絶対値関数が関係する部分は振動量による言い換えを使う必要があるが，ここに挙げた性質は定義に基づいて確かめるだけである．

1.6 まず，細分割列 Δ_k を $|\Delta_k| \to 0$ であるようにとり，各 Δ_k ごとに $\xi^{(k)}$ を選ぶと，$S(f, \Delta_k, \xi^{(k)})$ がコーシー列となるから，$z = \lim_{k \to \infty} S(f, \Delta_k, \xi^{(k)})$ が存在する．これと (Δ, ξ) を比較して，$|S(f, \Delta, \xi) - S(f, \Delta_k, \xi^{(k)})| \le O(f, \Delta) + O(f, \Delta_k)$ で極限 $k \to \infty$ をとれば，$|S(f, \Delta, \xi) - z| \le O(f, \Delta)$ となり，これは f がリーマン積分可能で $z = \int_a^b f(x)\,dx$ を意味する．

1.7 実数の集合 T について成り立つ $\sup\{|s - t| \,;\, s, t \in T\} = \sup T - \inf T$ を2度，空でない実数の集合の集まり $(T_j)_{1 \le j \le n}$ について成り立つ $\sup\{\sum_{j=1}^n t_j \,;\, t_j \in T_j\} = \sum_{j=1}^n \sup T_j$ と $\inf\{\sum_{j=1}^n t_j \,;\, t_j \in T_j\} = \sum_{j=1}^n \inf T_j$ を1度ずつ使って，

$O(g, \Delta)$

$$= \sum_{j=1}^{n} \sup\{|g(\xi_j) - g(\eta_j)| \, ; \, \xi_j, \eta_j \in [x_{j-1}, x_j]\}(x_j - x_{j-1})$$

$$= \sum \Big(\sup\{g(\xi_j) \, ; \, \xi_j \in [x_{j-1}, x_j]\} - \inf\{g(\eta_j) \, ; \, \eta_j \in [x_{j-1}, x_j]\} \Big)(x_j - x_{j-1})$$

$$= \sup\Big\{ \sum g(\xi_j)(x_j - x_{j-1}) \, ; \, \xi \Big\} - \inf\Big\{ \sum g(\eta_j)(x_j - x_{j-1}) \, ; \, \eta \Big\}$$

$$= \sup\{|S(g, \Delta, \xi) - S(g, \Delta, \eta)| \, ; \, \xi, \eta\}.$$

1.8 $f, g \in R[a, b]$ が有界, すなわち $\|f\|_\infty = \sup\{|f(x)| \, ; \, x \in [a, b]\} < \infty$ などに注意して, $O(fg, \Delta) \le \|f\|_\infty O(g, \Delta) + \|g\|_\infty O(f, \Delta)$ という評価を使うだけである.

1.9 絶対収束性は $s \ge r > 0$ に対して,

$$\left| \int_0^r f(x)\,dx - \int_0^s f(x)\,dx \right| \le \int_r^s |f(x)|\,dx \le \int_r^s \varphi(x)\,dx \to 0 \quad (r \to \infty)$$

からわかる. 不等式は有限区間での積分からの極限として成り立つ.

1.10 等式は部分積分 $\left(\dfrac{e^{iax}}{1+x} \right)'$ から, それ以外は, この等式と

$$\int_0^\infty \frac{|e^{iax}|}{(1+x)^2}\,dx = \int_0^\infty \frac{1}{(1+x)^2}\,dx = 1$$

からわかる.

1.11 $f(x) = \delta_{a,x}$ について $\|f\|_1 = \|f\|_2$ ゆえ, 不等式 $\|f\|_2 \le \|f\|_1$ と合わせて下限は1である. また内積不等式により $\|f\|_1 = \sum |f(x)| \le \sqrt{\sum_{x \in X} 1}\sqrt{\sum_{x \in X} |f(x)|^2}$ であるから, 上限は $|X|^{1/2}$ 以下である. 一方で, $f(x) = 1/|X|^{1/2}$ とすると, $\|f\|_1 = |X|^{1/2}, \|f\|_2 = 1$ となり, $|X|^{1/2}$ が上限である.

1.12 $\|f\|_1$ が半ノルムであることはリーマン積分の性質から即座にわかる. 連続関数 $f : [a, b] \to \mathbb{C}$ が恒等的に零でなければ, $|f(c)| > 0$ となる点 $c \in [a, b]$ があり, c を含む区間 $[s, t] \subset [a, b]$ $(s < t)$ を小さくとれば, $|f(x)| \ge |f(c)|/2$ $(x \in [s, t])$ とできるので, $1_{[s,t]} \in R[a, b]$ および $|f| \ge (|f(c)|/2)1_{[s,t]}$ に注意すれば $\|f\|_1 \ge (t - s)|f(c)|/2 > 0$ となり, $\|f\|_1 = 0$ にはならない.

1.13 境界 ∂A がすべて A に含まれるか, すべて補集合 $X \setminus A$ に含まれるか, であることによる.

1.14 $a \in A$ について, $a \in \partial A \iff A \setminus B_r(a) \ne \emptyset$ $(r > 0)$, であることから A が開集合であることと $\forall a \in A, \exists r > 0, B_r(a) \subset A$ が同値になる. 3つの性質は, この言い換えから即座にわかる.

1.15 この場合の三角不等式はミンコフスキー不等式とも呼ばれ, 闇雲に試みると

失敗する．一つの手順は 5 章のはじめにあるので，そちらを参照のこと．一方，後半の不等式は，普通にわかる $r \vee s \leq (r^p + s^p)^{1/p} \leq r + s \leq 2(r \vee s)$ $(r, s \geq 0)$ による．

1.16 問 1.14 の解で使った開集合の特徴づけを使うと，(i) と (ii) が同値であるとわかる．複素関数の連続性は，(ii) の代わりに次を使う．

(iii) $\mathbb{C}$ の開集合 $U \subset \mathbb{C}$ の逆像 $f^{-1}(U)$ がいつでも X の開集合である．

これらが同値であることも，開集合の特徴づけと局所的な定義から即座にわかる．

1.17 書くもおろかながら，グラフの上の方（下の方）をなぞるだけである．

1.18 前半は，大小の場合分けをして確認するだけ．後半は，絶対値をとる操作と代数演算が連続だから．

1.19 前半は $[f = 0] \cap [g = 0] \subset [f + g = 0] \cap [f \diamond g = 0]$ の対偶と閉包の性質 $\overline{A \cup B} = \overline{A} \cup \overline{B}$ から，後半は $[fg \neq 0] = [f \neq 0] \cap [g \neq 0]$ と $\overline{A \cap B} \subset \overline{A} \cap \overline{B}$ からわかる．

1.20 例えば，$f(x) = x \vee 0$，$g(x) = x \wedge 0$ とすると，$fg \equiv 0$ より $[fg] = \emptyset$ である一方で $[f] \cap [g] = [0, \infty) \cap (-\infty, 0] = \{0\}$ となり一致しない．

1.21 三角不等式 $d(x, a) \leq d(x, y) + d(y, a)$ $(a \in A)$ で，最初に左辺，ついで右辺の $a \in A$ について下限をとれば，$d(x, A) \leq d(x, y) + d(y, A)$ が成り立つ．対称性から x と y を入れ替えた不等式も成り立つ．

1.22 三角不等式 $d(a, a') \leq d(a, a_n) + d(a_n, a')$ で極限 $n \to \infty$ をとるだけである．

1.23 (f_n) を $\ell^\infty(X)$ におけるコーシー列とすれば，$\forall \epsilon > 0$, $\exists N$, $\|f_m - f_n\|_\infty \leq \epsilon$ $(m, n \geq N)$ で，これから，すべての $x \in X$ について $(f_n(x))$ がコーシー列となるから，$\mathbb{C}$ の完備性により，$f(x) = \lim f_n(x)$ が存在する．次に，最初のノルム不等式で $m \to \infty$ という極限をとれば，$\|f - f_n\|_\infty \leq \epsilon$ $(n \geq N)$ を得るので，$f \in \ell^\infty(X)$ かつ $\lim_n \|f - f_n\|_\infty = 0$ がわかる．

1.24 d_ρ が距離関数であることは

$$\int_0^{a+b} \rho(t)\, dt = \int_0^a \rho(t)\, dt + \int_a^{a+b} \rho(t)\, dt \leq \int_0^a \rho(t)\, dt + \int_0^b \rho(t)\, dt$$

からわかる．また，$\rho(r) > 0$ である $r > 0$ に対して，$\rho(r)d(x, y) \leq d_\rho(x, y) \leq \rho(0)d(x, y)$ $(d(x, y) \leq r)$ となることから，位相および完備性はどちらで考えても同じである．

1.25 距離関数であることは即座にわかる．直積位相の定義は，各成分写像 $\pi_n : X \to X_n$ を連続にする最も弱い（開集合が少ない）位相というものである．実際 d の形から $(X, d) \to (X_n, d_n)$ は連続であり，逆に $\pi_n : X \to X_n$ が連続となる X の位相 $\mathcal{T}$ に対して，π_n の $a = (a_j) \in X$ における連続性から，$r > 0$ ごとに $\pi_n(U_{r,n}) \subset B_r(a_n)$ となる開集合 $U_{r,n} \ni a$ がとれ，$x \in \bigcap_{k=1}^n U_{r,k}$ であれば

$$d(x,a) \leq \sum_{k=1}^{n} \frac{1}{2^k} d_k(x_k, a_k) + \sum_{k>n} \frac{1}{2^k} \leq \sum_{k=1}^{n} \frac{1}{2^k} r + \frac{1}{2^n} \leq r + \frac{1}{2^n}$$

となることから，$(X, \mathcal{T}) \to (X, d)$ は連続である．

1.26 これは，$x = (x_n)_{n \geq 1} \in S^{\mathbb{N}}$ に $t = \sum_{n \geq 1} \frac{x_n}{N^n} \in [0, 1]$ を対応させるというもので，無理数と $\{0, 1\}$ の上では一対一，それ以外の有理数の上では二対一の連続関数となっている．

1.27 例えば $\sin(x^2)$ のように振動が激しくなる有界関数であればよい．

1.28 各成分区間 $[a_j, b_j]$ の分割 $\Delta_j = \{a_j < \cdots < s_j < t_j < \cdots < b_j\}$ を考えるとき，その中の小区間 $[s_j, t_j]$ の直積 $[s, t] = [s_1, t_1] \times \cdots \times [s_d, t_d]$ の集まり全体が Δ であり，$|\Delta| = \max\{|s - t| \, ; \, [s, t] \in \Delta\}$ $(|s - t| = \sqrt{\sum_j (s_j - t_j)^2})$ および

$$O(f, \Delta) = \sum_{[s,t] \in \Delta} O(f, [s, t]) \big| [s, t] \big|,$$

$$O(f, [s, t]) = \sup\{|f(x) - f(y)| \, ; \, x, y \in [s, t]\}$$

（ただし $\big| [s, t] \big| = (t_1 - s_1) \cdots (t_d - s_d)$）とすれば，$O(f, \Delta) \leq C_f(|\Delta|) \big| [a, b] \big|$ が定義からすぐにわかる．わかりにくければ，平面 $(d = 2)$ の場合を考えよ．

1.29 連続関数がリーマン積分可能であること（命題 1.5 も参照）の復習でもある．

$$S(f, \Delta) = \sum_{j=1}^{n} f(x_j)(\Phi(x_j) - \Phi(x_{j-1})),$$

$$O(f, \Delta) = \sum_{j=1}^{n} O_j(f)(\Phi(x_j) - \Phi(x_{j-1}))$$

とすると，

$$|S(f, \Delta') - S(f, \Delta'')| \leq O(f, \Delta') + O(f, \Delta''),$$

$$O(f, \Delta) \leq C_f(|\Delta|)(\Phi(b) - \Phi(a))$$

が成り立つので，一様連続性から極限の存在がわかる．

1.30 この場合の反例は，作るというよりも自然に見つかるものではある．例えば $1_{(0,1/n]} \downarrow 0$ $(0 \leq x \leq 1)$，$x^n \downarrow 0$ $(0 \leq x < 1)$ とか．

1.31 T を基本行列の積で表わすことで，1 次元と 2 次元の変数変換

$$\int_{-\infty}^{\infty} f(ax) \, dx = \frac{1}{|a|} \int_{-\infty}^{\infty} f(x) \, dx \quad (0 \neq a \in \mathbb{R}),$$

$$\int_{\mathbb{R}^2} f(x+ty,y)\,dxdy = \int_{\mathbb{R}^2} f(x,y)\,dxdy \quad (t \in \mathbb{R})$$

の組み合わせに帰着される.

1.32　実数 $t \in [0,1]$ の三進展開表示を $[0.t_1 t_2 \cdots]_3 = \sum_{n=1}^{\infty} t_n/3^n$ $(t_n \in \{0,1,2\})$ と書くとき,1回目で除く区間が $([0.1]_3, [0.2]_3)$,2回目で除く区間が $([0.01]_3, [0.02]_3)$,$([0.21]_3, [0.22]_3)$ のように,0 と 2 の数字が並んだ最後に 1 か 2 をおいたものを端点とする区間が除外集合となる.

したがって,n 回目で除かれる区間に属する実数というのが,小数点 n 桁目に初めて 1 が現れるものに一致する.なお,除外する区間の左端の点 $[0.c_1 c_2 \cdots c_{n-1} 1]$ $(c_j \in \{0,2\})$ は,無限小数 $[0.c_1 \cdots c_{n-1} 022 \cdots]_3$ の繰り上げとして $C_{1/3}$ に属する.

第 1 章　問題

1.A　問題にある条件が必要なことは $\sum |z_i| < \infty$ からわかる.逆は実数の集まり (a_i) について示せばよく,もしこれが総和可能でなければ,$\sum a_i \vee 0 = \infty$ か $\sum (-a_i) \vee 0 = \infty$ のいずれかが成り立つことから,問題にある条件は満たされない.

1.B　リーマン積分可能であるとすると,少なくとも複素数 z と分割 Δ があって,$|S(f, \Delta, \xi) - z| \leq \epsilon$ でなければならない.これは,この評価される $S(f, \Delta, \xi)$ が ξ の選び方によらず一様に z の近くにあることを意味するので,各小区間において $f([x_i, x_{j-1}])$ は有界でなければならない.ということで,そういった小区間の有限個の集まりである $[a,b]$ においても f は有界である.

1.C　$O(f, \Delta) = \sum_{i=1}^{n} |f(x_i) - f(x_{i-1})|(x_i - x_{i-1}) \leq |f(b) - f(a)| \, |\Delta|$ による.

1.D　三角不等式から $|f_x(z)| \leq d(x,a)$ となるので f_x は有界であり,同じく三角不等式から $|f_x(z) - f_y(z)| \leq d(x,y)$ となり $z = x, y$ で等号が成り立つことによる.

1.E　一般に開集合 $U \subset \mathbb{R}^d$ の 2 点 x, y が開集合内の連続曲線で結ばれるという性質は同値関係をなし,その同値類も開集合となる.一方で $\mathbb{R}$ の開集合については,中間値の定理によりその同値類は開区間となるので主張が成り立つ.

1.F　まず,この性質をもつ閉集合の中に最小なものがあること.これは,そのような閉集合の集まり F_i に対して $F = \bigcap F_i$ とおくと,$x \notin F \iff x \in \bigcup (X \setminus F_i)$ に対して,$f(x) = 0$ となることからわかる.次に $[f]$ もこの性質をもつことから $F \subset [f]$.最後に,$[f \neq 0] \subset F$ であることから,$[f] \subset F$.

1.G　十分条件であることは当然なので,A が完備であるとする.$x \in \overline{A}$ は $\lim a_n = x$ $(a_n \in A)$ と表わされ,(a_n) が A におけるコーシー列であることから,$x = \lim a_n \in A$ でなければならない.こちらも当然といえば当然であった.

1.H　(i) $\Phi(t+0) - \Phi(t-0) \geq 1/n$ となる不連続点が m 個あれば,$m/n \leq \Phi(b) - \Phi(a)$ であることから,そのような不連続点は有限個しかなく,すべての $n \geq 1$ につい

て集めてもせいぜい可算である.

(ii) 被積分関数が一様連続であるおかげで, Φ の連続点から分点を選んだ場合の極限としてスティルチェス積分が実現されることによる.

1.I C_δ を作る際の n ステップで切り取る開区間列を $(I_{n,k})_{1\leq k\leq 2^{n-1}}$ で表わすと, $\bigcup_{n\geq 1,1\leq k\leq 2^{n-1}} I_{n,k}$ が $[0,1]$ で密であることから, $\underline{S}(1_{C_\delta},\Delta) = 0$ であり $\underline{S}(1_{C_\delta}) = 0$ となる. 一方, 分割 Δ の与える小閉区間 I について, I を含む除外開区間が存在する場合 I' とそうでない場合 I'' に分けると,

$$\sup\{1_{C_\delta}(x) \,;\, x \in I'\} = 0, \qquad \sup\{1_{C_\delta}(x) \,;\, x \in I''\} = 1$$

となることから

$$\overline{S}(1_{C_\delta},\Delta) = \sum_{I''} |I''| = 1 - \sum_{I'} |I'| \geq 1 - (\delta + 2\delta^2 + \cdots + 2^{n-1}\delta^n) \geq \frac{1-3\delta}{1-2\delta}$$

である. 一方, $(I_{n,k})_k$ の各区間の両端を $\epsilon > 0$ だけ縮めたものの端点全体 Δ_n を考えれば,

$$\begin{aligned}
\overline{S}(1_{C_\delta},\Delta_n) &= \sum_{I''} |I''| = 1 - \sum_{I'} |I'| \\
&\leq 1 - \big((\delta - 2\epsilon) + 2(\delta^2 - 2\epsilon) + \cdots + 2^{n-1}(\delta^n - 2\epsilon)\big) \\
&= 1 - (\delta + 2\delta^2 + \cdots + 2^{n-1}\delta^n) + 2(2^n - 1)\epsilon
\end{aligned}$$

となることから, 先の不等式と合わせて $\overline{S}(1_{C_\delta}) = (1-3\delta)/(1-2\delta)$ がわかる.

第 2 章 問

2.1 U の相対位相を与える開集合が $U \cap V$ (V は X の開集合) の形であることと, コンパクト集合の有限被覆性から最初の主張が従う. これと局所コンパクト性の定義から U の局所コンパクト性もわかる. さらに, $f \in C_c(U)$ に対して, その支え $[f] \subset U$ は, X の位相に関してもコンパクト (とくに閉集合) であり, 開集合 $X \setminus [f]$ で恒等的に 0 である関数と f は, 定義域の共通部分 $U \cap (X \setminus [f]) = U \setminus [f]$ の上で一致することから, 最後の主張も成り立つ. $U \setminus [f]$ が, $f|_V = 0$ となる開集合 $V \subset U$ すべてを合わせたものであることに注意.

2.2 これは実数の場合 (問 1.18) を関数の形に書き直しただけのもの.

2.3 折れ線で表わされる実関数 $f \in C_c(\mathbb{R})$ 全体は実ベクトル束であるが, その複素化 L において, $f = g + ih$ $(g, h \in \text{Re}\,L)$ が $|f| \in L$ となるのは, 局所的に g と h が一次従属な場合に限る.

2.4 極表示 $\phi(f) = e^{i\theta}|\phi(f)|$ を書き直した $|\phi(f)| = \phi(e^{-i\theta}f) = \text{Re}\,\phi(e^{-i\theta}f) =$

$\phi(\mathrm{Re}\,(e^{-i\theta}f))$ に注意して,

$$|\phi(f)| = \phi(\mathrm{Re}\,(e^{-i\theta}f)) \le \phi(|\mathrm{Re}\,(e^{-i\theta}f)|) \le \phi(|e^{-i\theta}f|) = \phi(|f|)$$

のように評価する.

2.5　これは言うもおろか, $f_n \uparrow f \iff (f - f_n) \downarrow 0$ だからである.

2.6　$f_n \downarrow 0$ とせよ. $K = [f_1]$ とし $h(x) = 1 - 1 \wedge rd(x, K) = r(\frac{1}{r} - \frac{1}{r} \wedge d(x, K))$ (ただし $r > 0$) とおくと, h は連続で $h|_K = 1$ である. さらに r を十分大きくとると, 補題 1.19 により $h \in C_c(X)$ となる. そこで, 不等式 $0 \le f_n \le \|f_n\|_\infty h$ と I の正値性からわかる $0 \le I(f_n) \le \|f_n\|_\infty I(h)$ にディニの定理を合わせる.

2.7　正汎関数であることは当然であり, 連続性は上の問からわかる. 今の状況に即して書けば, 次の通り. $f_n \downarrow 0$ ($f_n \in \mathrm{Re}\,C_c(\mathbb{R})$) とする. f_1 が $[a,b]$ で支えられているとすると, $[f_n] \subset [a,b]$ であり, $|I(f_n)| \le \|f_n\|_\infty (\Phi(b) - \Phi(a))$ が成り立つので, ディニの定理により $I(f_n) \downarrow 0$ となる.

2.8　これは, 補題 2.15 の証明をくり返すだけ.

2.9　$f(x) = \sum f_n(x)$ ($\sum |f_n(x)| < \infty$) となる関数であればよい.

2.10　$L_b^1 \subset L^1$ と I_b^1 が I^1 の制限であることは, 可積分関数とその積分の定義から即座にわかる.

逆を示すために, $f \in L^+$ とすると, $f_n \uparrow f$ ($f_n \in L_b^+$) と表示されるので, $\varphi_1 = f_1$, $\varphi_n = f_n - f_{n-1}$ ($n \ge 2$) とおくことで, L_b における級数表示 $f \overset{(\varphi_n)}{\simeq} \sum \varphi_n$ を得る. これから $L^+ \subset L_b^1$ であり, $\mathrm{Re}\,L = L^+ - L^+ \subset L_b^1$ がわかる. したがって, 定理 2.17 により $L^1 \subset L_b^1$ となる.

2.11　距離空間の場合, 点列を使った連続性と開球を使った連続性が同値であることによる. 例えば, $f(x)$ が $x = a$ で連続ならば, $x_n \to a \implies f(x_n) \to f(a)$ であるが, 逆に $f(x)$ が $x = a$ で連続にならないとすると, $\exists \epsilon > 0, \forall \delta > 0, \exists x \in B_\delta(a), |f(x) - f(a)| \ge \epsilon$ となって, a に収束する点列 (x_n) で $|f(x_n) - f(a)| \ge \epsilon$ となるものが見つかる.

2.12　これは, 級数表示 $f \overset{(\varphi_n)}{\simeq} \sum f_n$ ($f_n, \varphi_n \in C_c(\mathbb{R}^d)$) が級数表示 $fg \overset{(\|g\|_\infty \varphi_n)}{\simeq} \sum f_n g$ を導くからである.

2.13　(i) $f_n(x) = (zx)^n e^{-x^2}/n!$, $g_n(x) = |f_n(x)|$ とすると, $f_n, g_n \in L^1(\mathbb{R})$ であり,

$$\sum \int_{-\infty}^\infty g_n(x)\,dx = \int_{-\infty}^\infty e^{-x^2+|zx|}\,dx \le \int_{-\infty}^\infty e^{-(x^2-|z|^2)/2}\,dx = \sqrt{2\pi}e^{|z|^2/2}.$$

(ii) $f(x,t) = x^{2n}e^{-tx^2}$ とすると,

$$\left|\frac{\partial f}{\partial t}\right| = x^{2n+2}e^{-tx^2} \le x^{2n+2}e^{-rx^2} \qquad (0 < r \le t)$$

より，t が動く範囲を下から支えられる程度に $r > 0$ を小さく選び $g(x) = x^{2n+2}e^{-rx^2}$ とすればよい．

2.14 変数変換 $x = ny$ を使って，リーマン積分として処理することもできるが，ここでは収束定理の利用を考える．

$$f_n(x) = \begin{cases} f(x/n) & (0 \leq x \leq n) \\ 0 & (x > n) \end{cases}$$

とおくと，$|f_n| \leq \|f\|_\infty$ より，$g(x) = \|f\|_\infty e^{-x} \ (x \geq 0)$ を押え込み関数として

$$\lim_{n \to \infty} \int_0^n f(x/n)e^{-x}\,dx = \lim_{n \to \infty} \int_0^\infty f_n(x)e^{-x}\,dx = \int_0^\infty f(0)e^{-x}\,dx = f(0).$$

2.15 (x, y) に対する除外集合 $\ell = [0, \infty)$ と (r, θ) に対する除外集合 $r = 0$ または $\theta = 0, 2\pi$ がいずれも零集合であることによる．

2.16 単調収束定理は，和と差分の関係により，項別積分定理の特殊な場合となるので，押え込み収束定理について述べると，ほとんど至るところ定義された可積分関数列 (f_n) とほとんど至るところ定義された可積分関数 g があって，各 $n \geq 1$ に対して $|f_n| \leq g$ が成り立ち，f_n は f にほとんど至るところ各点収束するものとする．このとき，f は可積分であり，$I(f_n) \to I(f)$ となる．

上でほとんど至るところと言及してある箇所には，それぞれに除外すべき零集合が対応しており，そのすべてを合わせた零集合を N とすれば，$X \setminus N$ では，通常の結果が成り立つ状況となるので，それに対して呼応する収束定理を適用すればよい．

2.17 等式 $\lim f_{n'} = f_{1'} + (f_{2'} - f_{1'}) + \cdots$ に関連して，

$$I(|f_{1'}|) + I(|f_{2'} - f_{1'}|) + \cdots \leq I(|f_{1'}|) + I(|f_{2'}|) + I(|f_{1'}|) + \cdots$$
$$= 2\sum_{n \geq 1} I(|f_{n'}|) < \infty$$

であるから，$g = |f_{1'}| + |f_{2'} - f_{1'}| + \cdots$ は，零集合 $N = [\sum |f_{n'} - f_{(n-1)'}| = \infty]$ 以外の点で可積分関数を定め，$|f_{n'}| \leq |f_{1'}| + |f_{2'} - f_{1'}| + \cdots + |f_{n'} - f_{(n-1)'}| \leq g$ である関数列 $(f_{n'})$ は，$X \setminus N$ 上で各点収束する．したがって，$I(|\lim f_{n'}|) = I(\lim |f_{n'}|) = \lim I(|f_{n'}|) = 0$ より，$\lim f_{n'}(x) = 0$ (a.e. $x \in X$) がわかる．

2.18 リーマン積分の場合（問 1.12）に帰着させてもよいが，直接的な証明は次の通り．仮定により $[|f| > 0]$ は零集合であるが，f の連続性により開集合でもあり，もしそれが空でなければ有界な開直方体 $R \neq \emptyset$ を含むことになり，R が零集合の部分集合として零集合でなければならないが，これは 1_R の積分が正であることに反する．

第2章　問題

2.A　積分の連続性を仮定する．$g_n = h_1 + \cdots + h_n$ とおけば，$f \wedge g_n \uparrow f$ となるので，連続性から $I(f \wedge g_n) \uparrow I(f)$ である．これと正値性から得られる $I(f \wedge g_n) \leq I(g_n) = I(h_1) + \cdots + I(h_n)$ を合わせると，$I(f) \leq I(h_1) + I(h_2) + \cdots$ がわかる．

逆に，積分の連続性は，$f_n \downarrow 0$ に対して，(f_n) の階差を $(h_n = f_n - f_{n+1})$ ととり，$f_1 \leq \sum h_n$ に Stone による連続性を適用すれば，$I(f_1) \leq I(f_1) - \lim I(f_n)$ から $\lim I(f_n) \leq 0$ が従うので $\lim I(f_n) \geq 0$ と合わせて $\lim I(f_n) = 0$ である．

2.B　区間 $[a,b]$ の分割 $\Delta = \{a = x_0 < x_1 < \cdots < x_n = b\}$ に伴う積和を

$$\sum_{j=1}^{n} f(x_j)(\Phi(x_j) - \Phi(x_{j-1})) = \sum_{j=2}^{n+1} f(x_{j-1})\Phi(x_{j-1}) - \sum_{j=1}^{n} f(x_j)\Phi(x_{j-1})$$

$$= f(b)\Phi(b) - f(x_1)\Phi(a) - \sum_{j=2}^{n} (f(x_j) - f(x_{j-1}))\Phi(x_{j-1})$$

と書き直す．ここで，右辺の和の項と $\int_{x_{j-1}}^{x_j} g(t)\Phi(t)\,dt$ との差が

$$\left| \int_{x_{j-1}}^{x_j} g(t)(\Phi(t) - \Phi(x_{j-1}))\,dt \right| \leq \int_{x_{j-1}}^{x_j} |g(t)|(\Phi(t) - \Phi(x_{j-1}))\,dt$$

$$\leq \int_{x_{j-1}}^{x_j} |g(t)|(\Phi(x_j) - \Phi(x_{j-1}))\,dt$$

$$\leq \|g\|_\infty (x_j - x_{j-1})(\Phi(x_j) - \Phi(x_{j-1}))$$

$$\leq \|g\|_\infty |\Delta|(\Phi(x_j) - \Phi(x_{j-1}))$$

と評価され，

$$\left| \sum_{j=2}^{n} (f(x_j) - f(x_{j-1}))\Phi(x_{j-1}) - \int_{x_1}^{b} g(t)\Phi(t)\,dt \right|$$

$$\leq \|g\|_\infty (\Phi(b) - \Phi(a))|\Delta| \to 0 \quad (|\Delta| \to 0)$$

がわかるので，求める等式を得る．

2.C　十分小さい $\epsilon > 0$ に対して，(a,b) の外での値が 0，$(a+\epsilon, b-\epsilon)$ での値が 1 となり，それ以外のところでは線型に補間した連続関数を h_ϵ とすると，$I^1(1_{(a,b)}) = \lim_{\epsilon \to +0} I(h_\epsilon)$ である．一方，問題 2.B から，

$$I(h_\epsilon) = \frac{1}{\epsilon} \int_{b-\epsilon}^{b} \Phi(t)\,dt - \frac{1}{\epsilon} \int_{a}^{a+\epsilon} \Phi(t)\,dt$$

と表示され,

$$\int_a^{a+\epsilon} \Phi(t)\,dt = \lim_{n\to\infty} \sum_{j=1}^n \Phi(t_j)(t_j - t_{j-1})$$

において $\Phi(t_j) \approx \Phi(a+0)$ $(\epsilon \to 0)$ に注意すれば, $\displaystyle \lim_{\epsilon\to+0} \frac{1}{\epsilon} \int_a^{a+\epsilon} \Phi(t)\,dt = \Phi(a+0)$ などとなるので, $I(1_{(a,b)}) = \lim I(h_\epsilon) = \Phi(b-0) - \Phi(a+0)$ がわかる.

閉区間については,

$$I^1(1_{[a,b]}) = \lim_{n\to\infty} I^1(1_{(a-1/n,b+1/n)}) = \lim \left(\Phi(b + \frac{1}{n} - 0) - \Phi(a - \frac{1}{n} + 0) \right)$$
$$= \Phi(b+0) - \Phi(a-0)$$

と計算する.

2.D n ステップまでに取り除く開区間の和を U_n とし $U = \bigcup_{n\geq 1} U_n$ とおけば, $1_{U_n} \in L^1(\mathbb{R})$ かつ $I(1_{U_n}) = \delta + 2\delta^2 + \cdots + 2^{n-1}\delta^n$ となるので, $1_{U_n} \uparrow 1_U$ および $I(1_{U_n}) \uparrow \delta/(1-2\delta)$ より, $1_{C_\delta} = 1_{[0,1]} - 1_U$ は可積分で, $I(1_{C_\delta}) = (1-3\delta)/(1-2\delta)$ $(0 < \delta \leq 1/3)$ となる.

また, U が $[0,1]$ で密な開集合であることから, 1_{C_δ} の不連続点全体は $C_\delta = [0,1] \setminus U$ に一致する.

2.E $1/(e^x - 1) = \sum_{n\geq 1} e^{-nx}$ $(x > 0)$ を代入すると, 項別積分定理が使えて

$$\int_0^\infty \sum_{n\geq 1} x^{s-1} e^{-nx}\,dx = \sum_{n=1}^\infty \int_0^\infty x^{s-1} e^{-nx}\,dx$$
$$= \sum_{n=1}^\infty \frac{1}{n^s} \int_0^\infty t^{s-1} e^{-t}\,dt = \Gamma(s) \sum_{n=1}^\infty \frac{1}{n^s}.$$

2.F $\frac{1}{t^\alpha} \leq \pi/2 \iff t \geq (2/\pi)^{1/\alpha}$ のとき $\frac{2}{\pi} \frac{1}{t^\alpha} \leq \sin(1/t^\alpha) \leq \frac{1}{t^\alpha}$ と評価されるので, $0 < \alpha \leq 1$ では可積分ではない. 一方 $\alpha > 1$ であれば, 可積分関数列

$$f_n(t) = \begin{cases} \sin(1/t^\alpha) & (t \geq 1/n) \\ 0 & (0 < t < 1/n) \end{cases}$$

が $\lim_n f_n(t) = \sin(1/t^\alpha)$ $(t > 0)$ を満たし, 可積分な連続関数

$$g(t) = \begin{cases} \pi/2 & (0 < t \leq (2/\pi)^{1/\alpha}) \\ 1/t^\alpha & (t \geq (2/\pi)^{1/\alpha}) \end{cases}$$

によって $|f_n(t)| \leq g(t)$ のように押えられることから $\sin(1/t^\alpha)$ は可積分である.

2.G　これは,典型的な関数近似の議論による.　f の近似関数 $g \in C_c(\mathbb{R}^d)$ に対して,

$$\Big| |f(x+y) - f(x)| - |g(x+y) - g(x)| \Big|$$
$$\leq |f(x+y) - g(x+y) - f(x) + g(x)|$$
$$\leq |f(x+y) - g(x+y)| + |f(x) - g(x)|$$

を積分して,

$$\left| \int |f(x+y) - f(x)| \, dx - \int |g(x+y) - g(x)| \, dx \right| \leq 2 \int |f(x) - g(x)| \, dx$$

のように評価されるので,$g_n \in C_c(\mathbb{R}^d)$ を $I(|f - g_n|) \leq 1/n$ であるようにとれば,$\int |g_n(x+y) - g_n(x)| \, dx$ は $y \in \mathbb{R}^d$ の関数として $\int |f(x+y) - f(x)| \, dx$ に一様収束する.

最初に,後半の極限等式を示す.　各 $n \geq 1$ について,$g_n(x+y)$ と $g_n(x)$ の支えが重ならないように y を大きくとると,

$$\int |g_n(x+y) - g_n(x)| \, dx = \int |g_n(x+y)| \, dx + \int |g_n(x)| \, dx = 2 \int |g_n(x)| \, dx$$

である.　これに $|I(|f|) - I(|g_n|)| \leq I(|f - g_n|) \leq 1/n$ を合わせ,上の一様近似式を使えば極限等式がわかる.

前半の連続性については,$|y| \leq r$ にわたって $g_n(x+y)$ の支えを集めた $R_n = \bigcup_{|y| \leq r}([g_n] + y)$ が有界であることから,$|g_n(x+y) - g_n(x)| \leq 2\|g_n\|_\infty 1_{R_n}(x)$ より系 2.31 (i) が適用できて,$\int |g_n(x+y) - g_n(x)| \, dx$ は y の連続関数となり,その一様極限として $\int |f(x+y) - f(x)| \, dx$ も y について連続である.

2.H　(i) 可算集合 $\mathbb{Q}$ の指示関数としてルベーグ積分の零関数である.

(ii) 無理数 $x \in \mathbb{R}$ に対して,$|\cos(\pi m! x)| < 1$ であることなどからわかる.　2 回の極限で,すでにこの状況.

(iii) これは,$Q = \mathbb{Q} \cap [a, b]$ および $[a, b] \setminus Q$ が $[a, b]$ で密なことによる.

2.I　自然数 n に対して,$((k-1)/2^n, k/2^k]$ $(k \in \mathbb{Z})$ の形の開閉区間の d 重直積全体を $\mathcal{I}_n$ で表わし,そのうち,開集合 U に含まれるすべての開閉体の和集合を U_n と書けば,$U_n \uparrow U$ となる一方で $U_n \setminus U_{n-1}$ は $\mathcal{I}_n$ に含まれる開閉体の分割和であることから主張がわかる.

2.J　L は,ベクトル束 $C([0,1])$ の $(0,1]$ への制限としてベクトル束であり,I は $C([0,1])$ 上の正汎関数 $f \mapsto f(0)$ を L に制限したものであることから同じく正汎関数である.　I が連続でないことは,$f_n(t) = (1 - nt) \vee 0$ $(0 < t \leq 1)$ が $f_n \downarrow 0$ を満たす一方で,$I(f_n) = 1$ であることからわかる.

2.K (i) $n\log x - x$ を最大点 $x = n$ の周りでテイラー展開すると，$n\log x - x = n\log n - n - (x-n)^2/2n + \cdots$ となる．

(ii) そこで $x = n + t\sqrt{n}$ という変数変換を施すことで，

$$n! = e^{-n}n^n\sqrt{n}\int_{-\sqrt{n}}^{\infty} e^{-\sqrt{n}t}\left(1 + \frac{t}{\sqrt{n}}\right)^n dt$$

なる表示を得る．右辺の被積分関数の対数を $f_n(t)$ $(t > -\sqrt{n})$ とすると，

$$f_n(t) = -\sqrt{n}t + n\log(1 + t/\sqrt{n}) = -n\int_0^{t/\sqrt{n}} du + n\int_0^{t/\sqrt{n}} \frac{1}{1+u}\, du$$

$$= -n\int_0^{t/\sqrt{n}} \frac{u}{1+u}\, du = -\int_0^t \frac{u}{1 + u/\sqrt{n}}\, du.$$

この最後の表式から，$f_n(t) \uparrow -t^2/2$ $(t \le 0)$ および $f_n(t) \downarrow -t^2/2$ $(t \ge 0)$ がわかる．そこで，e^{f_n} を $g_n(t) = e^{f_n(t)}$ $(-\sqrt{n} < t)$, $g_n(t) = 0$ $(t \le -\sqrt{n})$ と拡張すると，$h(t) = e^{-t^2/2}$ $(t \le 0)$, $h(t) = e^{f_1(t)} = e^{-t}(1+t)$ $(t \ge 0)$ を押え込み関数とする収束定理が使え，

$$\int_{-\sqrt{n}}^{\infty} e^{-\sqrt{n}t}\left(1 + \frac{t}{\sqrt{n}}\right)^n dt = \int_{-\infty}^{\infty} g_n(t)\, dt \longrightarrow \int_{-\infty}^{\infty} e^{-t^2/2}\, dt = \sqrt{2\pi}.$$

第3章 問

3.1 $A_1 \setminus (\bigcup(A_1 \setminus A_n)) = A_1 \cap (\bigcap(A_1 \setminus A_n)^c) = \bigcap(A_1 \cap (A_1^c \cup A_n)) = \bigcap A_n$ による．

3.2 これは，σ 代数の集まり $(\mathcal{B}_i)$ に共通する集合族 $\bigcap\mathcal{B}_i$ が再び σ 代数になるからである．丁寧に書けば次のようになる．$B_n \in \bigcap\mathcal{B}_i$ $(n \ge 1)$ ということは $B_n \in \mathcal{B}_i$ $(n \ge 1, i)$ に他ならないので，$\mathcal{B}_i$ が σ 代数であることから，$\bigcup B_n \in \mathcal{B}_i$ $(\forall i)$ となり，これは $\bigcup B_n \in \bigcap\mathcal{B}_i$ を意味する．$\bigcap\mathcal{B}_i$ が補集合をとる操作で閉じていることも同じことである．他の集合族についても同様．

3.3 包含関係 $\subset$ は当然なので，逆を示す．開集合 U の指示関数が $1_U = \bigvee h_n$ と表わされ（例 3.3），したがって $(h_1 \bigvee \cdots \bigvee h_n)_{n \ge 1}$ の階差 $g_n \in C_c(\mathbb{R}^d)_+$ により $1_U = \sum g_n$ と表示される．ここで，可積分関数 $f \in L^1(\mathbb{R}^d)$ の $C_c(\mathbb{R}^d)$ における級数表示 $f \overset{(\varphi_m)}{\simeq} \sum f_m$ に対して，$\sum_{m,n} \varphi_m(x)g_n(x) = \sum_m \varphi_m(x)1_U(x) = \infty \iff x \in U \cap [\sum \varphi_n = \infty]$ に注意すれば，$1_U f \overset{(\varphi_m g_n)}{\simeq} \sum f_m g_n$ が成り立つので，$1_U f \in L^1(U)$ である．

3.4 単調性は $\mu(B) = \mu(A) + \mu(B \setminus A) \ge \mu(A)$ であるから．また，$B_j = (A_1 \cup$

$\cdots \cup A_j) \setminus (A_1 \cup \cdots \cup A_{j-1}) = A_j \setminus A_{j-1}$ $(2 \le j \le n)$ による $A_1 \cup \cdots \cup A_n = A_1 \sqcup B_2 \sqcup \cdots \sqcup B_n$ という表示において, μ の加法性をくり返し, (i) の単調性を合わせると,

$$\mu(A_1 \cup \cdots \cup A_n) = \mu(A_1) + \mu(B_2) + \cdots + \mu(B_n)$$
$$\le \mu(A_1) + \mu(A_2) + \cdots + \mu(A_n).$$

(iii) は, $\mu(B) = \mu(B \setminus A) + \mu(A \cap B)$ からわかる. (iv) は, $(A_1 \setminus A_n) \uparrow (A_1 \setminus A)$ であるから, $\mu(A_1 \setminus A_n) \to \mu(A_1 \setminus A)$ となり, $\mu(A_1) < \infty$, $\mu(A_1 \setminus A_n) = \mu(A_1) - \mu(A_n)$ および $\mu(A_1 \setminus A) = \mu(A_1) - \mu(A)$ に注意すればわかる.

なお $\mu(A_1) < \infty$ という条件をつけるのは, $\mu(A_n) = \infty$ $(n \ge 1)$ かつ $\mu(A) < \infty$ という状況を排除するため. (無限集合の減少列の共通部分が空集合になり得る.)

3.5　$A = (A \setminus B) \sqcup (A \cap B)$, $B = (B \setminus A) \sqcup (A \cap B)$ および $A \cup B = (A \setminus B) \sqcup (B \setminus A) \sqcup (A \cap B)$ に μ をあてて比較するだけ.

3.6　前段であるが, (i) から (ii) は当然で, (ii) から (i) は増大列 (B_n) の階差 $A_n = B_n \setminus B_{n-1}$ を考えれば, $\lim \mu(B_n) = \sum \mu(A_n) = \mu(\bigsqcup A_n) = \mu(\bigcup B_n)$ よりわかる.

後段は, 問 3.4 における不等式 $\mu(A_1 \cup \cdots \cup A_n) \le \mu(A_1) + \cdots + \mu(A_n) \le \sum \mu(A_j)$ で $n \to \infty$ とし μ の連続性を使う.

3.7　$A_j = \emptyset$ $(j > n)$ とおくだけ. これを分割和と呼ぶのは妙な感じもするが, 定義からはそういうことである.

3.8　(i) 和と差については, L^1 がベクトル束であることと $1_{A \cup B} = 1_A \vee 1_B$, $1_{B \setminus A} = 1_B - 1_A \wedge 1_B$ からわかる. 可算共通部分については, $A = \bigcap_n A_n$ (A_n は可積分) とすると $(1_{A_1} \wedge \cdots \wedge 1_{A_n}) \downarrow 1_A$ であることから, 単調収束定理により A も可積分.

(ii) σ 可積分集合が可算和をとる操作に関して閉じていることは, 定義から明らか. さらに, 可積分集合の可算和 $A = \bigcup A_m$, $B = \bigcup B_n$ に対して, $B \setminus A = \bigcup_n (\bigcap_m (B_n \setminus A_m))$ という表示と $\bigcap_m (B_n \setminus A_m)$ が可積分であることから, $B \setminus A$ も σ 可積分となる. このことから, 可積分集合を含む最小の σ 環が σ 可積分集合全体であるとわかる.

(iii) 可測集合については, 定義から可積分集合の性質が遺伝し, 可算和で閉じている. さらに $(X \setminus A) \cap Q = Q \setminus (A \cap Q)$ であることから, 可測集合 A の補集合 $X \setminus A$ も可測であるとわかる. したがって, 可積分集合を含む σ 代数をなし, とくにすべての σ 可積分集合を含む.

3.9　可積分な正関数 f に対して, $f_n = f \wedge 1_{X_n}$ は可積分で $f_n \uparrow f \wedge 1_X$ となることから, 単調収束定理により $f \wedge 1_X$ も可積分である.

3.10　まず, 加法性 $|A \sqcup B|^I = |A|^I + |B|^I$ $(A, B \in \mathcal{L}(I))$ (したがって単調性) を確かめる. $A \sqcup B$ が可積分であれば, I 可測性により $A = A \cap (A \sqcup B)$ と $B = B \cap (A \sqcup B)$ はともに可積分であり, 逆に A, B が可積分であれば, $A \sqcup B$ も可積分となり, 加法的である. そうでないときは, $A \sqcup B$ は可積分でなく, A か B のいずれかは可積分にな

り得ないので，$|A \sqcup B|^I = \infty = |A|^I + |B|^I$ となり，この場合も加法性が成り立つ．

次に $A = \bigsqcup A_n$ $(A_n \in \mathcal{L}(I))$ であるとき，$|\cdot|^I$ の加法性と単調性より $\sum |A_n|^I \leq |A|^I$ が成り立つので，σ 加法性は $\sum |A_n|^I < \infty$ の場合にわかればよい．このとき，各 A_n が可積分で $(A_1 \sqcup \cdots \sqcup A_n) \uparrow A$ となることから，単調収束定理により A も可積分で，$|A|^I = I^1(1_A) = \lim I^1(1_{A_1} + \cdots + 1_{A_n}) = \sum |A_n|^I$ を得る．

3.11 これは例 2.25 からわかる．リーマン積分における変数変換の性質（例 1.31）も参照．

3.12 もうひとつの表示 $f = \sum_{j=1}^n b_j 1_{B_j}$ $(\bigsqcup B_j, \mu(B_j) < \infty)$ があれば，

$$\sum_{i,j} a_i 1_{A_i \cap B_j} = f = \sum_{i,j} b_j 1_{A_i \cap B_j}$$

かつ $\bigsqcup (A_i \cap B_j)$ より，$a_i = b_j$ $(A_i \cap B_j \neq \emptyset)$ となり，

$$\sum_i a_i \mu(A_i) = \sum_{i,j} a_i \mu(A_i \cap B_j) = \sum_{i,j} b_j \mu(A_i \cap B_j) = \sum_j b_j \mu(B_j)$$

である．

正値性は積分の不等式 $|I_\mu(f)| \leq \sum |a_i| \mu(A_i) \leq I_\mu(|f|)$ から，$I_\mu(\lambda f) = \lambda I_\mu(f)$ $(\lambda \in \mathbb{C})$ は作り方から当然であり，加法性 $I_\mu(f+g) = I_\mu(f) + I_\mu(g)$ は $f+g$ の分割和表示 $\sum (a_i + b_j) 1_{A_i \cap B_j}$ を使って，

$$I_\mu(f+g) = \sum_i \sum_j a_i \mu(A_i \cap B_j) + \sum_j \sum_i b_j \mu(A_i \cap B_j)$$
$$= \sum a_i \mu(A_i) + \sum b_j \mu(B_j)$$

とするだけである．

3.13 関数 f の単調性から $[f < r]$ $(r \in \mathbb{R})$ が区間の形になるからである．

3.14 $f(x) \in [a, b] \iff f_j(x) \in [a_j, b_j]$ $(1 \leq j \leq d)$ と補題 3.33 からわかる．

3.15 前半は，逆像が開集合（閉集合）を保つことと補題 3.33 からわかり，後半は $\phi(X_n)$ がコンパクト集合 X_n の連続写像による像として Y の閉集合になる（系 B.10）ことによる．

3.16 可測写像 $(f, g) : X \to \overline{\mathbb{R}} \times \overline{\mathbb{R}}$ による開集合 $\{(s, t) \in \overline{\mathbb{R}} \times \overline{\mathbb{R}} ; s < t\}$ の逆像として $[f < g] \in \mathcal{B}$ であり，$[f \neq g] = [f < g] \cup [f > g]$ の補集合として $[f = g] \in \mathcal{B}$ である．ちなみにトリッキーな証明というのは，$[f < g] = \bigcup_{q \in \mathbb{Q}} [f < q] \cap [g > q]$ を利用するものである．

3.17 $\liminf_{n \to \infty} f_n = \lim_{n \to \infty} \lim_{k \to \infty} f_n \wedge f_{n+1} \wedge \cdots \wedge f_k$ が可測で同様に $\limsup f_n$ も可測であるから，上の問により $[\liminf f_n = \limsup f_n] \in \mathcal{B}$ である．

3.18 これも $f \geq 0$，$g \geq 0$ の場合が問題で，$0 \leq fg \leq \|f\|_\infty g$ より $\langle fg \rangle_\mu \leq$

$\|f\|_\infty \langle g \rangle_\mu < \infty$ となるので，命題 3.44 (i) から fg は可積分である.

3.19 仮にこれが成り立たないとすると，$\exists \epsilon > 0,\ \forall \delta > 0,\ \exists \varrho,\ |\varrho| \le \delta,\ \langle h \rangle_\mu - I_\mu(h_\varrho) \ge \epsilon$ であるから，$\delta = 1/k$ に対応する ϱ を選んで ϱ_k と書くとき，$h_k = h_{\varrho_k} \in L^+(X, \mu)$ は，$h_k \le h$ を満たしながら h に各点収束する．そうすると，h が可積分であることから押え込み収束定理が使え，$\lim_k I_\mu(h_k) = I^1_\mu(h) = \langle h \rangle_\mu$ でなければならないが，これは $I_\mu(h_k) \le \langle h \rangle_\mu - \epsilon$ に反する.

3.20 有限分点集合 $\varrho \subset (0, \infty)$ に対して，$(h \circ \phi)_\varrho = h_\varrho \circ \phi$ であり，

$$I_{\phi_*\mu}(h_\varrho) = \sum_j r_j (\phi_*\mu)([r_j \le h < r_{j+1}]) + r_n(\phi_*\mu)([h \ge r_j])$$
$$= \sum_j r_j \mu([r_j \le h \circ \phi < r_{j+1}]) + r_n \mu([h \circ \phi \ge r_j])$$
$$= I_\mu((h \circ \phi)_\varrho)$$

となることによる.

3.21 可測正関数の間の不等式 $|f|^\alpha \ge r^\alpha 1_{[|f| \ge r]}$ を積分するだけである.

3.22 滑らかな変数変換 $\phi : U \to V$ によるルベーグ可測関数 $f : V \to [0, \infty)$ の引き戻し $f \circ \phi : U \to \mathbb{C}$ が再びルベーグ可測であることを確かめればよい.

V が σ コンパクトであるから，f の変域と値域をカットすることで，コンパクト集合で支えられた有界なルベーグ可測関数の増大列 $f_n : V \to [0, \infty)$ で $f_n \uparrow f$ となるものがとれる．定理 2.26 により $(f_n \circ \phi)|\det(\phi')|$ はルベーグ可積分となるので，これとボレル関数 $|\det(\phi')|^{-1}$ との積として $f_n \circ \phi$ はルベーグ可測であり，その極限として $f \circ \phi$ もルベーグ可測である（命題 3.37）.

3.23 $X_n \uparrow X\ (\mu(X_n) < \infty)$ とすると，$\mu(A \cap X_n) \uparrow \mu(A)\ (A \in \mathcal{B})$ というだけのこと.

3.24 単純関数による上からの近似では積分値が発散してしまう．単純関数を有限和ではなく級数型（$f(X)$ が可算集合）にしておけば可能ではあるが，そうするくらいなら零集合での例外を許すことで，可積分関数そのものを扱うのが得策としたもの.

3.25 $g \le h\ (g \in L^+(X, \mu))$ であれば，$I_\mu(g) = \langle g \rangle_\mu \le \langle h \rangle_\mu$ である.

一方，分点集合 ϱ に対して，$h_\varrho = \sum_j r_j 1_{B_j}\ (r_j > 0,\ B_j \in \mathcal{B})$ と表わし，さらに，$r > 0$ に対して，測度有限な $B'_j \subset B_j$ を，$\mu(B_j) < \infty$ のときは $B'_j = B_j$，$\mu(B_j) = \infty$ のときは有限近似性により $\mu(B'_j) \ge r$ と選び $g = \sum r_j 1_{B'_j}$ とおくと，$g \in L^+(X, \mu)$ は $g \le h_\varrho$ を満たし，$r \to \infty$ とすることで，$I_\mu(g)$ を $I_\mu(h_\varrho)$ に近づけることができる.

3.26 $T = \mathbb{Q}$ に対する Vitali の非可測集合 W を使って $A = \bigsqcup_{q \in \mathbb{Q}} A \cap (W + q)$ と分割和表示する．もし $A \cap (W + q)$ がすべてルベーグ可測であったとすると，$\sum_{q \in \mathbb{Q}} |A \cap (W + q)| = |A| > 0$ から，$|A \cap (W + q)| > 0$ となる $q \in \mathbb{Q}$ があることになる．そこで可測集合による分割和 $\bigsqcup_{n \ge 1}(A \cap (W + q) + 1/n) \subset \bigsqcup(W + q + 1/n) \subset [q, q+2]$

を考えると，そのルベーグ測度は 2 以下である一方で，$\sum_{n \geq 1} |A \cap (W+q) + 1/n| = \sum_{n \geq 1} |A \cap (W+q)| = \infty$ となり，矛盾である．

3.27 実数 $0 \leq t \leq 1$ をでたらめに選び十進展開するとき，$s \in \{0, 1, \ldots, 9\}$ という数字が n 桁目以内に現れる割合は n を大きくするとき $1/10$ に近づく，という当然成り立つべき normal な事実を表わしていると考えられる．

第 3 章　問題

3.A X において，$x \sim y \iff 1_A(x) = 1_A(y)$ $(\forall A \in \mathcal{A})$ という同値関係を考え，その同値類を $[x]$ で表わせば $[x] = \bigcap_{x \in A \in \mathcal{A}} A$ である．（$\mathcal{A}$ が可算であることから，右辺は $\mathcal{A}$ に属する．）実際，$\subset$ であることは当たり前で，もし $y \notin [x]$ であれば，$1_B(x) \neq 1_B(y)$ となる $B \in \mathcal{A}$ があり，必要があれば $X \setminus B$ で置き換えて $1_B(x) = 1$，$1_B(y) = 0$ としてよいので，y は右辺に入らない．

さて，同値類集合 $[X] = \{[x] ; x \in X\}$ は $\mathcal{A}$ の部分集合族として可算である．さらに，すべての $A \in \mathcal{A}$ は $[x] \subset A$ となる $[x]$ の和で表わされ，逆にそのようなものは $\mathcal{A}$ に属することから，$\mathcal{A}$ は，標準写像 $\pi : X \ni x \mapsto [x] \in [X]$ による $2^{[X]}$ の逆像全体に一致する．したがって $\mathcal{A}$ は $2^{[X]}$ と同じ濃度となり，これが可算であるのは $[X]$ が有限集合に限るので，$Y = [X]$ とおけばよい．

3.B ρ 測度 μ について，$\mu(A) < \infty$ であれば，$A \cap [\rho = \infty] = \emptyset$ かつ $A \cap [\rho > 0]$ は可算集合となるので，μ が σ 有限であれば，$[\rho = \infty] = \emptyset$ かつ $[\rho > 0]$ が可算集合でなければならない．逆に，このとき $[\rho > 0] = \{x_n ; n \geq 1\}$ と表わせば，$X_n = [\rho = 0] \cup \{x_1, \ldots, x_n\}$ の測度値は有限であり $X = \bigcup X_n$ と表わされるので，ρ 測度は σ 有限である．

2^X における測度 μ に対して $\rho(x) = \mu(\{x\})$ という関数を考えると，可算な X については μ の σ 加法性により，ρ から作った測度と μ が一致する．

X が非可算集合のとき，可算集合の上では 0 で，非可算集合の上では ∞ を返す集合関数は，ρ では表わされない測度になっている．

3.C まず可積分関数 f がどのようなものであるか確かめておくと，級数表示 $f \overset{(\varphi_n)}{\simeq} \sum f_n$ で，$[\varphi_n \neq 0]$ が有限集合であることから $[\sum \varphi_n > 0]$ は可算集合となるので，これの補集合の上では $\sum_n \varphi_n(x) = 0$ となり，とくに $f(x) = \sum f_n(x) = 0$ である．したがって，ρ のとり方とは無関係に f の支えは可算集合でなければならない．次に，$\sum I(\varphi_n) = \sum_{n \geq 1, x \in X} \rho(x) \varphi_n(x) < \infty$ より，$\rho(x) > 0$ ならば $\sum \varphi_n(x) < \infty$ でなければならず，$|f(x)| = |\sum f_n(x)| \leq \sum \varphi_n(x)$ という評価と合わせて，

$$\sum_{x \in X} \rho(x)|f(x)| = \sum_{\rho(x) > 0} \rho(x)|f(x)| \leq \sum \rho(x)\varphi_n(x) < \infty$$

を得る. 逆に可算集合で支えられた $f : X \to \mathbb{C}$ が $\sum_{x \in X} \rho(x)|f(x)| < \infty$ を満たせば, f は可積分となる. というのは, $[f \neq 0]$ が有限であれば $f \in \ell(X)$ は当然可積分で, 可算無限集合であれば, それを一列に (a_n) と並べ, $f_n(x) = f(a_n)\delta_{x,a_n}$, $\varphi_n = |f_n|$ とおくと, $|f| = \sum \varphi_n$ であり, $f \overset{(\varphi_n)}{\simeq} \sum f_n$ となるから.

以上を $f = 1_A$ に適用すれば, A が可積分であることの言い換えが得られ, さらに σ 可積分であることと可算であることの同値性もわかる. すべての部分集合が I 可測であることもこの特徴づけからわかる. また, 非可算集合 B は可積分にならないので $|B|^I = \infty$ となる. 最後に,

$$|B|_I = \sup\Big\{ \sum_{x \in Q} \rho(x) \, ; \, Q \subset B \text{ は可算かつ} \sum_{x \in Q} \rho(x) < \infty \Big\}$$
$$= \sup\Big\{ \sum_{x \in F} \rho(x) \, ; \, F \subset B \text{ は有限集合} \Big\} = \sum_{b \in B} \rho(b).$$

3.D　$\mathcal{B}_\mu = \{ B \cup N' \, ; \, B \in \mathcal{B}, \, N' \subset N, \, \mu(N) = 0 \}$ が可算和で閉じていることは明らか. 補集合で閉じていることは

$$X \setminus (B \cup N') = (X \setminus B) \cap (X \setminus N') = (X \setminus B) \cap ((X \setminus N) \cup (N \setminus N'))$$
$$= ((X \setminus B) \cap (X \setminus N)) \cup ((X \setminus B) \cap (N \setminus N'))$$

で, $(X \setminus B) \cap (X \setminus N) \in \mathcal{B}$ および $(X \setminus B) \cap (N \setminus N') \subset N$ に注意すればわかる. 以上で, $\mathcal{B}_\mu$ が σ 代数であることが確かめられた.

$\mathcal{B}_\mu$ への測度としての拡張は, $\mu(B \cup N') = \mu(B)$ となることから一つしかなく, 実際にこれが拡張の定義になっていることは, $B \cup N' = A \cup M'$ という別の表示から零集合 $M \cup N$ を取り除けば $A \setminus (M \cup N) = B \setminus (M \cup N)$ となるので,

$$\mu(B) = \mu(B \setminus (M \cup N)) + \mu(B \cap (M \cup N)) = \mu(B \setminus (M \cup N))$$
$$= \mu(A \setminus (M \cup N)) = \mu(A \setminus (M \cup N)) + \mu(A \cap (M \cup N)) = \mu(A)$$

からわかる. 最後に, 拡張したものの σ 加法性は, $\bigsqcup_i (B_i \cup N'_i)$ に対して, $\bigcup N'_i$ が零集合 $\bigcup_i N_i \in \mathcal{B}$ に含まれることに注意すれば, $\mathcal{B}$ における σ 加法性に帰着する形で成り立つ.

3.E　$\mathcal{B}_\mu$ 可測正関数 h の段々近似 $h_n \uparrow h$ を考え, $h_n = \sum_i \alpha_{n,i} 1_{B_{n,i} \cup N'_{n,i}}$ ($B_{n,i}$, $N_{n,i} \in \mathcal{B}$, $\mu(N_{n,i}) = 0$, $N'_{n,i} \subset N_{n,i}$) と表示する. そして, $N = \bigcup_{n,i} N_{n,i} \in \mathcal{B}$, $g_n = \sum_i \alpha_{n,i} 1_{B_{n,i} \setminus N}$ とおくと, $g_n(x) = h_n(x)$ ($x \notin N$) より $g_n \uparrow g = h - h1_N$ となるので, g は $\mathcal{B}$ 可測であり, h とは零集合 N 以外の点で一致する.

3.F　(i) $B_n = Y \cap C_n$ となる $C_n \in \mathcal{A}$ に対して, $A_n = C_n \setminus (C_1 \cup \cdots \cup C_{n-1})$ とおけば, $\bigsqcup A_n$ であり,

$$Y \cap A_n = (Y \cap C_n) \setminus (Y \cap C_1 \cup \cdots \cup Y \cap C_{n-1})$$
$$= B_n \setminus (B_1 \sqcup \cdots \sqcup B_{n-1}) = B_n.$$

(ii) g は正関数としてよく，分割和 $\bigsqcup_{k \geq 1}[k-1 \leq g < k]$ に (i) を適用し，さらに値域を平行移動することで，$g : Y \to [0,1)$ としてよい．二分法による g の段々近似を X にまで広げよう．そのために，$r > 0$ に対して，$Y \cap G_0(r) = [g < r]$, $Y \cap G_1(r) = [g \geq r]$ かつ $G_0(r) \cap G_1(r) = \emptyset$ となる $G_j(r) \in \mathcal{A}$ を用意し，$a \in \{0,1\}^n$ に対して，$G_a \in \mathcal{A}$ を長さ $n = |a|$ について帰納的に，$G_{(a,j)} = G_a \cap G_j([a] + 1/2^{n+1})$ $(j = 0, 1,$ $[a] = a_1/2 + a_2/2^2 + \cdots + a_n/2^n)$ で定める．

そうすると，G_a は $Y \cap G_a = [[a] \leq g < [a] + 1/2^n]$ を満たし，n ごとに $\bigsqcup_{|a|=n} G_a$ であり，$(G_a)_{|a|=n+1}$ は $(G_a)_{|a|=n}$ の細分割となる．したがって，$f_n = \sum_{k=1}^{2^n-1} \frac{k}{2^n} 1_{G_a}$（ただし，$[a] = k/2^n$）の Y への制限は g の分点集合 $\{k/2^n ; 1 \leq k < 2^n\}$ に関する段々近似 g_n に一致し，増大列 (f_n) が一様収束することから，その極限関数 f は可測であり，g の拡張になっている．

(iii) 必要性は当たり前なので，十分性が問題である．これは，対応 $A \cap Y \mapsto \mu(A)$ $(A \in \mathcal{A})$ が集合関数として意味をなすことさえ確かめられれば，(i) より測度となることからわかる．そこで $A \cap Y = B \cap Y$（ただし $A, B \in \mathcal{A}$）とすると，$(A \Delta B) \cap Y = \emptyset$ となり，仮定より $\mu(A \Delta B) = 0$ である．とくに $\mu(A \setminus B) = \mu(B \setminus A) = 0$ であるから，$\mu(A) = \mu(A \cap B) = \mu(B)$ が従う．

3.G $1_{\bigcup_{k \geq n} A_k} \leq \sum_{k \geq n} 1_{A_k}$ を積分した $\mu(\bigcup_{k \geq n} A_k) \leq \sum_{k \geq n} \mu(A_k)$ において $n \to \infty$ とするだけ．

3.H $\mathcal{Q}$ の上で μ と一致する測度 ν に対して，

$$\nu(A) \geq \sup\{\nu(Q) ; Q \subset A,\ Q \in \mathcal{Q}\} = \sup\{\mu(Q) ; Q \subset A,\ Q \in \mathcal{Q}\} \equiv \mu_*(A)$$

となるので，μ_* が $\mathcal{Q}$ 上で μ と一致する測度であることを示せばよい．作り方から，μ_* は単調増加であり，$\mathcal{Q}$ の上で μ と一致する．測度であることは $\mu_*(\bigsqcup B_n) = \sum \mu_*(B_n)$ が成り立つから．実際，左辺の近似を与える $Q \in \mathcal{Q}$ に対する $\mu(Q \cap (\bigsqcup B_k)) = \sum \mu(Q \cap B_n) \leq \sum \mu_*(B_n)$ からの極限として $\mu_*(\bigsqcup B_n) \leq \sum \mu_*(B_n)$ がまずわかる．とくに $\mu_*(B_n) = \infty$ となる n が一つでもあれば，$\infty = \mu_*(B_n) \leq \mu_*(\bigsqcup B_k)$ から等式が成り立つ．すべての $n \geq 1$ で $\mu_*(B_n) < \infty$ のときは，$\epsilon > 0$ を $\epsilon = \sum \epsilon_n$ と振り分け，$Q_n \subset B_n$ を $\mu_*(B_n) \leq \mu(Q_n) + \epsilon_n$ ととることで，

$$\mu_*\left(\bigsqcup B_n\right) \geq \lim_{n \to \infty} \mu\left(\bigsqcup_{k=1}^{n} Q_k\right) = \sum \mu(Q_n) \geq \sum \mu_*(B_n) - \epsilon$$

となるからである．

3.I　関数 f に対して，μ 零集合 N と関数列 $f_n \in L$ で $f(x) = \lim f_n(x)$ $(x \notin N)$ となるものがあれば，$f = 1_N f + \lim_{n \to \infty}(1 - 1_N)f_n$ と表示され，$1_N f$, $(1 - 1_N)f_n$ が I_μ 可積分であることから $\mathcal{L}(I)$ 可測でもあり（補題 3.25 と定理 3.47），したがって $\mathcal{L}(I)$ 可測関数列の極限として f は $\mathcal{L}(I)$ 可測である．

逆に $\mathcal{L}(I)$ 可測な正関数 f に対して，f の段々近似に I の σ 有限性を合わせると，$f_n \uparrow f$ となる可積分関数列 $0 \le f_n \in L^1$ の存在がわかるので，その階差をとって，$f = \sum g_n$ $(0 \le g_n \in L^1)$ なる表示を得る．さらに $g_n \overset{(\psi_{n,k})}{\simeq} \sum g_{n,k}$ $(\psi_{n,k}, g_{n,k} \in L)$ と級数表示することで，零集合 $N = \bigcup_{n \ge 1}[\sum_k \psi_{n,k} = \infty]$ に対して，$f(x) = \sum_{n,k} g_{n,k}(x)$ $(x \notin N)$ が成り立ち，f は条件を満たす．

3.J　$(0,1)^d$ の中の有理点を (q_n) と一列にならべ，$0 < r_n \le \epsilon/2^n$ を $B_{r_n}(q_n) \subset (0,1)^d$ であるように選び，$U = \bigcup B_{r_n}(q_n) \subset (0,1)^d$ とおけば，開集合 U は $(0,1)^d$ で密であり，

$$|U| \le \sum |B_{r_n}(q_n)| \le \sum (2r_n)^d \le \epsilon^d \sum (1/2^d)^{n-1} = \frac{(2\epsilon)^d}{2^d - 1}$$

を満たすので，$F = [0,1]^d \setminus U$ とすればよい．

3.K　$A \in \mathcal{B}_\infty$ は X の閉集合としてコンパクトであることから，もし J が無限集合であれば，列 $(a_j \in A_j)_{j \in J}$ を考え，定理 1.18 (ii) よりさらにその部分列 $(a_{j'})$ を取り出すことで，$a = \lim a_{j'} \in A$ が存在するようにできる．一方，分割和の仮定から $a \in A_i$ となる $i \in J$ があり，$A = \bigsqcup_{j \in J} A_j$ が開集合による分割和であることから，$a_{j'} \in A_i$ となる j' はあっても一つしかなく，これは a が $(a_{j'})$ の極限であることに反する．

3.L　X が非可算であれば，$\mathcal{A}$ における分割和 $\bigsqcup_{k \ge 1} A_k$ は実質的に有限和であり，μ は自動的に連続である．というのは，A_k の中に無限集合 A_n が一つでもあれば，$X \setminus A_n$ は有限集合となり，$\bigsqcup_{k \ne n} A_k$ を含む．一方，すべての A_k が有限集合であれば $\bigsqcup_{k \ge 1} A_k$ は可算集合となり，X が非可算であることと合わせると，$\bigsqcup_{k \ge 1} A_k$ 自体が有限集合となる．

そこで，X は可算集合であるとしよう．すでに見たように μ の連続性が問題となるのは，有限集合による分割和 $\bigsqcup_{k \ge 1} A_k$ で，その補集合 F が有限となる場合である．もし $(X \setminus F) \cap [\rho = \infty] \ne \emptyset$ であれば（とくに $[\rho = \infty]$ が無限集合であれば），$\mu(X \setminus F) = \sum_{k \ge 1} \mu(A_k)$ が $\infty = \infty$ の形で成り立つ．

最後に $[\rho = \infty]$ が有限集合の場合であるが，連続な μ については，$\mathcal{A}$ における分割和 $[\rho < \infty] = \bigsqcup_{\rho(x) < \infty} \{x\}$ から $\mu([\rho < \infty]) = \sum_{\rho(x) < \infty} \rho(x) = \sigma$ が成り立つ．

逆に $\mu([\rho < \infty]) = \sigma$ とする．μ の連続性が問題となるのは $[\rho = \infty] \subset F$ の場合に限るので，この仮定の下，

$$[\rho < \infty] = X \setminus [\rho < \infty] = (X \setminus F) \sqcup (F \setminus [\rho = \infty])$$
$$= \Big(\bigsqcup_{k \geq 1} A_k \Big) \sqcup (F \setminus [\rho = \infty])$$

から $\mu([\rho < \infty]) = \sigma = \sum_{\rho(x) < \infty} \rho(x) = \mu(F \setminus [\rho = \infty]) + \sum_{k \geq 1} \mu(A_k)$ が従い，これを $\mu(F \setminus [\rho = \infty]) < \infty$ に注意して

$$\mu(X \setminus F) = \mu([\rho < \infty]) - \mu(F \setminus [\rho = \infty]) = \sum_{k \geq 1} \mu(A_k)$$

のように書き直せば，μ の連続性が得られる．

結論として，μ が連続とならない必要十分条件は，X が可算無限集合かつ $\sigma < \mu([\rho < \infty])$ となることである．

3.M (i) $(a, b] \cap (a', b'] = (a \wedge a', b \wedge b']$ および $\mathbb{R} \setminus (a, b] = (-\infty, a] \cup (b, \infty)$ からわかる．

(ii) 開閉区間有限和集合 E が開閉区間の隙間がある有限分割和 $E = \bigsqcup (a_i, b_i]$ $(a_1 < b_1 < a_2 < b_2 < \cdots < a_n < b_n)$ で表わされることに注意すると，$D \cap E$ の閉包が $\bigsqcup [a_i, b_i]$ となり，$D \cap E$ から E が復元されることによる．

(iii) $(0, 1] \cap D = \{a_n, n \geq 1\}$ とし，$0 < \epsilon_n < a_n$ を $\sum_n \epsilon_n < 1$ であるように選んでおくと，$(0, 1] \cap D = \bigcup (a_n - \epsilon_n, a_n] \cap D$ であり，

$$\mu\Big(\bigcup_{k=1}^{n} (a_k - \epsilon_k, a_k] \cap D \Big) \leq \sum_{k=1}^{n} \mu((a_k - \epsilon_k, a_k] \cap D) = \sum_{k=1}^{n} \epsilon_k$$

において極限をとると，

$$\lim_{n \to \infty} \mu\Big(\bigcup_{k=1}^{n} (a_k - \epsilon_k, a_k] \cap D \Big) \leq \sum_{k=1}^{\infty} \epsilon_k < 1 = \mu\Big(\bigcup_{k=1}^{\infty} (a_k - \epsilon_k, a_k] \cap D \Big)$$

となるので，μ は連続にならない．

第 4 章 問

4.1 $\mathbb{R}^2 \times [0, 2\pi]$ 上の連続関数 F を $F(u, v, \theta) = f(u \cos\theta - v \sin\theta, u \sin\theta + v \cos\theta)$ で定めると，F は，コンパクト集合 $[f]$ を回転させたもの全部の和集合と $[0, 2\pi]$ との直積集合で支えられるので，$[F]$ もコンパクトであり，$[a_1, b_1] \times [a_2, b_2] \times [0, 2\pi]$ の形の有界直方体に含まれる．

そこで，$\lambda_{u, \theta}(f) = \int_{a_2}^{b_2} F(u, v, \theta)\, dv$ に注意して定理 1.30 を適用すれば，$\lambda_{(u, \theta)}(f)$ が $t = (u, \theta)$ の連続関数であり，$[a_2, b_2] \times [0, 2\pi]$ で支えられることがわかる．

4.2 (i)–(iii) は完全に代数的な操作についてのものであり，確かめるだけである．た

だし, テンソル積空間が束演算で閉じていることは, $h = \sum_i f_i \otimes g_i = \sum_{j,k} h_{j,k} 1_{A_j \times B_k}$ ($h_{j,k} \in \mathbb{C}, \mu_X(A_j) < \infty, \mu_Y(B_k) < \infty$) という表示で, (A_j) と (B_k) をそれぞれ切り刻み $\bigsqcup_j A_j, \bigsqcup_k B_k$ としてよい (命題 3.27 の証明) ことから, $|h| = \sum_{j,k} |h_{j,k}| 1_{A_j \times B_k} \in L(X, \mu_X) \otimes L(Y, \mu_Y)$ となり, 命題 2.2 よりわかる. (iv) の線型性と正値性は, くり返し積分の形からわかる. 連続性は $f_n \downarrow 0$ $(0 \le f_n \in L(X, \mu_X) \otimes L(Y, \mu_Y))$ のとき, 各 $x \in X$ について, $f_n(x, \cdot) \in L(Y, \mu_Y)$ かつ $f_n(x, \cdot) \downarrow 0$ であることから, $x \in X$ の単純可測関数列 $\int_Y f_n(x, y) \mu_Y(dy)$ が各点で減少し 0 に近づく. そこで I_X の連続性により $I(f_n) \downarrow 0$ となるので, I は積分である. I が σ 有限であることは, μ_X, μ_Y の σ 有限性を使って, $X = \bigcup X_m$ $(\mu_X(X_m) < \infty)$, $Y = \bigcup Y_n$ $(\mu_Y(Y_n) < \infty)$ と表わせば, $X \times Y$ が I 可積分集合である $X_m \times Y_n$ の和で表わされることによる.

束にならない例: まず $h = \sum f_j \otimes g_j$ に対して, $y \in Y$ が動くとき $h(\cdot, y)$ が $L(X, \mu_X)$ の有限次元部分空間 $\sum_j \mathbb{C} f_j$ の中にとどまることに注意する. さて, $L_X = L_Y = C([0,1])$ において $f(x) = x = g(x)$ とすると, $h = (f \otimes 1) \wedge (1 \otimes g)$ はこの性質をもたないので $h \notin L_X \otimes L_Y$ がわかる.

4.3 $e^{-xy} \sin x$ は連続関数としてルベーグ可測. これが $(0, \infty) \times [t, u]$ で可積分であることは,

$$\int_t^u \int_0^\infty e^{-xy} dx dy = \int_t^u \frac{1}{y} dy = \log \frac{u}{t}$$

からわかるので, 2 種類のくり返し積分が一致する. $y > 0$ で成り立つ

$$\int_0^\infty e^{(i-y)x} dx = \frac{1}{y-i} = \frac{y+i}{y^2+1}$$

の虚部をとることで,

$$\int_t^u \int_0^\infty e^{-xy} \sin x \, dx dy = \int_t^u \frac{1}{y^2+1} dy = \arctan u - \arctan t.$$

これを

$$\int_0^\infty \int_t^u e^{-xy} \sin x \, dy dx = \int_0^\infty (e^{-tx} - e^{-ux}) \frac{\sin x}{x} dx$$

と比較すると,

$$\int_0^\infty (e^{-tx} - e^{-ux}) \frac{\sin x}{x} dx = \arctan u - \arctan t.$$

ここで極限 $u \to \infty$ をとると,

$$\int_0^\infty e^{-ux} \frac{|\sin x|}{x}\, dx \le \int_0^\infty e^{-ux}\, dx = \frac{1}{u} \to 0$$

より，求める等式にたどり着く．

4.4 まず，除外集合 $\{(t,t)\,;\, 0 < t < 1\}$ の測度が零であることに注意する．くり返し積分の内側の積分は，$\alpha \ge 1$ の場合は常に発散し，$\alpha < 1$ のときは，

$$\int_0^1 \frac{1}{|x-y|^\alpha}\, dx = \int_0^y \frac{1}{(y-x)^\alpha}\, dx + \int_y^1 \frac{1}{(x-y)^\alpha}\, dx$$
$$= \frac{1}{1-\alpha}\left((1-y)^{1-\alpha} + y^{1-\alpha}\right)$$

を $0 < y < 1$ について積分して，有限値 $2/(1-\alpha)(2-\alpha)$ を得る．

4.5 たたみ込みの定義式で $x - y = y'$ という変数変換を施せば，

$$\int_{\mathbb{R}^d} f(x-y)g(y)\, dy = \int_{\mathbb{R}^d} f(y')g(x-y')\, dy'$$

より $g * f$ に一致する．次に

$$(f*g)*h(x) = \int (f*g)(x-z)h(z)\, dz = \iint f(x-y)g(y-z)h(z)\, dydz,$$
$$f*(g*h)(x) = \int f(x-y)(g*h)(y)\, dy = \iint f(x-y)g(y-z)h(z)\, dzdy$$

を比べる．ここで，$x \in \mathbb{R}^d$ を止めるごとに $f(x-y)$ および $g(y-z)h(z)$ は $(y,z) \in \mathbb{R}^{2d}$ の関数としてルベーグ可測であるので，

$$\iint |f(x-y)g(y-z)h(z)|\, dydz$$
$$= \int_{\mathbb{R}^{2d}} |f(x-y)g(y-z)h(z)|\, dydz = \iint |f(x-y)g(y-z)h(z)|\, dzdy$$

が成り立つ．とくに $(|f| * |g|)(x-z)\,|h(z)|$ が z について可積分であること，$|f(x-y)|\,(|g| * |h|)(y)$ が y について可積分であること，$|f(x-y)g(y-z)h(z)|$ が (y,z) について可積分であることはすべて同値で，このとき

$$\iint f(x-z-y)g(y)h(z)\, dydz$$
$$= \int_{\mathbb{R}^{2d}} f(x-y)g(y-z)h(z)\, dydz = \iint f(x-y)g(y-z)h(z)\, dzdy$$

が成り立つ．したがって，ほとんど全ての x について $((f*g)*h)(x) = (f*(g*h))(x)$

がわかる.

フーリエ変換については，くり返し積分の等式そのままに，

$$\widehat{f * g}(\xi) = \int f(x-y)g(y)e^{-ix\xi}\,dxdy = \int f(x)g(y)e^{-i(x+y)\xi}\,dxdy$$

$$= \int f(x)e^{-ix\xi}\,dx \int g(y)e^{-iy\xi}\,dy = \widehat{f}(\xi)\widehat{g}(\xi).$$

最後に，

$$\|f * g\|_1 = \int \left|\int f(x-y)g(y)\,dy\right|dx \le \int \left(\int |f(x-y)g(y)|\,dy\right)dx$$

$$= \int |f(x-y)g(y)|\,dxdy = \int \left(\int |f(x-y)g(y)|\,dx\right)dy$$

$$= \|f\|_1\|g\|_1.$$

第4章　問題

4.A 角 θ の回転による変数変換 $(x,y) = (u\cos\theta - v\sin\theta, u\sin\theta + v\cos\theta)$ により，

$$\widehat{f}(r\cos\theta, r\sin\theta) = \iint_{\mathbb{R}^2} f(x,y)e^{-ir(x\cos\theta + y\sin\theta)}\,dxdy$$

$$= \iint_{\mathbb{R}^2} f(u\cos\theta - v\sin\theta, u\sin\theta + v\cos\theta)e^{-iru}\,dudv.$$

ここで，くり返し積分とルベーグ積分の回転不変性により

$$\iint |f(u\cos\theta - v\sin\theta, u\sin\theta + v\cos\theta)|\,dvdu$$

$$= \int_{\mathbb{R}^2} |f(u\cos\theta - v\sin\theta, u\sin\theta + v\cos\theta)|\,dudv = \int_{\mathbb{R}^2} |f(x,y)|\,dxdy < \infty$$

となることから，どの θ においても，ほとんど全ての $u \in \mathbb{R}$ について $f(u\cos\theta - v\sin\theta, u\sin\theta + v\cos\theta)$ は v の関数として可積分であり，$\lambda_{u,\theta}(f) = \int_{\mathbb{R}} f(u\cos\theta - v\sin\theta, u\sin\theta + v\cos\theta)\,dv$ とおくと，今度は $\lambda_{u,\theta}(f)$ が u の関数として可積分となる．とくに $\lambda_{u,\theta}(f)$ の u に関するフーリエ変換が意味をもち，問題の等式がすべての $r \ge 0$ と θ について成り立つことがわかる．

4.B 有限絞り（付録B.2）により $y = b \in Y$ での連続性を示そう．すなわち，どんなに小さい $\epsilon > 0$ に対しても，b の開近傍 V を適切に選べば，$\|f(\cdot, y) - f(\cdot, b)\|_\infty \le \epsilon$ $(y \in V)$ とできる．

各 $a \in X$ に対して，f の (a,b) における連続性により，開集合 $U_a \ni a$ と開集合 $V_a \ni b$ で，$|f(x,y) - f(a,b)| \le \epsilon$ となるものがとれ，X のコンパクト性から，$X = \bigcup_{j=1}^n U_{a_j}$

のように覆うことができるので，$V = \bigcap V_{a_j}$ が求める開近傍を与える．実際，$x \in X$, $y \in V$ のとき，$x \in U_{a_j}$ となる j があるので，

$$|f(x,y) - f(x,b)| \leq |f(x,y) - f(a_j,b)| + |f(a_j,b) - f(x,b)| \leq 2\epsilon$$

となる．

4.C　存在することは例 4.6 で見たとおりなので，一つしかないことを示そう．こちらは Stone–Weierstrass に Urysohn を合わせる．具体的には，$h \in C_c(X \times Y)$ を $C_c(X) \otimes C_c(Y)$ の元で一様近似することを考える．

まず，支え $[h]$ の X, Y への射影を $[h]_X, [h]_Y$ とする．コンパクト集合 $[h]_X$ を含む X の開集合 U で $\overline{U}$ がコンパクトであるものを用意し，$\varphi \in C_c(X)$ を $1_{[h]_X} \leq \varphi \leq 1$ かつ $[\varphi] \subset U$ となるようにとる．同様に Y の開集合 V と $\psi \in C_c(Y)$ を $1_{[h]_Y} \leq \psi \leq 1$ かつ $[\psi] \subset V$ となるようにとる．$C(\overline{U} \times \overline{V})$ の部分 * 環 $C(\overline{U}) \otimes C(\overline{V})$ に Stone–Weierstrass を適用すれば，与えられた $\epsilon > 0$ に対して，有限個の $f_j \in C(\overline{U}), g_j \in C(\overline{V})$ で，

$$|h(x,y) - \sum f_j(x)g_j(y)| \leq \epsilon \qquad (x \in \overline{U},\ y \in \overline{V})$$

となるものが存在する．ここで $\varphi f_j : X \to \mathbb{C}$ を

$$(\varphi f_j)(x) = \begin{cases} \varphi(x)f_j(x) & (x \in U) \\ 0 & (x \notin U) \end{cases}$$

で定めると，f_j が U で連続で $\varphi(x) = 0$ $(x \notin [\varphi] \subset U)$ より，$\varphi f_j \in C_c(X)$ がわかる．同様に $\psi g_j \in C_c(Y)$ を定める．

さて，$(x,y) \in [h]_X \times [h]_Y$ であれば，$\varphi(x) = 1 = \psi(y)$ より，

$$\left|h(x,y) - \sum \varphi f_j(x)\psi g_j(y)\right| = \left|h(x,y) - \sum f_j(x)g_j(y)\right| \leq \epsilon$$

となる．また $(x,y) \notin U \times V$ であれば，$h(x,y) = 0 = \sum(\varphi f_j)(x)(\psi g_j)(y)$ のように一致する．一方 $(x,y) \in (U \times V) \setminus [h]$ については，$|\sum(\varphi f_j)(x)(\psi g_j)(y)| \leq |\sum f_j(x)g_j(y)| \leq \epsilon$ である．以上をまとめて，$\|h - \sum \varphi f_j \otimes \psi g_j\|_\infty \leq \epsilon$ を得る．

準備が整ったので，I が一つしかないことを示そう．実際，近似に無関係な関数 $\theta \in C_c(X \times Y)$ を $1_{U \times V} \leq \theta \leq 1$ であるように予め用意しておけば，

$$|I(h - \sum(\varphi f_j) \otimes (\psi g_j))| \leq I(|h - \sum(\varphi f_j) \otimes (\psi g_j)|) \leq I(\epsilon\theta) = \epsilon I(\theta)$$

と評価されるので（問 2.4 参照），$I(h)$ は I_X, I_Y によって決定される．

4.D　これは球面の不変測度に関連した等式である．まず，$\alpha = 0, \beta = 2$ の場合を，

一方でくり返し積分により，他方で極表示により計算すると，$n-1$ 次元単位球面 S^{n-1} の大きさを $\Omega(n)$ で表わすとき，

$$\pi^{n/2} = \int_0^\infty dr\, r^{n-1} e^{-r^2} \int_{S^{n-1}} d\omega = \frac{1}{2}\Omega(n) \int_0^\infty s^{(n/2)-1} e^{-s} ds$$

$$= \frac{1}{2}\Omega(n)\Gamma(n/2) \iff \Omega(n) = \frac{2\pi^{n/2}}{\Gamma(n/2)}$$

となる．そこで，最初の問題に戻って，これを極表示で計算するに，

$$\int_{\mathbb{R}^n} \frac{e^{-|x|^\beta}}{|x|^\alpha}\, dx = \Omega(n) \int_0^\infty dr\, r^{n-1} \frac{1}{r^\alpha} e^{-r^\beta} = \Omega(n) \frac{1}{\beta} \int_0^\infty ds\, s^{-1+(n-\alpha)/\beta} e^{-s}$$

となることから，件の等式を得る．

4.E f_a が f と $g_a(x) = \sqrt{\dfrac{a}{\pi}} e^{-ax^2}$ のたたみ込みであることから，$\|g_a * f\|_1 \le \|g_a\|_1 \|f\|_1 = \|f\|_1$ であり，これは最後の不等式に他ならない．一方，$C_c(\mathbb{R})$ が $L^1(\mathbb{R})$ で密であることから，極限式は $f \in C_c(\mathbb{R})$ について示せば十分．正数 $r > 0$ に対して，

$$[f]_r = \overline{\{y \in \mathbb{R}\,;\, \exists x \in \mathbb{R},\, f(x) \ne 0,\, |x-y| < r\}} = \overline{\bigcup_{f(x) \ne 0} B_r(x)}$$

とおく．これは，f の支え $[f]$ を r だけ膨らませたものになっている．したがって，$f \in C_c(\mathbb{R})$ ならば，$[f]_r$ もコンパクト．あとは $_y f(x) = f(x-y)$ とおき，

$$\int_{\mathbb{R}} |(g_a * f)(x) - f(x)|\, dx$$

$$\le \int_{\mathbb{R}^2} g_a(y)|f(x-y) - f(x)|\, dx dy$$

$$= \int_{|y| \ge r} dy\, g_a(y) \int_{-\infty}^\infty dx\, |f(x-y) - f(x)|$$

$$\quad + \int_{|y| \le r} g_a(y)\, dy \int_{-\infty}^\infty dx\, |f(x-y) - f(x)|$$

$$\le 2\|f\|_1 \int_{|y| \ge r} g_a(y)\, dy$$

$$\quad + |[f]_r| \sup_{|y| \le r} \{\|_y f - f\|_\infty\} \int_{|y| \le r} g_a(y)\, dy$$

$$\le 2\|f\|_1 \int_{|y| \ge r} g_a(y)\, dy + |[f]_r| \sup_{|y| \le r} \{\|_y f - f\|_\infty\}$$

のように評価し，最終行で，f の一様連続性 $\|_y f - f\|_\infty \to 0\ (y \to 0)$ および

$$\int_{|y|\geq r} g_a(y)\,dy = \frac{2}{\sqrt{\pi}} \int_{r\sqrt{a}}^{\infty} e^{-t^2}\,dt \to 0 \quad (a \to \infty)$$

を使い，最初に $r > 0$ を小さく絞り，次に a を大きくとればよい.

最後に，f_a が $\mathbb{C}$ 上の解析関数の $\mathbb{R}$ への制限になっていることを確かめる．実際，$z \in \mathbb{C}$ に対して $|e^{-a(t-z)^2}| \leq e^{-at^2+2a|t||z|+a|z|^2}$ であることから，t の可測関数である次の被積分関数は，可積分関数 $|f(t)|e^{-at^2+2a|tz|}$ の定数倍で押えられ，

$$f_a(z) = \sqrt{\frac{a}{\pi}} \int_{-\infty}^{\infty} f(t)e^{-a(t-z)^2}\,dt$$

が意味をもつ．これが z について連続であるのは，$z_n \to z$ とし，$r = \sup\{|z_n| \,;\, n \geq 1\}$ とするとき，$|f(t)e^{-a(t-z_n)^2}| \leq |f(t)|e^{-at^2+2ar|t|+ar^2}$ を押え込み関数として収束定理を使えば，$\lim_{n\to\infty} f_a(z_n) = f_a(z)$ となるため．したがって $f_a(z)$ が解析的であるためには，$f_a(z)$ が不定積分をもてばよい．これは，なめらかな閉曲線 $C : z = z(s)$ $(0 \leq s \leq 1)$ に対して，今度は $r = \max\{|z(s)| \,;\, 0 \leq s \leq 1\}$ とおいて，

$$\left| f(t)e^{-a(t-z)^2}\frac{dz}{ds} \right| \leq |f(t)|e^{-at^2+2r|t|+ar^2} \left| \frac{dz}{ds} \right|$$

を押え込み関数として $(s,t) \in [0,1] \times \mathbb{R}$ 上の可積分関数にくり返し積分を適用すれば，

$$\oint_C f_a(z)\,dz = \int_0^1 f_a(z(s))\frac{dz}{ds}\,ds = \int_{\mathbb{R}} dt f(t) \int_0^1 e^{-a(t-z(s))^2}\frac{dz}{ds}\,ds$$
$$= \int_{\mathbb{R}} dt\, f(t) \oint_C e^{-a(t-z)^2}\,dz = 0$$

となることによる.

以上，書けば長くなるものの，すべての議論は一直線であり，迷うところはない.

4.F　ヒントにくり返し積分を合わせて，次のように計算する.

$$\int_{[a,b]\times[a,b]} g(y)\,d\Phi(x)\,dy$$
$$= \int_{x\leq y} g(y)\,d\Phi(x)\,dy + \int_{y<x} g(y)\,d\Phi(x)\,dy$$
$$= \int_{[a,b]} \int_x^b g(y)\,dy\,d\Phi(x) + \int_a^b \int_{(y,b]} d\Phi(x)\,g(y)\,dy$$
$$= \int_{[a,b]} (f(b)-f(x))\,d\Phi(x) + \int_a^b (\Phi(b)-\Phi(y+0))g(y)\,dy$$
$$= f(b)(\Phi(b)-\Phi(a)) - \int_{[a,b]} f(x)\,d\Phi(x)$$

$$+ (f(b) - f(a))\Phi(b) - \int_a^b \Phi(y + 0)g(y)\,dy.$$

これが素直なくり返し積分

$$\int_a^b g(y)\,dy \int_{[a,b]} d\Phi(x) = (f(b) - f(a))(\Phi(b) - \Phi(a))$$

に等しいので,

$$\int_{[a,b]} f(x)\,d\Phi(x) + \int_a^b \Phi(x + 0)g(x)\,dx = f(b)\Phi(b) - f(a)\Phi(a)$$

を得る. ここで Φ の不連続点が可算であったから, $\Phi(x + 0) = \Phi(x)$ (a.e. x) より左辺の $\Phi(x + 0)$ は $\Phi(x)$ に置き換えてよい.

4.G 下部グラフに関連して, $\{(x, y) \in X \times \mathbb{R}\,;\, 0 \le y < g(x)\} = [0 \le y < g(x)]$ などの記号を使う. g の段々近似 $g_n \uparrow g$ $(g_n \in L(X)^+)$ に対して, $[0 \le y < g(x)]$ の近似増大列 $G_n = [0 \le y < g_n(x)]$ を考えると, G_n は $\mathcal{B} \times \mathcal{B}(\mathbb{R})$ に属する集合の有限和であることから $G_n \in \mathcal{B} \otimes \mathcal{B}(\mathbb{R})$ となり $[0 \le y < g] = \bigcup G_n \in \mathcal{B} \otimes \mathcal{B}(\mathbb{R})$ がわかる. したがって, $G = \bigcap_{m \ge 1}[0 \le y < g(x) + 1/m] \in \mathcal{B} \otimes \mathcal{B}(\mathbb{R})$ もわかる.

次に, $[y = g(x)] = G \setminus [0 \le y < g(x)] \in \mathcal{B} \otimes \mathcal{B}(\mathbb{R})$ の直積測度をくり返し積分で表わせば, $|\{g(x)\}| = 0$ であることから, $[y = g(x)] \subset X \times \mathbb{R}$ が零集合であるとわかる. したがって, $1_{G_n} \uparrow 1_G$ $(\mu \times dy\text{-a.e.})$ と

$$\int_X \int_{\mathbb{R}} 1_{G_n}(x, y)dy\,\mu(dx) = \int_X g_n(x)\,\mu(dx)$$

からの極限式として, G の直積測度による値が積分 $\int_X g(x)\,\mu(dx)$ に一致することがわかる. また, この値をくり返し積分の順番を変えて計算して, $\int_0^\infty \mu([g \ge y])\,dy$ という表示を得る.

さらに, 零集合 $[y = g(x)]$ の値をもう 1 つのくり返し積分で表わせば,

$$\int_0^\infty \mu([g = y])\,dy = \int_X |\{g(x)\}|\,\mu(dx) = 0$$

となり, これから等位集合についての性質もわかる.

実は, $G \in \mathcal{B} \otimes \mathcal{B}(\mathbb{R})$ が g の可測性と同値である. これについては 7 章の問題で.

4.H y についての連続性を使った $f(x, y) = \lim_{n \to \infty} f(x, [ny]/n)$ という表示 ($[ny]$ は ny 以下の最大の整数) と

$$f(x, [ny]/n) = \sum_{k \in \mathbb{Z}} f(x, k/n)1_{[k/n, (k+1)/n)}(y)$$

が (x,y) について可測であることからわかる.

4.I $\mathcal{B} \otimes \mathcal{B}(\mathbb{R}) \subset \mathcal{B}_\mu \otimes \mathcal{B}(\mathbb{R}) \subset (\mathcal{B} \otimes \mathcal{B}(\mathbb{R}))_\nu$ であるから, $(\mathcal{B} \otimes \mathcal{B}(\mathbb{R}))_\nu$ は $\mathcal{B}_\mu \otimes \mathcal{B}(\mathbb{R})$ の完備化でもあり, 問題 4.G を $\mathcal{B}$ の代わりに $\mathcal{B}_\mu$ で置き換えたものに適用して, g の可測性から G の可測性が従う.

逆に G が I_ν 可測であれば, ν が σ 有限であることに注意し定理 3.50 を使うことで, $G' \subset G \subset G''$ かつ $|G'' \setminus G'|_\nu = 0$ となる $G', G'' \in \mathcal{B} \otimes \mathcal{B}(\mathbb{R})$ の存在がわかる. このとき, くり返し積分表式からほとんど全ての x について $|G''(x) \setminus G'(x)| = 0$ であり, 一方 $G'(x) \subset [0, g(x)] \subset G''(x)$ であることから, $\mu(N) = 0$ となる $N \in \mathcal{B}$ 以外の x について $g(x) = |G'(x)| = |G''(x)|$ が成り立つ. 一方, 命題 4.18 により, $|G'(x)|$ は x について $\mathcal{B}$ 可測であることから, g を $X \setminus N$ に制限したものが $\mathcal{B}$ 可測であるとわかり, $\mu(N) = 0$ と合わせると, g が $\mathcal{B}_\mu$ 可測であることが示された. 最後に, 命題 4.18 を G' に適用して,

$$|G|_\nu = |G'|_\nu = \int_X |G'(x)| \, \mu(dx) = \int_X g(x) \, \mu(dx).$$

Lebesgue は, ここで与えた証明と似た推論により G の可測性を g の性質に読みかえ, 積分対象となり得る関数の把握とその積分の定式化にたどり着いたのであった.

4.J 可積分であることは, 正関数 $e^{-xy}|\sin x|$ のくり返し積分が

$$\int_0^a dx \int_0^\infty e^{-xy} |\sin x| \, dy = \int_0^a \frac{|\sin x|}{x} \, dx \le a$$

と評価されるので Tonelli によりわかる. そこで Fubini が使えて,

$$\int_0^a \frac{\sin x}{x} \, dx = \int_0^a dx \sin x \int_0^\infty e^{-xy} \, dy = \int_0^\infty dy \int_0^a e^{-xy} \sin x \, dx.$$

最後の積分に, $\displaystyle \int_0^a e^{(i-y)x} \, dx = \frac{1}{i-y} e^{(i-y)a} - \frac{1}{i-y}$ の虚部である

$$\int_0^a e^{-xy} \sin x \, dx = \frac{1}{y^2+1} - \frac{e^{-ay}}{y^2+1}(\cos a + y \sin a)$$

を代入すると,

$$\int_0^a \frac{\sin x}{x} \, dx = \int_0^\infty \frac{1}{y^2+1} \, dy - \int_0^\infty \frac{e^{-ay}}{y^2+1}(\cos a + y \sin a) \, dy.$$

さらに内積の不等式 $|\cos a + y \sin a| \le \sqrt{y^2+1}$ に注意すれば, $a \to \infty$ のとき, 最後の被積分関数が可積分関数 e^{-y} $(y \ge 0)$ で押えられ 0 に各点収束するので, 押え込み収束定理により,

$$\lim_{a \to \infty} \int_0^a \frac{\sin x}{x} \, dx = \int_0^\infty \frac{1}{y^2 + 1} \, dy = \frac{\pi}{2}.$$

第5章　問

5.1　これは，$(a^p + b^p)/(a + b)^p$ $(a, b > 0)$ の最小値が 2^{1-p} であることを書き直した $|f(x) + g(x)|^p \le 2^{p-1}(|f(x)|^p + |g(x)|^p)$ を積分するだけである.

5.2　バナッハの判定法を使う. $L^\infty(X, \mu)$ における関数列 (f_n) で $\sum_n \|f_n\|_\infty < \infty$ を満たすものに対して，$N_n = [|f_n| > \|f_n\|_\infty]$ が零集合となることから $N = \bigcup_n N_n$ も零集合で，$\sum_n |f_n(x)| \le \sum_n \|f_n\|_\infty < \infty$ $(x \notin N)$ より，$\sum_n f_n$ は $X \setminus N$ 上で一様に絶対収束する. その極限関数を f とおけば，

$$\left\| f - \sum_{k=1}^n f_k \right\|_\infty \le \sum_{k=n+1}^\infty \|f_k\|_\infty \to 0 \qquad (n \to \infty)$$

となって，判定条件が満たされる.

5.3　$|f(x)| \le \|f\|_\infty$ (a.e. $x \in X$) であるから，

$$\left| \int f(x) g(x) \, \mu(dx) \right| \le \int |f(x)||g(x)| \, \mu(dx) \le \|f\|_\infty \|g\|_1$$

より，いずれもノルムが右辺の量を押える. したがって，逆向きの不等式が問題. (i) は簡単で，$f(x) = \overline{g(x)}/|g(x)|$ $(g(x) \ne 0)$, $f(x) = 0$ $(g(x) = 0)$ が $\|g\|_1$ を実現する.

(ii) は $\|f\|_\infty > 0$ のときが問題. $\mu([|f| \ge \|f\|_\infty - \epsilon]) > 0$ $(0 < \epsilon < \|f\|_\infty)$ であるから，半有限性を使って，$A \in \mathcal{B}$ を $A \subset [|f| \ge \|f\|_\infty - \epsilon]$ かつ $0 < \mu(A) < \infty$ であるようにとる. そして，$f(x) \ne 0$ $(x \in A)$ に注意して，

$$g(x) = \begin{cases} \overline{f(x)}/|f(x)|\mu(A) & (x \in A) \\ 0 & (x \notin A) \end{cases}$$

とおけば，$g \in L^1(X, \mu)$ かつ $\|g\|_1 = 1$ であり，

$$\int_X f(x) g(x) \, \mu(dx) = \frac{1}{\mu(A)} \int_A |f(x)| \, \mu(dx) \ge \|f\|_\infty - \epsilon$$

となることからわかる.

5.4　$f \in \ell^p(X)$ に対して，$[f \ne 0]$ が可算集合となることから，それを $(x_n)_{n \ge 1}$ と一列に並べると，$\sum |f(x_n)|^p < \infty$ であり，どのように小さく $\epsilon > 0$ をとっても，$\sum_{k > n} |f(x_k)|^p \le \epsilon^p$ となる $n \ge 1$ が存在する. そこで，$\{x_k \, ; \, 1 \le k \le n\}$ で支えられた $f_n \in \ell(X)$ を $f_n(x_k) = f(x_k)$ $(1 \le k \le n)$ で定めると，$\|f - f_n\|_p \le \epsilon$ となる.

次に，$(f_n) \in \ell(X)$ が $f \in \ell^\infty(X)$ にノルム収束すれば，f は可算集合 $\bigcup[f_n \neq 0]$ で支えられ，さらに $[f \neq 0]$ が無限集合のとき，$\forall \epsilon > 0$，$\|f - f_n\|_\infty \leq \epsilon$ となる n があることから，有限集合 $F = [f_n \neq 0]$ は，$|f(x)| \leq \epsilon$ $(x \notin F)$ を満たす．逆に $f \in \ell^\infty(X)$ がこの性質をもてば，どのように小さい $\epsilon > 0$ に対しても，$\|f - f_F\|_\infty \leq \epsilon$ となる $f_F \in \ell(X)$ がとれるので，$\ell(X)$ の閉包に入る．

5.5　X が無限集合であれば，$f \in \ell^p(X)$ は $\lim_{x \to \infty} f(x) = 0$ を満たすので，$\sum |f(x)|^p$ よりも $\sum |f(x)|^r$ $(r > p)$ の方が収束しやすく，$f \in \ell^r(X)$ である．

$\mu(X) < \infty$ であれば，$f \in L^{r'}(X, \mu)$ $(1 \leq r < r')$ のとき，$p = r'/r > 1$ と $q = p/(p-1)$ についてヘルダー不等式を使えば，

$$\int |f(x)|^r \, \mu(dx) \leq \left(\int |f(x)|^{rp} \, \mu(dx) \right)^{1/p} \left(\int 1^q \, \mu(dx) \right)^{1/q}$$
$$= \|f\|_{r'}^{r'/p} \mu(X)^q < \infty$$

より $f \in L^r(X, \mu)$ がわかる．

5.6　前半は，有界可測関数の段々近似が一様収束を引き起こすことによる．後半について，$\ell(\mathbb{N})$ の個数測度ですでに成り立たないことは $L(X, \mu) = \ell(\mathbb{N})$ と問 5.4 からわかる．

5.7　これは，対応 $\ell^2(\mathbb{Z}) \to L^2(\mathbb{R}/\mathbb{Z})$ がユニタリーであることと，フーリエ係数を取り出すことが逆の対応であることによる．具体的な等式は，$(te^{-2\pi i n t})' = e^{-2\pi i n t} - 2\pi i n t e^{-2\pi i n t}$ より，

$$f(n) = \int_0^1 t e^{-2\pi i n t} \, dt = \begin{cases} \dfrac{i}{2\pi n} & (n \neq 0), \\[2mm] \dfrac{1}{2} & (n = 0) \end{cases}$$

となるので，$\int_0^1 t^2 \, dt = 1/3$ と合わせて少し書き直せば，$\displaystyle\sum_{n=1}^\infty \frac{1}{n^2} = \frac{\pi^2}{6}$ を得る．

第5章　問題

5.A　f_n を $f_n - f$ で置き換え，$f = 0$ としてよい．(i) $p = \infty$ であれば，$\mu([|f_n| > \|f_n\|_\infty]) = 0$ による．$1 \leq p < \infty$ であれば，$\epsilon^p 1_{[|f_n| \geq \epsilon]} \leq |f_n|^p$ を積分して得られる $\epsilon^p \mu([|f_n| \geq \epsilon]) \leq \|f_n\|_p^p$ よりわかる．

(ii) $\epsilon = 1/k$ に対して n を十分大きくとると $\mu([|f_n| \geq 1/k]) \leq 1/2^k$ となるので，$\mu([|f_{n_k}| \geq 1/k]) \leq 1/2^k$ となる部分列 (n_k) が順次とれる．そこで，$A_l = \bigcup_{k \geq l}[|f_{n_k}| \geq 1/k]$ とおくと，$\mu(A_l) \leq \sum_{k \geq l} 1/2^k = 2/2^l$ より $N = \bigcap_{l \geq 1} A_l$ は零集合となり，$x \notin N$ に

対しては $x \notin A_l$ となる $l \geq 1$ があるので, $|f_{n_k}(x)| < 1/k \ (k \geq l)$ より $\lim_{k \to \infty} f_{n_k}(x) = 0$ がわかる.

(iii) $B_{n,k} = [|f_n| \leq 1/k]$ とすると, $[\lim_n f_n = 0] = \bigcap_{k \geq 1} \bigcup_{m \geq 1} \bigcap_{n \geq m} B_{n,k}$ であることから, この測度が $\mu(X)$ に一致する. そこで k について $B_{n,k} \downarrow$ を使い

$$\mu(X) \leq \mu\Big(\bigcup_{m \geq 1} \bigcap_{n \geq m} B_{n,k} \Big) = \lim_{m \to \infty} \mu\Big(\bigcap_{n \geq m} B_{n,k} \Big)$$
$$\leq \liminf_{n \to \infty} \mu(B_{n,k}) \leq \limsup_{n \to \infty} \mu(B_{n,k}) \leq \mu(X)$$

のように評価すれば, $\mu(X) = \lim_n \mu(B_{n,k})$ となり, $\mu(X) < \infty$ より $\lim_n \mu(X \setminus B_{n,k}) = 0 \ (k \geq 1)$ を得る. そこで $[|f_n| \geq 2/k] \subset X \setminus B_{n,k}$ に注意して, f が 0 に測度収束することがわかる.

さらに $m(k)$ を $\mu(X) - \mu(\bigcap_{n \geq m(k)} B_{n,k}) \leq 2^{-k} \epsilon$ であるようにとり, $B = \bigcap_{k \geq 1} \bigcap_{n \geq m(k)} B_{n,k}$ とおけば,

$$\mu(X \setminus B) \leq \sum_{k \geq 1} \mu\Big(X \setminus \bigcap_{n \geq m(k)} B_{n,k} \Big) \leq \epsilon$$

であり, かつ $x \in B$ ならば, $\forall k \geq 1, \forall n \geq m(k), x \in B_{n,k} \iff |f_n(x)| \leq 1/k$.

5.B 与えられた凸不等式を積分すれば, $\|f\|_p = 1 = \|g\|_q$ のとき $\int f(x)g(x)\,\mu(dx) \leq 1$ が得られ, これは斉次性により積分型ヘルダー不等式を意味する. ノルム不等式は, ヘルダー不等式を2度使い

$$\|f+g\|_p^p \leq \int_X |f(x)||f(x)+g(x)|^{p-1}\,\mu(dx) + \int_X |g(x)||f(x)+g(x)|^{p-1}\,\mu(dx)$$
$$\leq \|f\|_p \||f+g|^{p-1}\|_q + \|g\|_p \||f+g|^{p-1}\|_q = (\|f\|_p + \|g\|_p)\|f+g\|_p^{p/q}$$

と評価すれば得られる.

5.C $p'' = \infty$ のときは, $|f|^p \leq \|f\|_\infty^{p-p'}|f|^{p'}$ を積分した $\|f\|_p^p \leq \|f\|_\infty^{p-p'}\|f\|_{p'}^{p'}$ からわかる.

$p'' < \infty$ のときは $p = tp' + (1-t)p'' \ (0 < t < 1)$ と表わし, $|f|^p = (|f|^{p'})^t(|f|^{p''})^{1-t}$ にヘルダー不等式を使うと, $\|f\|_p^p \leq \|f\|_{p'}^{tp'}\|f\|_{p''}^{(1-t)p''}$ のように評価されることからわかる.

5.D Φ_p が全単射であることは, $|\Phi_p(f)| = |f|^p$ および $h = \Phi_p(f)$ から $f = h|h|^{(1-p)/p}$ のように f が復元することによる.

Φ_p の不等式は, 複素数 z, w について成り立つ不等式

$$2^{1-p}|z-w|^p \leq \Big| z|z|^{p-1} - w|w|^{p-1} \Big| \leq p|z-w|\Big(|z|^{p-1} \vee |w|^{p-1} \Big)$$

を $z = f(x)$, $w = g(x)$ に使って積分すればわかる. ただし, 右側の不等式では, $p|f - g|(|f|^{p-1} \vee |g|^{p-1}) \le p|f - g|(|f|^{p-1} + |g|^{p-1})$ と再評価し, 積関数 $|f - g||f|^{p-1}$ と $|f - g||g|^{p-1}$ にヘルダー不等式を使う.

複素数の不等式自体は, 斉次性により $|z| > 1 = w$ の場合を示せばよく, これは $z = re^{-i\theta}$ ($0 \le \theta \le \pi$, $r > 1$) と表わし, 下記の比をまず θ で最大化し, 次に r について評価することで

$$\frac{|r - e^{i\theta}|^p}{|r^p - e^{i\theta}|} \le \frac{|r - e^{i\theta}|}{|r^p - e^{i\theta}|}(r+1)^{p-1} \le \frac{(r+1)^p}{r^p + 1} \le 2^{p-1},$$

$$\frac{|r^p - e^{i\theta}|}{|r - e^{i\theta}|} \le \frac{r^p - 1}{r - 1} \le pr^{p-1}$$

のようにわかる.

5.E 一次式での変数変換により, $U = (0,1)$ としてよい. 一般に, $1/p + 1/q = 1/r$ ($1 \le r < \infty$) であれば, ヘルダー不等式により, $\|fg\|_r \le \|f\|_p\|g\|_q$ となるので, $1/p + 1/q \le 1$ ならば, $L^p(U)L^q(U) \subset L^r(U) \subset L^1(U)$ である. 反対に, $1/p + 1/q > 1$ であれば, $s < 1/p$, $t < 1/q$ かつ $s + t > 1$ となる $s, t > 0$ がとれ, $f_s(x) = 1/x^s$ ($x \in U$) は $f_s \in L^p(U)$, $f_t \in L^q(U)$ および $f_s f_t \notin L^1(U)$ を満たすので, $L^p(U)L^q(U) \subset L^1(U)$ とはならない.

第6章 問

6.1 $\ell^p \subset \ell^2$ ($1 \le p \le 2$), $L^p([a,b]) \subset L^2([a,b])$ ($2 \le p \le \infty$) は, 密部分空間である. 他に $\ell \subset \ell^2$ とか $C([a,b]) \subset L^2([a,b])$. $C_c((a,b)) \subset L^2([a,b])$ も密であるが, それを見るための手っ取り早い方法は, 有界各点収束により区間の指示関数をとり, それを用いて連続関数を段々近似する (命題 3.44) ことである.

6.2 $\|v_n - v\| \to 0$, $\|w_n - w\| \to 0$ のとき,

$$|(v_n|w_n) - (v|w)| \le |(v_n - v|w_n)| + |(v|w_n - w)|$$

$$\le \|v_n - v\|\|w_n\| + \|v\|\|w_n - w\|$$

$$\le \|v_n - v\|(\|w_n - w\| + \|w\|) + \|v\|\|w_n - w\| \to 0.$$

6.3 どれもひと目ではあるが, ノルム不等式であれば, $|\varphi(v) + \psi(v)| \le |\varphi(v)| + |\psi(v)| \le \|\varphi\| + \|\psi\|$ で $v \in V_1$ について上限をとればよい.

6.4 φ が有界であれば, $|\varphi(v) - \varphi(w)| \le \|\varphi\|\|v - w\|$ から φ はノルム連続である.

逆に φ がノルム連続であれば, $0 \in V$ での連続性から, 開球 $B_r(0) = \{v \in V ; \|v\| < r\} \supset (r/2)V_1$ の半径 $r > 0$ を小さくとることにより $|\varphi(v)| \le 1$ ($v \subset B_r(0)$) とできるので, とくに $|\varphi(v)| \le 2/r$ ($v \in V_1$) となり φ は有界である.

6.5 内積不等式から $\|v^*\| \le \|v\|$ であり，とくに $v=0$ のときは $\|v^*\|=0=\|v\|$ のように一致する．そこで，$0 \ne v \in V$ とすると，$v/\|v\| \in V_1$ であり，$v^*(v/\|v\|) = \|v\|$ となることから，$\|v\| \le \|v^*\|$ もわかる．

6.6 $\mu(A)=0$ のとき，$A_n = A \cap [\rho \le n]$ は $\nu(A_n) \le n\mu(A) = 0$ を満たし，$A_n \uparrow A$ および $\nu(A_n) \uparrow \nu(A)$ となることから，$\nu(A)=0$ がわかる．また $X_n \uparrow X$ $(\mu(X_n) < \infty)$ と表わせるならば，$\nu(X_n \cap [\rho \le n]) < \infty$ であり，$X_n \cap [\rho \le n] \uparrow X$ であるから，ν は σ 有限である．

$h_n \uparrow h$ となる単純関数列 h_n を用意し，単調収束定理（系 3.45）をくり返せば，

$$\langle h \rangle_{\rho\mu} = \lim_{n\to\infty} \langle h_n \rangle_{\rho\mu} = \lim_{n\to\infty} \langle h_n \rho \rangle_\mu = \langle h\rho \rangle_\mu.$$

とくに，$(h(\rho\mu))(A) = \langle 1_A h \rangle_{\rho\mu} = \langle 1_A h\rho \rangle_\mu = ((h\rho)\mu)(A)$ $(A \in \mathcal{B})$ である．

ついでながら，この「結合法則」から連鎖律が導かれる．実際，$\left(\frac{\nu}{\mu}\frac{\mu}{\lambda}\right)\lambda = \frac{\nu}{\mu}\left(\frac{\mu}{\lambda}\lambda\right) = \frac{\nu}{\mu}\mu = \nu$ となるので，密度関数の一意性から $\frac{\nu}{\lambda} = \frac{\nu}{\mu}\frac{\mu}{\lambda}$ （λ-a.e.）である．

6.7 $\mathcal{B}$ における分割 $X = A_0 \sqcup A \sqcup A_1$ で，$\mu(A_0) = 0 = \nu(A_1)$ かつ $\mu|_A \sim \nu|_A$ となるものが他にあったとせよ．積分表示 $\int_X 1_{A_0} h \, d\omega = 0 = \int_X 1_{A_1}(1-h) \, d\omega$ から $\omega(A_0 \setminus B_0) = 0 = \omega(A_1 \setminus B_1)$ となるので，$\omega(B_0 \setminus A_0) = 0 = \omega(B_1 \setminus A_1)$ がわかれば，2つの分割 $A_0 \sqcup A \sqcup A_1$ と $B_0 \sqcup B \sqcup B_1$ は ω に関する零集合の違いしかないことになる．

さて，$\mu(B_0) = 0$ であるから $\omega(B_0 \setminus A_0) = 0$ は $\nu(B_0 \setminus A_0) = 0$ と同じこと．一方，$\nu(A_1) = 0$ より $\nu(B_0 \setminus A_0) = \nu(B_0 \setminus (A_0 \cup A_1)) = \nu(B_0 \cap A)$ である．ここで $\mu(B_0 \cap A) \le \mu(B_0) = 0$ と $\mu|_A \sim \nu|_A$ を使えば，$\mu(B_0 \cap A) = 0$ から $\nu(B_0 \cap A) = 0$ が，したがって $\omega(B \setminus A_0) = \nu(B_0 \setminus A_0) = 0$ がわかる．$\omega(B_1 \setminus A_1) = 0$ についても同様．

6.8 $f\nu^{1/p} \in L^p(X,\nu)$ と $g\nu^{1/q} \in L^q(X,\nu)$ の埋め込み先が $f(\nu/\mu)^{1/p}\mu^{1/p}$，$g(\nu/\mu)^{1/q}\mu^{1/q}$ であることに注意して，それぞれの対形式が，次のように一致することによる．

$$\int_X f(x)g(x)\,\nu(dx) = \int_X f(x)g(x)\frac{\nu}{\mu}(x)\,\mu(dx)$$
$$= \int_X f(x)(\nu/\mu(x))^{1/p}g(x)(\nu/\mu(x))^{1/q}\,\mu(dx).$$

6.9 $s \ne t$ のとき，$\mu = \mu_s + \mu_t$ とおけば，$(\mu_s/\mu)(x) = \delta_{s,x}$，$(\mu_t/\mu)(x) = \delta_{t,x}$ となるので，$\|\mu_s^{1/p} - \mu_t^{1/p}\|_p^p = \int_{\mathbb{R}} |\delta_{s,x} - \delta_{t,x}|^p \, \mu(dx) = 2$ である．

6.10 仮に右辺を $|\lambda|_0(A)$ と書く．空集合を挿入することで $|\lambda|_0(A) \le |\lambda|(A)$ がわかるので，逆の不等式 $|\lambda|(A) \le |\lambda|_0(A)$ を示す．$|\lambda|(A) \le \|\lambda\| < \infty$ であることから，$\forall \epsilon > 0$, $\exists \bigsqcup_{j=1}^\infty A_j = A$, $|\lambda|(A) - \epsilon \le \sum |\lambda(A_j)|$ となるので，$\sum_j |\lambda(A_j)| \le$

$|\lambda|(A) < \infty$ とあわせて，$\exists n \geq 1$, $\sum_{j>n} |\lambda(A_j)| \leq \epsilon$ のように枝葉部分を取り分け，$A' = \bigsqcup_{j>n} A_j \in \mathcal{B}$ とまとめ置くと，$A = A_1 \sqcup \cdots \sqcup A_n \sqcup A'$ かつ

$$|\lambda(A_1)| + \cdots + |\lambda(A_n)| + |\lambda(A')| \geq \sum_{j=1}^{\infty} |\lambda(A_j)| - \sum_{j>n} |\lambda(A_j)|$$
$$\geq \sum_{j=1}^{\infty} |\lambda(A_j)| - \epsilon \geq |\lambda|(A) - 2\epsilon$$

となって，$|\lambda|(A) - 2\epsilon \leq |\lambda|_0(A)$ がわかる．

6.11 極分解 $\lambda = u|\lambda|$ は，この場合，実数関数として $u : X \to \{\pm 1\}$ であるから，$S = [u=1]$ が欲しい性質を満たし，逆に S は $u = 1_S - 1_{X \setminus S}$ により u を復元する．

6.12 各 g_n の支えが互いに共通部分をもたないことから，$\|g\|_q = (\sum_n \|g_n\|_q^q)^{1/q} < \infty$ であることに注意する．さて，与えられた $\epsilon > 0$ に対して，有限集合 $F \subset \mathbb{N}$ を $\sum_{n \notin F} \|g_n\|_q^q \leq \epsilon^q$ ととれば，$F \subset G \subset \mathbb{N}$ である有限集合 G について，

$$\left\| g - \sum_{n \in G} g_n \right\|_q = \left\| \sum_{n \notin G} g_n \right\|_q = \left(\sum_{n \notin G} \|g_n\|_q^q \right)^{1/q} \leq \left(\sum_{n \notin F} \|g_n\|_q^q \right)^{1/q} \leq \epsilon$$

となって，これは (g_n) の総和が g であることを意味する．

第 6 章 問題

6.A 完備性の問題であるが，これは有界連続関数空間の一様ノルムに関する完備性と同じく素直に示される．

$$\lim_{m,n \to \infty} \|\varphi_m - \varphi_n\| = 0$$

とすると，勝手な $v \in V$ に対して $(\varphi_n(v))_{n \geq 1}$ がコーシー列になり，複素数の完備性から，

$$\varphi(v) = \lim_n \varphi_n(v)$$

が存在する．極限をとる前の関数 φ_n が線型であることから，極限関数 φ も線型．

φ の有界性を示す．$\forall \epsilon > 0$, 十分大きい N に対して，$\|\varphi_m - \varphi_n\| \leq \epsilon$ $(m, n \geq N)$ であり，

$$\|\varphi_m(v) - \varphi_n(v)\| \leq \|\varphi_m - \varphi_n\| \|v\| \leq \epsilon \|v\|$$

がすべての v について成り立ち，さらに $m \to \infty$ とすれば，$\|\varphi(v) - \varphi_n(v)\| \leq \epsilon \|v\|$

なる不等式が得られる. これは, 線型汎関数 $\varphi - \varphi_n$ が有界で $\|\varphi - \varphi_n\| \leq \epsilon$ $(n \geq N)$ を意味するから, $\varphi = (\varphi - \varphi_n) + \varphi_n$ も有界であり $\lim_{n \to \infty} \|\varphi - \varphi_n\| = 0$ となる.

6.B　見かけ上強い条件を否定すれば, $\exists \epsilon > 0, \forall \delta > 0, \exists A \in \mathcal{B}, \mu(A) \leq \delta, \nu(A) > \epsilon$ であり, $\mathcal{B}$ における列 $(A_n)_{n \geq 1}$ で, $\mu(A_n) \leq 1/2^n$ かつ $\nu(A_n) > \epsilon$ $(n \geq 1)$ となるものがとれる. そこで $B_n = \bigcup_{k \geq n} A_k$ とおけば, $B_n \downarrow$ であり, $\mu(B_n) \leq \sum_{k \geq n} \mu(A_k) \leq 2/2^n$ の極限として $B = \bigcap B_n$ は $\mu(B) = 0$ を満たす.（問題 5.A と同じく Borel–Cantelli である.）一方で, $\nu(B_n) \geq \nu(A_n) > \epsilon$ であり $\nu(B_1) \leq \nu(X) < \infty$ から, $\nu(B) = \lim \nu(B_n) \geq \epsilon$ となるので, ν は μ に関して絶対連続ではない.

6.C　ほぼ定理 6.29 の証明のくり返しである. 有界汎関数 $\phi : L^p(X, \mathcal{B}) \to \mathbb{C}$ を $L^p(X, \mu) \subset L^p(X, \mathcal{B})$ に制限したものを $\phi_\mu : L^p(X, \mu) \to \mathbb{C}$ で表わす. 一方,

$$\|\phi\| = \sup\{|\phi(f\nu^{1/p})| \, ; \, f \in L^p(X, \nu)_1, \, \nu \,も動かして\,\}$$

から, $\|\phi\| = \sup\{|\phi(f\mu^{1/p})| \, ; \, f \in L^p(X, \mu)_1\}$ すなわち $\|\phi\| = \|\phi_\mu\|$ となる有界測度 μ が存在する（定理 6.19 の証明参照）. ここで双対性を使うと, $g \in L^q(X, \mu)$ により $\phi_\mu(f\mu^{1/p}) = \langle f, g \rangle_\mu$ と表わされ, さらに $\phi(f\nu^{1/p}) = \langle f\nu^{1/p}, g\mu^{1/q} \rangle$ $(f\nu^{1/p} \in L^p(X, \mathcal{B}))$ が成り立つ.

これを見るために, ν を μ と同値以下 ($\prec \mu$) の部分と直交する部分にルベーグ分解する. $\nu \prec \mu$ であれば, $L^p(X, \nu) \subset L^p(X, \mu)$ $(\subset L^p(X, \mathcal{B}))$ より上の積分表示は正しい. $\nu \perp \mu$ のときは $\phi(f\nu^{1/p}) = 0$ すなわち $\phi_\nu = 0$ となり, やはり積分表示が成り立つ. 実際, 簡単な計算から

$$\sup\{|\phi(f\nu^{1/p} + h\mu^{1/p})| \, ; \, \|f\nu^{1/p} + h\mu^{1/p}\|_p \leq 1\} = (\|\phi_\nu\|^q + \|\phi_\mu\|^q)^{1/q}$$

となり, これが $\|\phi\| = \|\phi_\mu\|$ 以下であるためには $\|\phi_\nu\| = 0$ でなければならない.

6.D　まず, $|\lambda| \leq |w|\mu$ は素直にわかるので, 問題は逆の不等式 $\int_A |w(x)| \, \mu(dx) \leq |\lambda|(A)$ $(A \in \mathcal{B})$ である. 単純関数近似（[11] 9.10 参照）の方が形式的で短めなれど, 状況がより実感できると思われる値域分割で示す.

分点集合 $\varrho = \{0 < r_1 < \cdots < r_m\}$ により $\mathbb{C}$ を $D_j = [r_j \leq |z| < r_{j+1}]$ と輪切りにし, D_j をさらに細分割 $D_j = \bigsqcup D_{j,k}$ し, 直径を $d(D_{j,k}) \leq r_j \epsilon$ であるようにする. 代表値 $z_{j,k} \in D_{j,k}$ を選んでおいて, 不等式

$$\left| \int_{w^{-1}(D_{j,k}) \cap A} z_{j,k} \, \mu(dx) \right| \leq \int_{w^{-1}(D_{j,k}) \cap A} |w(x) - z_{j,k}| \, \mu(dx)$$
$$+ \left| \int_{w^{-1}(D_{j,k}) \cap A} w(x) \, \mu(dx) \right|$$

を $(|z_{j,k}| \geq r_j, d(D_{j,k}) \leq r_j \epsilon$ に注意して)

$$\left| \int_{w^{-1}(D_{j,k}) \cap A} w(x)\, \mu(dx) \right|$$

$$\geq |z_{j,k}| \mu(w^{-1}(D_{j,k}) \cap A) - d(D_{j,k}) \mu(w^{-1}(D_{j,k}) \cap A)$$

$$\geq (1 - \epsilon) r_j \mu(w^{-1}(D_{j,k}) \cap A)$$

のように評価し直し，A を $\bigsqcup_{j,k} w^{-1}(D_{j,k}) \cap A$ とその残りの分割和で表わせば，

$$|\lambda|(A) \geq \sum_{j,k} \left| \int_{w^{-1}(D_{j,k}) \cap A} w(x)\, \mu(dx) \right| \geq (1 - \epsilon) \sum r_j \mu(w^{-1}(D_j) \cap A)$$

$$= (1 - \epsilon) \int_A |w|'_{\varrho}(x)\, \mu(dx)$$

を得る．ただし，

$$|w|'_{\varrho} = \sum_{j=1}^{m-1} r_j 1_{[r_j \leq |w| < r_{j+1}]} \leq |w|_{\varrho}$$

である．そこで，$|\varrho| \to 0$ という極限をとれば，$|w|'_{\varrho}$ も $|w|_{\varrho}$ と同様に下から $|w|$ を近似するので $|\lambda|(A) \geq (1 - \epsilon) \int_A |w(x)|\, \mu(dx)$ となり，逆向きの不等式がわかる．

6.E 最後の評価式以外は素直にわかる．一番簡単なのが左側の不等式で，$|\lambda(A)| \leq |\lambda(A)| + |\lambda(B \setminus A)| \leq |\lambda|_0(B)$ とするだけ．

(i) は，$A = \bigsqcup_{j=1}^n A_j$ のとき，$|\lambda|_0(A) = \sum_{j=1}^n |\lambda|_0(A_j)$ ということで，実際，細分割 $A_j = \bigsqcup_k A_{j,k}$ により $|\lambda|_0(A_j)$ を近似すれば，$A = \bigsqcup_{j,k} A_{j,k}$ に注意して，

$$\sum_{j=1}^n |\lambda|_0(A_j) \approx \sum_{j,k} |\lambda(A_{j,k})| \leq |\lambda|_0(A)$$

より右辺 ≤ 左辺がわかる．逆の不等式は，$|\lambda|_0(A) \approx \sum_l |\lambda(B_l)|$ $(A = \bigsqcup_l B_l)$ として

$$\sum_l |\lambda(B_l)| \leq \sum_{j,l} |\lambda(A_j \cap B_l)| \leq \sum_j |\lambda|_0(A_j)$$

からわかる．

最後に π が入った評価式は，次の半平均不等式を $\sum_{j=1}^n |\lambda(B_j)| \leq \pi| \sum_{j \in J} \lambda(B_j)|$ という形で使うとわかる．

半平均不等式 複素数の有限列 $(z_j)_{1 \leq j \leq n}$ に対して，$\sum_{j=1}^n |z_j| \leq \pi| \sum_{j \in J} z_j|$ となる有限部分集合 $J \subset \{1, \ldots, n\}$ が存在する．

【証明】　$\mathbb{C}$ のユークリッド内積を $(z|w) = \mathrm{Re}(z\overline{w})$ で表わし，$(z|w)_+ = 0 \vee (z|w)$ とおく．絶対値が 1 の複素数 u の連続関数 $\sum_j (z_j|u)_+$ を最大にする $v \in \mathbb{C}$ $(|v| = 1)$ を使って $J = \{j \,;\, (z_j|v) > 0\}$ とおけば，

$$\sum_{j=1}^{n} (z_j|u)_+ \le \sum_{j=1}^{n} (z_j|v)_+ = \Big(\sum_{j \in J} z_j \Big| v\Big) \le \Big| \sum_{j \in J} z_j \Big|$$

となるので，u についての平均をとり，

$$\int_{|u|=1} (z|u)_+ \, du = \frac{1}{2\pi} \int_{-\pi}^{\pi} (z|e^{i\theta} z/|z|)_+ \, d\theta$$
$$= \frac{1}{2\pi} \int_{-\pi/2}^{\pi/2} (z|e^{i\theta} z/|z|) \, d\theta = \frac{|z|}{2\pi} \int_{-\pi/2}^{\pi/2} \cos\theta \, d\theta = \frac{|z|}{\pi}$$

に注意すれば，求める半平均不等式が得られる．　　■

6.F　(i) は $\mu(A) = 0$ となるボレル集合 A が空集合しかないから．(ii) $\nu(A) > 0$ ならば $A \in \mathcal{B}(\mathbb{R})$ は無限集合となり，$r\mu(A) = \infty$ であることによる．(iii) ボレル集合 $B \ne \emptyset$ に対して，$\nu(\{b\}) = 0$ かつ $\mu(\{b\}) = 1$ $(b \in B)$ であるから，$\mu|_B \sim \nu|_B$ とはならない．

仮にルベーグ分解 $X = B_0 \sqcup B \sqcup B_1$ があったとすると，(iii) から $B = \emptyset$ であり，これは $\mu \perp \nu$ を意味するので (ii) に反する．

第7章　問

7.1　零でない実数倍は順序同型か反同型になるので $M(\mathrm{Re}\,L)$ を保つ．$f \diamond g$ については和の証明をなぞる．

7.2　$\{f' : X \to \mathbb{R} \,;\, f' \circ \phi \in M(\mathrm{Re}\,L)\}$ が $\mathrm{Re}\,L'$ を含む単調族となり，したがって $M(\mathrm{Re}\,L')$ を含むからである．

7.3　(i) $\mathrm{Re}\,L \subset L_\uparrow \cap L_\downarrow$ であることは同一関数列をとればよい．$L_\uparrow = -L_\downarrow$ は順序反転 $f \mapsto -f$ についての対称性から．(ii), (iii) はそれぞれの操作が単調収束を保つことからわかる．

7.4　$(\mp f) \vee 0$ の支えがコンパクトとならないからである．

7.5　$L_\uparrow$ が右辺に含まれることは簡単にわかるので，右辺に属する関数 f が $L_\uparrow$ の元であることを示そう．

(i) $f \ge 0$ のときは，命題 B.5 により正しいので，以下 $[f < 0] \ne \emptyset$ とする．

(ii) $[f \le -r]$ $(r > 0)$ はコンパクトであることから，f は $[f \le -r]$ の上で最小値をもつ．とくに f は最小値 $s < 0$ をもつ．

(iii) (ii) より $f \ge s 1_{[f<0]}$ であり，$g \in C_c(\mathbb{R}^d)^+$ を大きくとることで $f + g \ge 0$ と

できるので，再び命題 B.5 により $h_n \uparrow (f+g)$ $(h_n \in C_c(\mathbb{R}^d))$ と表わされ，し
たがって $(h_n - g) \uparrow f$ $(h_n - g \in \mathrm{Re}\,L)$ である．

7.6 これは $f = 0$ と $g = \infty 1_X \in L_\uparrow$ に (i) を適用する．

7.7 右辺に入る関数 f は $f \wedge 0$ が可積分．問 7.4 と同じ音色．

7.8 命題 3.37 で与えた「見える」証明は役に立たないので，命題 7.21 の利用を
考える．まず，実関数 f について，$[|f|^\alpha \geq r] = [f_+ \geq r^{1/\alpha}] \cup [f_- \geq r^{1/\alpha}]$ であり，
$f \in \mathrm{Re}\,M(L) \iff f_\pm \in M(L)^+$ であるから，(i) より $|f|^\alpha \in M(L)$ がわかる．とく
に $f^2 \in M(L)$ であり，$4fg = (f+g)^2 - (f-g)^2 \in M(L)$ $(f, g \in \mathrm{Re}\,M(L))$ となる
ことから，$M(L)$ は積で閉じている．

複素関数 $f + ig$ については，$|f + ig|^\alpha = (f^2 + g^2)^{\alpha/2}$ で，$f^2 + g^2 \in M(L)^+$ に注
意すれば，正関数の冪として $M(L)$ に属する．

7.9 $L = L(\mathcal{B}_1) \otimes \cdots \otimes L(\mathcal{B}_n)$, $\mathcal{B} = \mathcal{B}_1 \otimes \cdots \otimes \mathcal{B}_n$ とすると，$L \subset L(\mathcal{B})$ である
から，$M(L) \subset M(L(\mathcal{B}))$ が当然成り立ち，例 7.5 により $\mathcal{M}(L) \subset \mathcal{M}(L(\mathcal{B})) = \mathcal{B}$ で
ある．一方，$\mathcal{M}(L)$ は σ 代数で $\mathcal{B}_1 \times \cdots \times \mathcal{B}_n$ を含むことから，$\mathcal{M}(L) \supset \mathcal{B}$ となり，
$\mathcal{M}(L)$ と $\mathcal{B}$ は一致する．

7.10 命題の証明と同じ記号の下，切り落とし条件 $g_n \wedge 1_X \in L^+$ に注意すると，
$g_n \wedge 1_X \uparrow 1_X$ は $L_\uparrow$ に属する．

第7章 問題

7.A 一般に，$L_\uparrow$ の関数は下半連続で $L_\downarrow$ の関数は上半連続であるから前段がわ
かる．後段は $f_n \uparrow f$ $(f_n \in C_c(X))$ のとき，$[f < 0] \subset [f_1 < 0] \subset [f_1]$ であるから，
$\overline{[f < 0]}$ はコンパクト．同様に $f_n \downarrow f$ から $\overline{[f > 0]}$ がコンパクトであるから，f の支え
$[f] = \overline{[f < 0]} \cup \overline{[f > 0]}$ もコンパクトである．

7.B 定義から $f \in L(\mathcal{B})_\uparrow$ は $(-\infty, \infty]$ に値をとる下に有界な可測関数であり，逆
は問 7.5 の解答のように関数の上げ下げと段々近似を組み合わせる．

$\mathcal{B}$ 可測な実関数全体を M とすると，M が $\mathrm{Re}\,L(\mathcal{B})$ を含む単調族であるから $M \supset$
$M(\mathrm{Re}\,L(\mathcal{B}))$ である．一方，$\mathcal{B} \subset \mathcal{M}(L(\mathcal{B}))$ であり，$M(L(\mathcal{B}))$ は命題 7.21 (ii) により
$\mathcal{M}(L(\mathcal{B}))$ 可測関数全体であるから M を含み，$M \subset M(\mathrm{Re}\,L(\mathcal{B}))$ となる．ここで，
$1_X \in L(\mathcal{B})$ であるから $M(L(\mathcal{B}))$ は切り落とし条件を満たすことに注意．以上により
$M = M(\mathrm{Re}\,L(\mathcal{B}))$ がわかる．

中段はこれの複素化として成り立ち，後段は $[f > r]$ $(f \in M = M(\mathrm{Re}\,L(\mathcal{B})))$ が一
方で $\mathcal{B}$ の元を与え，他方で $\mathcal{M}(L(\mathcal{B}))$ の元を与えることからわかる．

7.C $L_\uparrow$ は，関数 $f : X \to (-\infty, \infty]$ で，$[f < 0]$ が有限集合かつ $[f > 0]$ が可算集
合であるもの全体．$M(L)$ は可算集合で支えられた複素関数全体であり，$\mathcal{M}(L)$ は X
の可算部分集合全体．

7.D 以下は測度の完備化が悪さをするという例である．二進展開によるカントル

集合 $C_{1/3}$ と $[0,1]$ の（可算集合での違いを除いた）同一視の下, $[0,1]$ の非可測集合 W に対応する $C_{1/3}$ の部分集合を N で表わし, ボレル同型写像 $[0,1] \to C_{1/3}$ を $\mathbb{R} \setminus [0,1]$ の上では $C_{1/3}$ 以外の実数（例えば 2）が値となるように拡張した関数を g と書く. このとき, $f = 1_N$ は零関数としてルベーグ可測であり, g はボレル関数であるが, $[f \circ g = 1] = g^{-1}(N) = W$ はルベーグ可測集合とはならない.

7.E　問題 4.G により, G が可測集合であることから関数 g の可測性を導けばよい. そのために, 少し一般化して, 可測空間 $(X, \mathcal{B})$ と σ 有限な測度空間 $(Y, \mathcal{C}, \nu)$ を考えると, $L = L(X) \otimes L(Y)$ は σ 有限なベクトル束であり, 命題 7.21 あるいは問題 7.B により, $\mathcal{M}(L)$ は L に属するすべての関数を可測にする最小の σ 代数として $\mathcal{B} \otimes \mathcal{C}$ に一致し, $M(L)$ は $\mathcal{B} \otimes \mathcal{C}$ 可測な複素関数全体に等しい. ν が σ 有限であることから $Y_n \uparrow Y$ $(\nu(Y_n) < \infty)$ と表わされ, $\eta_n = 1_X \otimes 1_{Y_n} \in L$ に対して

$$M_n = \left\{ f \in M(L) \cap [0, \eta_n] \, ; \, x \mapsto \int_Y f(x, y) \, \nu(dy) \in [0, \nu(Y_n)] \text{ は } \mathcal{B} \text{ 可測} \right\}$$

とおくと *[79], 単調収束定理のおかげで M_n は $L \cap [0, \eta_n]$ を含む単調族であり, したがって $M(L \cap [0, \eta_n]) = M(L) \cap [0, \eta_n]$ （補題 7.14）に一致する.

そこで $f \in M(L) \cap [0, 1]$ に対して, $f_n = f \wedge \eta_n \in M(L) \cap [0, \eta_n] = M_n$ とおけば $f_n \uparrow f$ より

$$\int_Y f(x, y) \, \nu(dy) = \lim_{n \to \infty} \int_Y f_n(x, y) \, \nu(dy)$$

と表わされるので, 左辺は $\mathcal{B}$ 可測関数列の極限関数として $\mathcal{B}$ 可測であることがわかる.

とくに $A \in \mathcal{B} \otimes \mathcal{C}$ に対して, $1_A \in M(L) \cap [0, 1]$ であることから, $\int_Y 1_A(x, y) \, \nu(dy) = \nu(A(x))$ は $x \in X$ について $\mathcal{B}$ 可測である. ここで, $A(x) = \{ y \in Y \, ; \, (x, y) \in A \}$ は A の $x \in X$ における切り口を表わす.

以上のことを ν が $(Y, \mathcal{C}) = (\mathbb{R}, \mathcal{B}(\mathbb{R}))$ 上のルベーグ測度（の $\mathcal{B}(\mathbb{R})$ への制限）で, A が関数 $g : X \to [0, \infty]$ の下部グラフ G の場合に適用すれば, $G \in \mathcal{B} \otimes \mathcal{B}(\mathbb{R})$ のとき, $|G(x)| = g(x)$ は $x \in X$ について $\mathcal{B}$ 可測であるとわかる.

7.F　与えられた σ 環 $\mathcal{B}$ に対して, 正関数 h についての条件 $[h > r] \in \mathcal{B}$ $(r > 0)$ と $[h \geq r] \in \mathcal{B}$ $(r > 0)$ が同値であることに注意して, この同値な条件を満たす $h \in M(L(\mathcal{B}))^+$ 全体を M^+ とすると, $L(\mathcal{B})^+ \subset M^+$ である. さらに, M^+ は単調族である. というのは, $h_n \uparrow h_\uparrow$ あるいは $h_n \downarrow h_\downarrow$ $(h_n \in M^+)$ とすると,

$$[h_\uparrow > r] = \bigcup_{n \geq 1} [h_n > r], \quad [h_\downarrow \geq r] = \bigcap_{n \geq 1} [h_n \geq r]$$

---

*[79] $f \in M(L)$ と $x \in X$ に対して, $f(x, y)$ は $y \in Y$ について $\mathcal{C}$ 可測であることに注意.

がいずれも $\mathcal{B}$ に属するから．かくして，補題 7.14 (iii) により $M^+ = M(L(\mathcal{B}))^+$ となり，とくに $\mathcal{M}(L(\mathcal{B})) = \mathcal{B}$ である．

次に単調族ベクトル束 M に対して，$\mathcal{B} = \mathcal{M}(M)$ は σ 環であり，$M(L(\mathcal{B})) \subset M$ である．さらに M が切り落とし条件を満たせば，押し上げ表示と段々近似により，$M \subset M(L(\mathcal{B}))$ が成り立つので，$M = M(L(\mathcal{B}))$ となる．

以上により $\mathcal{B}$ と M とが対応し合うことがわかる．

7.G 集合環 $\mathcal{A}$ から生成された σ 環を $\mathcal{B}$ とすると，$\mathcal{A} \subset \mathcal{M}(L(\mathcal{A}))$ と補題 7.20 より $\mathcal{B} \subset \mathcal{M}(L(\mathcal{A}))$ である．また，問題 7.F から $\mathcal{M}(L(\mathcal{B})) = \mathcal{B}$ が成り立つ．

一方，$M(L(\mathcal{B}))$ が切り落とし条件を満たすことから命題 7.21 (i) が使え，段々近似と合わせて $h \in M(L(\mathcal{B}))^+$ が $\mathcal{B}$ 単純正関数列の極限で表わされる．とくに $\mathcal{M}(L(\mathcal{A}))$ 単純関数列の極限関数として $h \in M(L(\mathcal{A}))$ となり，$M(L(\mathcal{B})) \subset M(L(\mathcal{A}))$ を得る．これを当たり前の $M(L(\mathcal{A})) \subset M(L(\mathcal{B}))$ と合わせて，$M(L(\mathcal{A})) = M(L(\mathcal{B}))$ が成り立つので，$\mathcal{M}(L(\mathcal{A})) = \mathcal{M}(L(\mathcal{B})) = \mathcal{B}$ である．

第 8 章 問

8.1 コンパクト空間 $X = \{0,1\}^R$（二点集合の非可算直積）の有限個の成分だけに依存する連続関数全体 D は，$C(X)$ で密である（定理 B.24）ことから，$f \in C(X)$ に対して，f に一様収束する列 (f_n) $(f_n \in D)$ が存在する．したがって，f は可算個の成分だけに依存する連続関数となり，コンパクト G_δ 集合は $C \times \{0,1\}^{R \setminus Q}$ $(Q \subset R$ は可算部分集合で，$C \subset \{0,1\}^Q)$ の形である．このことから，ベール集合も同様の形となり，とくに一点集合は閉集合として $\mathcal{B}(X)$ に属す一方で $\mathcal{B}_a(X)$ には属さない．

8.2 σ コンパクト性から $X = \bigcup X_m$ $(X_m$ はコンパクト）であるが，Urysohn（定理 B.13）により X_m は G_δ，すなわち，$X_m = \bigcap U_{m,n}$ $(U_{m,n}$ は Y の開集合）であるとしてよい．一方で $C = \bigcap V_n$ $(C \subset Y$ はコンパクトで V_n は開集合）とすると，

$$\phi^{-1}(C) = \bigcup_{m \geq 1} \phi^{-1}(C) \cap X_m, \quad \phi^{-1}(C) \cap X_m = \bigcap_{j,k} U_{m,j} \cap \phi^{-1}(V_k)$$

より，$\phi^{-1}(C)$ はコンパクト G_δ 集合の可算和として $\mathcal{M}(X)$ に属し，ϕ^{-1} が集合演算を保つことと命題 8.4 から，$\phi^{-1}(\mathcal{M}(Y)) \subset \mathcal{M}(X)$ がわかる．したがって ϕ はベール可測であり，$B_a(Y) \circ \phi \subset B_a(X)$ が成り立つ．

8.3 $f \in C_b(X)$ が $f_n \in C_c(X)$ により $\|f_n - f\|_\infty \to 0$ と表わされていれば，$\forall \epsilon > 0$，$\|f_n - f\|_\infty \leq \epsilon$ となる $n \geq 1$ があり，コンパクト集合 $K = [f_n]$ に対して，$x \notin K$ は $|f(x)| = |f_n(x) - f(x)| \leq \|f_n - f\|_\infty \leq \epsilon$ を満たす．

逆に X 上の連続関数 f が無限遠で消えていれば，コンパクト集合 $K = [|f| \geq \epsilon]$ を含む開集合 U で $\overline{U}$ がコンパクトなものがあり，さらに Urysohn により $1_K \leq h \leq 1_U$

となる連続関数がとれるので，$hf \in C_c(X)$ は $\|hf - f\|_\infty \leq \epsilon$ を満たす.

8.4　$1 \in C_c(X)_\uparrow$ とは限らないので，ひと工夫. $M(C_c(X) \cap [0,1]) \subset M(C_c(X)) \cap [0,1]$ は当然なので，逆の包含が問題である. $f \in M(C_c(X)) \cap [0,1]$ に対して，補題 7.14 により $0 \leq f \leq g$ となる $g \in C_c(X)_\uparrow$ があるので，$1 \wedge g \in C_c(X)_\uparrow$ に注意して再び補題を使えば，

$$f \in M(C_c(X)) \cap [0, 1 \wedge g] = M(C_c(X) \cap [0, 1 \wedge g]) \subset M(C_c(X) \cap [0,1]).$$

8.5　有限個の添字の集まり F に対して，

$$X_F = \left\{ (x_\alpha) \in \prod X_\alpha \; ; \; x_{\alpha'} = \pi_{\alpha'}^{\alpha''}(x_{\alpha''}) \; (\alpha', \alpha'' \in F, \; \alpha' \prec \alpha'') \right\}$$

とおくと，これは $\prod X_\alpha$ の閉集合である. というのは，条件 $x_{\alpha'} = \pi_{\alpha'}^{\alpha''}(x_{\alpha''})$ が，連続写像 $(x_\alpha) \mapsto (x_{\alpha'}, \pi_{\alpha'}^{\alpha''}(x_{\alpha''})) \in X_{\alpha'} \times X_{\alpha'}$ による閉集合 $\{(x,y) \in X_{\alpha'} \times X_{\alpha'} \; ; \; x = y\}$ の逆像によって実現されるから. また，$X_F \neq \emptyset$ である. というのは，F の上界 β に対して，$\prod_{\alpha \in F} X_\alpha$ の部分集合 $\{(\pi_\alpha^\beta(b))_{\alpha \in F} \; ; \; b \in X_\beta\}$ と $(X_{\alpha'})_{\alpha' \notin F}$ との直積集合が X_F に含まれるから.

以上から，X_F は $\prod_\alpha X_\alpha$ の空でないコンパクト集合であり，作り方から $X_F \supset X_G$ $(F \subset G)$ となるので，有限交叉性により射影極限を表わす $X = \bigcap_F X_F$ は空でない.

8.6　添字を (α_n) と一列に並べ，部分列 (n') を $\alpha_j \prec \alpha_{n'}$ $(j \leq n)$ かつ $\alpha_{k'} \prec \alpha_{l'}$ $(k \leq l)$ となるように選ぶ（有限個の添字に上界があることからそのようにできる）. そうして $a_n \in X_{\alpha_{n'}}$ を $a_{n+1} \in (\pi_{\alpha_{n'}}^{\alpha_{(n+1)'}})^{-1}(a_n)$ となるように次々とっておく. このとき，$\alpha_{n'}$ 以外の添字 α での元 $a_\alpha \in X_\alpha$ を $a_\alpha = \pi_\alpha^{\alpha_{n'}}(a_n)$ $(\alpha \prec \alpha_{n'})$ でうまく定めることができて，$(a_\alpha) \in X$ がわかる.

π_α が全射であることは，$a \in X_\alpha$ に対して，$\alpha \prec \alpha_{m'}$ となる $m \geq 1$ を用意し，$\pi_\alpha^{\alpha_{m'}}$ が全射であることから，$a' \in (\pi_\alpha^{\alpha_{m'}})^{-1}(a)$ から出発し，$\alpha_{n'} \succ \alpha_{m'}$ $(n \geq m)$ に沿って次々と逆像を遡り，その後，それを下げることで $\pi_\alpha(x) = a$ となる $x \in X$ の存在がわかる.

8.7　いずれの条件も $\lim_n c_n = 1$ を導くので，$\lim_{t \to 0} \frac{\log(1+t)}{t} = 1$ から $\sum |\log c_j| < \infty \iff \sum |1 - c_j| < \infty$ がわかる.

第 8 章　問題

8.A　(i) $\implies$ (iii) $\implies$ (ii) は当然. そこで (ii) を仮定すると，問 8.3 の前の特徴づけにより，$\forall \epsilon > 0, \exists$ コンパクト $K \subset X, 1_X(x) \leq \epsilon$ $(x \notin K)$ となるので，結論部分を $1_X(x) = 0$ $(x \notin K) \iff K = X$ と言い換えると，(i) がわかる.

8.B　$|w| \leq 1$ であるから，例 6.23 により，

$$\int_X h(x)\,\mu(dx) \geq \int_X h(x)|w(x)|\,\mu(dx) = \int_X h(x)\,|\lambda|(dx) \quad (h \in C_c(X)^+)$$

が成り立つ. 一方で, Λ の積分表示により改めて I を評価すると,

$$\int_X h(x)\,\mu(dx) = \sup\{|\Lambda(f)| \,;\, |f| \leq h\} \leq \int_X h(x)\,|\lambda|(dx) \quad (h \in C_c(X)^+)$$

となるので, $\int_X h(x)\,\mu(dx) = \int_X h(x)|\lambda|(dx)$ が $h \in C_c(X)^+$ に対して成り立ち, $C_c(X)$ 上の積分として $I_\mu = I_{|\lambda|}$ である. したがって, 両者のダニエル拡張を $\mathcal{B}_a(X)$ に制限し, 補題 8.17 を適用すれば, $\mu = |\lambda|$ がわかる.

8.C 少し記号を変えて, 可測空間 $(X,\mathcal{A})$, $(Y,\mathcal{B})$, $(Z,\mathcal{C})$ の間の可測な全射 $\pi_Y : Y \to X$, $\pi_Z : Z \to Y$ を考え, その合成写像を π とする. また $(Y,\mathcal{B})$, $(Z,\mathcal{C})$ における確率測度の可測な集まり $({}_x\lambda_Y)_{x \in X}$, $({}_y\lambda_Z)_{y \in Y}$ で, それぞれが部分集合 $\pi_Y^{-1}(x)$, $\pi_Z^{-1}(y)$ で支えられているものを用意し, $\pi_Y^{-1}(x) \cap \mathcal{B}$, $\pi_Z^{-1}(y) \cap \mathcal{C}$ 上に誘導された確率測度をそれぞれ ${}_x\nu_Y$, ${}_y\nu_Z$ で表わす.

このとき, $\pi^{-1}(x) \cap \mathcal{C}$ に属する ${}_xC$ は $C \in \mathcal{C}$ を使って $\pi^{-1}(x) \cap C$ と表示され, $\pi_Z^{-1}(y) \cap {}_xC = \pi_Z^{-1}(y) \cap C \in \pi_Z^{-1}(y) \cap \mathcal{C}$ となることから, ${}_y\nu_Z(\pi_Z^{-1}(y) \cap {}_xC) = {}_y\lambda_Z(C)$ は $y \in Y$ について可測であり, 積分 $\int_{\pi_Y^{-1}(x)} {}_x\nu_Y(dy)\,{}_y\nu_Z(\pi_Z^{-1}(y) \cap {}_xC)$ が意味をもち, $\pi^{-1}(x) \cap \mathcal{C}$ 上の集合関数 ${}_x\nu$ を定める. ${}_x\nu$ が測度であることは, $\pi^{-1}(x) \cap \mathcal{C}$ における分割和 ${}_xC = \bigsqcup_n {}_xC_n$ に対して, $\mathcal{C}$ における分割和 $\bigsqcup_n C_n$ で, ${}_xC_n = \pi^{-1}(x) \cap C_n$ となるものがとれるので (問題 3.F 参照), 次のようにわかる.

$$\begin{aligned}
{}_x\nu({}_xC) &= \int_{\pi_Y^{-1}(x)} {}_x\nu_Y(dy)\,{}_y\lambda_Z\left(\bigsqcup_n C_n\right) = \int_Y {}_x\lambda_Y(dy)\,{}_y\lambda_Z\left(\bigsqcup_n C_n\right) \\
&= \sum_n \int_Y {}_x\lambda_Y(dy)\,{}_y\lambda_Z(C_n) = \sum_n \int_{\pi_Y^{-1}(x)} {}_x\nu_Y(dy)\,{}_y\nu_Z({}_xC_n) \\
&= \sum_n {}_x\nu({}_xC_n).
\end{aligned}$$

8.D まず $f(x) = \sum_j \tau_j(x_j + t_j)^2$ は連続関数の増大列極限として下半連続であるから, $[f \leq n]$ は閉集合であり, したがって $[f < \infty] = \cup[f \leq n]$ はボレル集合であることに注意する.

さて, 次の等式が, 最初は有限個の添字の集まり J について, それから単調収束定理により, どのような添字の集まりについても成り立つ.

$$\int_{\mathbb{R}^\infty} e^{-\sum_{j \in J} \tau_j(x_j + t_j)^2/2}\,\nu_a(dx)$$
$$= \prod_{j \in J}\left(\int_{\mathbb{R}} e^{-x_j^2/2a_j^2} e^{-\tau_j(x_j + t_j)^2/2}\,dx_j/\sqrt{2\pi}a_j\right)$$

$$= \prod_{j \in J}(1 + \tau_j a_j^2)^{-1/2} e^{-\tau_j t_j^2 / 2(1 + \tau_j a_j^2)}.$$

とくに，$\sum_j \tau_j a_j^2 = \infty$ または $\sum_j \tau_j t_j^2 = \infty$ のとき，$\int_{\mathbb{R}^\infty} \nu_a(dx) e^{-\sum_j \tau_j (x_j + t_j)^2 / 2} = 0$ となるので，これは $\sum_j \tau_j (x_j + t_j)^2 = \infty$（$\nu_a$-a.e. $x \in \mathbb{R}^\infty$），すなわち，$\nu_a(\mathbb{R}_{\tau,t}^\infty) = 0$ を意味する．

次に $\tau_j a_j^2 < \infty$ かつ $\sum_j \tau_j t_j^2 < \infty$ の場合であるが，不等式 $1 - e^{-s} \leq s$（$s \geq 0$）により，

$$\int_{\mathbb{R}^\infty} \nu_a(dx)(1 - e^{-\sum_{j \geq n} \tau_j (x_j + t_j)^2 / 2}) \leq \frac{1}{2} \int_{\mathbb{R}^\infty} \nu_a(dx) \sum_{j \geq n} \tau_j (x_j + t_j)^2$$
$$= \frac{1}{2} \sum_{j \geq n} \tau_j (a_j^2 + t_j^2) < \infty$$

が $n = 1, 2, \ldots$ について成り立ち，したがって

$$\lim_{n \to \infty} \int_{\mathbb{R}^\infty} \nu_a(dx) e^{-\sum_{j \geq n} \tau_j (x_j + t_j)^2 / 2} = 1$$

から $\lim_{n \to \infty} \sum_{j \geq n} \tau_j (x_j + t_j)^2 = 0 \iff \sum_{j \geq 1} \tau_j (x_j + t_j)^2 < \infty$（$\nu_a$-a.e. $x \in \mathbb{R}^\infty$）となり，$\nu_a(\mathbb{R}_{\tau,t}^\infty) = 1$ がわかる．

8.E まず，X が σ コンパクトであることから，$h_n \uparrow 1_X$ となる $h_n \in C_c^+(X) \subset C(\overline{X})$ が取れ，とくに X は $\overline{X}$ のベール集合となる．

そこで $\mu(\overline{X} \setminus X) = 0$ であれば，$f_n(x) \downarrow 0$（$x \in X$）となる $f_n \in C(\widetilde{X})$ は $f_n \downarrow 0$（μ-a.e.）を満たし，単調収束定理により $I(f_n|_X) = \int_{\overline{X}} f_n(x)\,\mu(dx) \downarrow 0$ であるから，I は連続である．

逆に $\mu(\overline{X} \setminus X) > 0$ であれば，$g_n = (1 - h_n)|_X \in L$ は，$g_n \downarrow 0$ かつ

$$I(g_n) = \int_{\overline{X}} (1 - h_n(x))\,\mu(dx) \downarrow \int_{\overline{X}} (1 - 1_X(x))\,\mu(dx) = \mu(\overline{X} \setminus X) > 0$$

を満たし，I が連続にならない．

記号索引

事項索引

著者略歴

山上 滋（やまがみ しげる）

　1979 年 京都大学理学部卒業．琉球大学助手，東北大学講師・助教授，
茨城大学教授，名古屋大学教授を歴任．2021 年より名古屋大学名誉教授，
現在に至る．理学博士．専門は量子物理を背景にした数学的構造のユニタ
リー表現と作用素解析．
　主な著書：『量子解析のための作用素環入門』（共立出版）

数学のとびら **ルベーグ積分と測度**

2022 年 2 月 15 日　第 1 版 1 刷発行

検　印省　略		

定価はカバーに表示してあります．

著 作 者	山　上　　　滋
発 行 者	吉　野　和　浩
発 行 所	東京都千代田区四番町 8-1 電　話　03-3262-9166（代） 郵便番号　102-0081 株式会社　裳　華　房
印 刷 所	三 美 印 刷 株 式 会 社
製 本 所	株式会社　松　岳　社

一般社団法人
自然科学書協会会員

ISBN 978-4-7853-1209-1

Ⓒ 山上 滋, 2022　　Printed in Japan